PASSA-
GES

SOUS
LA DIRECTION
DE
MIREILLE
APEL-MULLER

EDITED BY

COORDINATION
ÉDITORIALE
YUNA CONAN

EDITORIAL COORDINATION

SOMMAIRE TABLE OF CONTENTS

AVANT-PROPOS
FOREWORD

MIREILLE APEL-MULLER

At a time when mobility has moved to the heart of urban priorities, each of us is expected to demonstrate our skills as online navigators, shifting from one mode of transportation to another, covering various distances on a day-to-day basis, in metropolitan areas that are fragmented by large networks, fast infrastructures, specialized zones.

Our day-to-day experience is made up of journeys—slow and fast—on foot, in mass transit, in motor vehicles, by bicycle, to access the resources that urban life offers, whether close by or across the city. They impose changes, breaks, obstacles to be negotiated, often a choice between discomfort or not traveling at all. Our bodies, basic units of mobility, are subjected to stress, fatigue, anxiety.

Passages, as small transitional spaces, are essential links in a mobility that is sustainable. Tunnels, footbridges, escalators, urban funiculars, corridors that facilitate transition between modes, between urban ambiences... History and the observation of how they are used show us that they are potentially a source of particular kinds of urban character, of ambiences, activities, qualities. The word "Passage", in its semantic diversity (philosophical, temporal, spatial, musical, literary), reflects this clearly.

However, these spaces of accessibility are often neglected in the production of our cities, though they require little investment, and should be a natural part of any big development operation—in particular new transportation projects—possessing the capacity to repair the fractures introduced by rapid transit infrastructures and 20th-century zoning practices. Locally, passages can be designed and built without the need for long delays, laying the foundations for more large-scale transformations: "The small-scale that changes everything, or almost everything."

Since its foundation, City on the Move has worked to draw attention to the crucial importance of the quality of mobility spaces. Spaces of intermodality and transit (stations, interchange hubs) and of flows (street sharing) offer opportunities to establish new urban locations and new mobility practices that combine information and the use of different modes suited to the

.../

À l'heure où la mobilité est au cœur des questions urbaines, on attend de chacun de nous une compétence accrue de navigateurs connectés, passant d'un mode de transport à un autre, parcourant des distances quotidiennes variées, dans des aires métropolitaines fragmentées par les réseaux, les infrastructures rapides, les zones spécialisées.

Notre quotidien est fait de parcours à pied, lents, rapides, en transports collectifs, en véhicules motorisés, en bicyclette, pour accéder aux ressources qu'offre la ville, de la courte distance à l'amplitude métropolitaine. Ils imposent des changements, des ruptures, des franchissements d'obstacles qui sont souvent sources d'inconfort, voire de renoncement au voyage. Notre corps, unité de base de la mobilité, est soumis au stress, à la fatigue, à l'inquiétude.

Les passages, petits espaces de transition, sont des maillons essentiels d'une mobilité durable. Tunnels, passerelles, escalators, téléphériques urbains, cheminements qui facilitent la transition entre les modes, entre les ambiances urbaines... L'histoire et l'observation des usages nous démontrent qu'ils sont potentiellement porteurs d'urbanités singulières, d'ambiances, d'activités, de qualités. Le mot « Passage », dans sa diversité sémantique (philosophique, temporelle, spatiale, musicale, littéraire), en rend bien compte.

Pourtant, ces espaces de l'accessibilité sont souvent les grands oubliés des fabricants de nos villes, alors qu'ils ne demandent pas beaucoup d'investissement, qu'ils devraient systématiquement accompagner les grandes opérations d'aménagement – notamment les nouveaux projets de transport – et qu'ils offrent des vertus réparatrices des fractures opérées par les infrastructures de transport rapide et le zoning de l'urbanisation du 20e siècle. Penser et réaliser les passages, c'est pouvoir agir sans attendre, localement, et poser les bases d'une transformation à plus grande échelle : « la petite échelle qui change tout, ou presque ».

Depuis sa création, l'Institut pour la ville en mouvement agit pour attirer l'attention sur l'importance cruciale de la qualité des espaces de la mobilité. Les espaces de l'intermodalité et du transit (gares, stations, pôles d'échanges) et des

.../

AVANT-PROPOS
FOREWORD

/...

circumstances, the city's timeframes and the purposes of travel.
This volume, focusing on the contemporary design of passages, is also the catalog of the exhibition staged in Paris for the first time in May 2016, and now touring the world. It is the fruit of a collective effort led by IVM since 2013, with a network of experts from different disciplines, of partner cities, of universities in China, in Latin America, in Europe, in Africa, and in Canada.
Drawing on a fund of knowledge on barriers within the contemporary city, this program has reached a common definition of passages as crucial spaces in our modern world, anchored in specific urban situations and cultures. By initiating projects and real-world implementations, it has raised awareness among stakeholders, whether public or private, of the urgency of moving away from a purely technocratic approach.
This book is an encouragement to think about small spaces of movement as guarantees of mobility for individuals and a way to open up isolated neighborhoods, as spaces of compromise between local people and passers-by, between sometimes opposing interests. It is a call for new—small-scale—modes of negotiation and governance to be devised and implemented. It takes the form of a panorama of references drawn from all around the world, presents new examples based on real-world implementations developed by IVM, and proposes methods of action.
It seeks to demonstrate that there is no single reproducible model but only *ad hoc* solutions, approaches which—because they recognize the complexity of practices, situations, techniques, and forms of governance—can be shared.
The articles that punctuate this catalog of images and commentary propose an interpretation of passages in their historical, spatial, social, and sensory dimensions, as well as from the perspective of emerging mobilities and citizen aspirations. By

/...

flux (partage de la rue) sont propices à la constitution de nouveaux lieux urbains et de nouvelles pratiques de mobilité qui croisent l'information et l'usage de différents modes, adaptés aux circonstances, aux temps de la ville et aux motifs de déplacement.
Cet ouvrage, consacré à la conception contemporaine des passages, est également le catalogue de l'exposition présentée à Paris pour la première fois en mai 2016 et qui circule désormais dans le monde. Il est le fruit d'un travail collectif animé par l'IVM depuis 2013, avec un réseau d'experts de différentes disciplines, de villes partenaires, d'universités en Chine, en Amérique latine, en Europe, en Afrique et au Canada.
À partir d'une base de connaissances sur les barrières de la ville contemporaine, ce programme a donné une définition commune des passages comme espace crucial de notre modernité qui s'ancre dans des situations et des cultures urbaines singulières. En lançant des projets et des réalisations concrètes in situ, il a mis à l'agenda des parties prenantes, publiques et privées, l'urgence de sortir d'une approche purement technocratique.
Ce livre incite à penser les petits lieux du mouvement comme des garants de la mobilité des personnes et du désenclavement des quartiers isolés, comme des espaces de compromis entre les riverains et les passants, entre intérêts parfois contradictoires. Il appelle à inventer, à petite échelle, de nouveaux modes de négociation et de gouvernance. Il se présente comme un panorama de références puisées partout dans le monde, en présente de nouvelles à partir des démonstrateurs développés par l'IVM, et développe des méthodes pour l'action.
Il vise à démontrer qu'il n'y a pas de modèle duplicable mais des solutions ad hoc, des approches qui, parce qu'elles prennent en compte la complexité des usages, des situations, des techniques et des gouvernances, peuvent être partagées.
Les articles qui viennent rythmer ce catalogue d'images commentées proposent une lecture des passages dans leurs dimensions historique, spatiale, sociale, sensible, ainsi que du point de vue des mobilités émergentes et des désirs des habi-

focusing on particular geographical or cultural situations (China, Latin America, Barcelona Metropolitan Area), Andrés Borthagaray, Carles Llop, Camille Bianchi, and Daniella Urrutia describe ways of tackling the question of passages as tools that may be useful for the development of more ambitious urban projects.
The article by Marcel Smets that introduces this volume lays the foundations of the approach. After the inventory of contemporary urban barriers drawn up by Pascal Amphoux and Carles Llop, a chronological history (Marcel Smets) accompanies the overview of world passages, defined as link, place, and transition (Maarten Van Acker). In an era when users of passages demand attention and quality, Jean-Pierre Orfeuil places the question of passages in the context of the new mobilities. Then, Marcel Smets and Didier Rebois analyze recent productions that demonstrate that it is possible to "give passage" differently. Coordinated by Yuna Conan, IVM's overall actions—professional architecture and urban design competitions, short films, workshops, and academic studies—are listed in detail in the final section.
Like the Exhibition, this book concludes with the Manifesto for the Passage, a call for innovation backed by all the contributors to this venture: the politicians and technicians who have supported competitions in their cities and are now overseeing their implementation; transportation firms and operators keen to break free of purely technical approaches; citizen groups; all the universities, teachers and students who have produced knowledge, culture, and plans; the experts who together steered the program and exhibition, under the scientific oversight of Marcel Smets, and wrote the analytical articles; finally, designers all around the world, in particular the young professionals who took part in the competitions.
Our warmest thanks go out to all of them.

tants. Ils exposent par des focus sur des situations géographiques ou culturelles particulières (Chine, Amérique latine, Aire métropolitaine de Barcelone) d'Andrés Borthagaray, Carles Llop, Camille Bianchi et Daniella Urrutia, des manières de traiter la question des passages comme des outils utiles au développement de projets urbains plus ambitieux.
L'article de Marcel Smets, qui introduit cet ouvrage, pose les fondements de cette approche. Après l'inventaire des barrières contemporaines réalisé par Pascal Amphoux et Carles Llop, une chronologie historique (Marcel Smets) accompagne le panorama mondial des passages, définis comme lien, lieu, et transition (Maarten Van Acker). À l'heure où le passant est demandeur d'attention et de qualité, Jean-Pierre Orfeuil inscrit la question des passages dans les nouvelles mobilités. Puis, Marcel Smets et Didier Rebois analysent des réalisations récentes qui démontrent qu'il est possible de « faire passage » autrement. Coordonné par Yuna Conan, l'ensemble des actions de l'IVM – concours professionnels d'architecture et d'urbanisme, courts-métrages, ateliers et études universitaires – est détaillé en dernière partie.
Comme l'exposition, ce livre se conclut par le Manifeste du Passage, appel à l'innovation porté par tous les contributeurs de cette aventure : les élus et techniciens qui ont soutenu les concours dans leur ville et veillent aujourd'hui à leur réalisation concrète ; les entreprises et les opérateurs de transport désireux de s'émanciper de logiques purement techniques ; les collectifs d'habitants ; l'ensemble des universités, professeurs et étudiants qui ont produit du savoir, de la culture et du projet ; les experts qui ont piloté l'ensemble du programme et l'exposition, sous la direction scientifique de Marcel Smets, et signent les articles d'analyse ; enfin, les concepteurs du monde entier, en particulier les jeunes professionnels qui ont participé aux concours.
Qu'ils soient tous ici chaleureusement remerciés.

DANS UN PASSAGE, ON N'EST NI DEDANS NI DEHORS, ON EST ABRITÉ MAIS À L'AIR LIBRE, COUVERT MAIS PAS ENFERMÉ.

LOUIS ARAGON, "LE PAYSAN DE PARIS", 1926

IN A PASSAGE, ONE IS NEITHER INSIDE NOR OUTSIDE, ONE IS SHELTERED BUT IN THE OPEN AIR, COVERED BUT NOT ENCLOSED.

LOUIS ARAGON, "LE PAYSAN DE PARIS", 1926

PASSAGES, SPACES OF TRANSITION BY MARCEL SMETS

EARLY PASSAGES

From the earliest days, passages have helped human beings to cross barriers. They took the form of valleys and gorges, carved out by watercourses that created openings through and into the heart of mountain ranges. They formed naturally in places where retreating riverbanks or changing land conditions created fords that human beings and animals could cross. Elsewhere, natural crossings or tracks could be improved by building makeshift bridges to span chasms at their narrowest points.
The common feature of this kind of early passage was to create a shortcut. By following the passage, people could avoid long detours imposed by land formations, rivers or soil characteristics. They could shorten their journeys by incorporating a route that could only be used with an understanding of their specific characteristics and customs. Using a passage therefore required familiarity with its position

© Office de tourisme de Soule

FRANCHIR DES OBSTACLES. La passerelle d'Holzarte, Larrau, France.
CROSSING BARRIERS. Holzarte Passage, Larrau, France.

PASSAGES, ESPACES DE TRANSITION PAR MARCEL SMETS

LES PASSAGES PRIMITIFS

Depuis toujours, les passages aident l'homme à franchir les obstacles. Sous la forme de vallées et de gorges creusées par les cours d'eau, ils créent des ouvertures au travers des massifs rocheux, rendant accessibles des zones de montagnes. Ils apparaissent naturellement là où l'érosion des berges ou un changement dans la composition du sol réduisent la profondeur de l'eau et permettent aux hommes et aux bêtes de franchir les rivières. Ailleurs, il faut conforter les franchissements naturels ou prolonger les chemins tracés, en construisant un pont de fortune à l'endroit où le ravin se rétrécit, pour réussir à enjamber la coupure.

© François Ascher

LILONG ET SHIKUMEN CHINOIS. Autour de cours intérieures communes.
CHINESE LILONG AND SHIKUMEN. Around a shared internal courtyard.

and direction, the capacity to handle weather conditions, to defend against robbery and attack, to cross stretches of potential danger. Although it might be accessible to everyone, its use was largely confined to those ready to risk the venture, in the knowledge of the rules. That is why, in general, guides were needed to cross mountains or navigate seas.
Indeed, early passages usually belonged to no one. They were part of the "no man's land" between two countries, for the very good reason that national frontiers generally coincided with natural boundaries. Because of their informal nature (by contrast with the regular border crossing), passages were not subject to the police or the laws of the countries in question. They had a separate status: in principle open to all, but governed by rules imposed by the users.
Linked to this idea of evading frontiers is the transitional nature of the passage. Originally, this related to the change from one set of standards on one side of the barrier to another set on the other side. In cases where the natural barriers overcome by the passage correspond to the boundary between territories with specific rules, the passage expresses the sudden change from one state or social system to another. The passage thus resembles a journey in a capsule, i.e. a form of transportation that creates a sensation of a separate world—a boat, a plane, a freeway—which brings one to a different universe. The resulting transition is then symbolized by the passage's entry and exit points, which constitute the starting point and destination of the crossing.
This idea of the natural passage as a way past an obstacle is paralleled in traditional urban structures. For example, medieval bridges, often erected between mud banks in a river, in order to shorten their span. Or passages created within urban blocks by the formation of a communal path at the end of gardens (in *bastides*), or by the longitudinal connection between houses laid out around a shared internal courtyard (in the traditional typology of the Chinese *lilong* or the *traboules* of old Lyon). All these applications reinforce the idea of the shortcut. They construct an environment whose status is determined by the habits of their users: the extramural supply route in the case of the bridge, the communal private domain in the case of garden-end paths or transversal walkways. The transitional element, already apparent in the differentiation between the informal route within the city block and the formal order of the street, is sharply delineated in the case of the bridge, where it expresses the allegorical distinction between left and right bank, between the original town and the town "beyond the river".
These notions of the shortcut, a transition

Ces passages primitifs ont pour point commun de créer un raccourci. En les empruntant, on évite les détours imposés par le relief, l'hydrographie ou la nature du sol. On écourte les distances, en intégrant au trajet un tronçon dont il faut maîtriser les modalités et les coutumes : en effet l'emploi du passage suppose que le voyageur connaisse sa position et son itinéraire, sache se protéger des intempéries, se défendre contre les vols et agressions, franchir les détroits ardus. Ainsi son usage demeure plutôt réservé à ceux et celles qui s'y aventurent en bonne connaissance des conditions. C'est pourquoi l'aide de « passeurs » est le plus souvent nécessaire pour franchir les montagnes ou traverser les plans d'eau.
Le plus souvent, les passages primitifs sont accessibles à tous et n'appartiennent à personne. Entre deux pays, ils constituent un « no-man's land », les frontières d'États coïncidant habituellement avec des limites naturelles. En traversant ces dernières, au lieu de les suivre jusqu'au poste frontalier par la voie régulière, les passages s'émancipent de la police ou des lois des États en question. Ils acquièrent un statut à part : en principe ouverts à tout le monde, mais soumis à une réglementation imposée par les usagers.
En ce qu'il permet de franchir des limites, le passage provoque un effet de transition. Il opère un lien entre deux situations homogènes distinctes, chacune d'un côté de l'obstacle. Quand les barrières naturelles percées par le passage séparent deux territoires aux législations différentes, il exprime un changement brutal d'État ou de système social. Le passage se présente donc comme un voyage en capsule – c'est-à-dire via un mode de locomotion créant la sensation d'un monde à part : bateau, avion, section d'autoroute – qui fait arriver le passager dans un autre univers. La transition ainsi effectuée est alors symbolisée par les points d'entrée et de sortie du passage, qui apparaissent comme le départ et l'aboutissement de la traversée.
Le passage naturel comme outil servant à franchir un obstacle est une idée qui se retrouve, renforcée, dans les structures urbaines traditionnelles. Ainsi des ponts médiévaux enjambant les fleuves, dont l'implantation sur les îles de sédimentation permet de réduire la portée. Ou des passages créés à l'intérieur des îlots d'habitations par le tracement d'un sentier commun à l'arrière des jardins (dans les bastides), ou par l'accouplement en longueur de maisons organisées autour d'une cour intérieure commune (dans la typologie traditionnelle des lilong chinoises, ou des traboules de la vieille ville de Lyon).
Toutes ces applications renforcent l'idée du passage comme raccourci. Elles définissent un environnement dont le statut est déterminé par les normes des utilisateurs : route d'approvisionnement extra-muros dans le cas du pont, domaine collectif privé dans le cas des sentiers de desserte arrière ou des coursives transversales. La fonction de transition – déjà présente dans la différence entre l'intérieur de l'îlot, informel, et l'ordonnancement de la rue – est fortement marquée dans l'exemple du pont,

between different millieus or ambiences, and of a public domain primarily reserved for regular passers-by, are essential in distinguishing passages from other kinds of pedestrian space which seem similar in form. It is true that in the history of cities we find the development of corridors that define specific parts of the street, but these are not passages. One example is the "galleries" formed by the alignment of contiguous overhanging rows of first-floor apartments, archetypal in the formation of the streets of old Bologna or the "porticoed" squares of *bastide* towns. In Great Britain, "arcades" have a similar origin, although they are generally elevated relative to the street. The aim of these "covered passages" is to separate pedestrians and vehicles, to provide protection from heat and rain, and to exploit these advantages to attract shoppers. Nevertheless, these "galleries" or "arcades" are in reality simply a particular type of "street", in which separate sections are set aside for pedestrians and vehicles, but they in no way fulfil the distinctive criteria that identify a passage. A similar observation can be made regarding "souks" or "bazaars", which generally take the form of overlapping covered sections of a few main streets, whose roofs provide shelter for market stalls.

MODERN PASSAGES

The typology of the commercial "passage" usually referred to in modern usage dates from the late 18th/early 19th century. It was the culmination of the speculative process on which the development of the industrial city was based. Initially, the new urban structure reproduced the layout of the former agricultural plots, which often gave rise to unevenly shaped and excessively large blocks. In the quest to improve land yields, inserting a "passage" increased general density by urbanizing the interior of these overlarge blocks. To achieve this, facing streets were linked by a pedestrian path running through the block—generally in the form of a roofed glass corridor at ground level lined with shops, bars, restaurants and even cabarets, with offices and apartments on the upper floors. The prestige and size of the passage, the range and quality of the shops, the social status of the residences and establishments, varied depending on the appeal of the neighborhood, the available space and the level of investment, but its form and appearance remained recognizable and it constituted a specific urban typology, explored by Walter Benjamin,[1] frequented by the surrealists and other artistic movements and inventoried by J.F. Geist,[2] and other architectural historians.

LE PASSAGE MODERNE, UN NOUVEAU TYPE FONDÉ SUR UNE LOGIQUE SPÉCULATIVE. Carte postale des Galeries Royales Saint-Hubert à Bruxelles, Belgique.

MODERN PASSAGE, A NEW TYPOLOGY BASED ON A SPECULATIVE PROCESS. Postcard of Saint-Hubert Royal Galeries in Brussels, Belgium.

qui exprime la distinction allégorique entre rive gauche et rive droite, entre une ville d'origine et une autre, d'« outre fleuve ».

Ces notions de raccourci, de transition entre des milieux ou atmosphères différents, et de domaine public à usage préférentiel des passants réguliers, sont essentielles pour démarquer les passages des autres catégories d'espaces piétonniers dont la forme peut paraître semblable.

Dans l'histoire des villes, on retrouve en effet, selon plusieurs configurations, des corridors qui aménagent une partie spécifique de la rue sans pour autant constituer des passages. C'est notamment le cas des « galeries » créées par une enfilade de façades en retrait au rez-de-chaussée, archétypiques des rues de la vieille ville de Bologne ou des places carrées à « portiques » dans les Bastides. En Grande-Bretagne, les « arcades », bien que généralement surélevées par rapport à la voie carrossable, ont la même origine. L'objectif de ces « passages couverts » se résume à la séparation entre piétons et véhicules, à la protection contre la chaleur et la pluie, et à l'attrait commercial qu'engendrent ces deux facteurs de confort. Néanmoins ces « galeries » ou « arcades » ne sont qu'un type particulier de rue, caractérisé par son profil transversal à sections réservées aux promeneurs et aux véhicules, ce qui ne suffit pas à satisfaire aux critères définissant les passages. Cette observation vaut également pour les « souks » ou les « bazars », qui se présentent généralement comme un enchevêtrement de sections couvertes autour de quelques rues principales, se prêtant par la protection qu'offre leur toiture au rassemblement des négoces.

LES PASSAGES MODERNES

Le « passage » commercial tel qu'on le conçoit aujourd'hui est une forme apparue entre la fin du 18e et le début du 19e siècle. Elle est l'aboutissement du processus spéculatif sur lequel s'est appuyé le développement de la ville industrielle. Calquée sur les anciennes parcelles agricoles, la nouvelle structure urbaine comportait souvent des îlots au tracé inadapté, aux dimensions démesurées. Dans une optique d'amélioration du rendement foncier, on aménagea des « passages » pour élever la densité générale, en urbanisant l'intérieur des îlots trop étendus. Pour ce faire, on relia les rues parallèles à l'aide d'un cheminement piétonnier percé au travers de l'îlot – généralement une verrière couverte – autour duquel on rassemblait des boutiques, mais aussi des cafés-restaurants, voire des salles de spectacle, au rez-de-chaussée, surmontés de bureaux et de logements. Le cachet et l'ampleur du passage, l'assortiment et la qualité des commerces, le statut social des résidences et établissements variaient selon l'attrait du quartier, l'espace disponible et le montant de l'investissement, mais sa forme

The success of the passage in the modern city has a number of explanations. Apart from the land use benefits, passages through city blocks also created an alternative to the urban space of the boulevard. In terms of traffic, these cuts-through established an obvious hierarchy, by opening up pedestrian routes within the primary street network. In terms of urban functions, the passage brought greater diversity of shops, homes and services, by creating uses specific to the new networks. So, for example, the shops or cafes in the arcade were distinct in kind from the stores and brasseries along the boulevard, whereas housing above the passage combined the quietness of inner courtyards with immediate proximity to the city center. And finally, in terms of social life, the passage became a world apart, less controlled by the standards and routines of the busy public sphere. It could be used for less legitimate activities, in particular because of its direct vicinity to the socially regulated space of the surrounding boulevard. The bourgeois could visit the cabarets in quest of clandestine experiences, and then easily rejoin the adjacent streets without arousing suspicion.
These different reasons for their success in fact reflect the features outlined above as inherent to early passages. The interior passages interwoven into the shared street network form a network of successive shortcuts that city dwellers can use to move rapidly to their final destination.
At the same time, the difference between street and passage generates a transitional effect each time one leaves the street to move into the covered inner gallery, where the traffic consists of individual strollers, where street sounds are muted and the atmosphere quietens to the mutter of window shoppers interrupted by the sudden clamor of a hidden bar. Often, this transition is marked by a threshold, a more impressive entry building or a well-placed street corner facade or shop window.
In addition, the passage in the industrial city is usually public. It is freely accessible to all at any time of day. However, the way it is used becomes spontaneously codified depending on the functions it performs. So, passages often tend to become specialized, offering a range of comparable and mutually enriching uses. For this reason, they often attract an informed public, drawn by the stores or amenities provided. In addition, the types of people who frequent them often change in the course of the day, as one or other store or attraction opens.
Unlike early passages, there is nothing natural about the modern passage. They are not the result of fortuitous or spontaneous events, a route through a difficult landscape: they have all been designed and developed by architects working for property developers. In this respect, the world apart they represent is the result of a complex and unique conception, which combines several layers of activity within a single environment and thereby creates a variable and transitory world in an identified and recognizable space. This wealth of experiences and sensations adds to

et son apparence demeuraient bien reconnaissables et le distinguaient en tant que type urbain à part entière, exploré par Walter Benjamin[1], pratiqué par des courants artistiques tels que les surréalistes, et inventorié par J.F. Geist[2] et autres historiens de l'architecture.
Les raisons du succès du passage dans la ville moderne sont nombreuses. En plus d'un bénéfice foncier, la traversée de l'îlot représentait aussi une option alternative à l'espace urbain du boulevard. En termes de circulation, ce franchissement établissait une hiérarchie évidente, en ouvrant des cheminements piétonniers à l'intérieur du réseau des rues principales. En termes de fonctions urbaines, le passage diversifiait l'offre de commerces, résidences et services, en créant des usages propres au nouveau réseau. Ainsi, les boutiques ou buvettes à l'intérieur de la galerie se distinguaient des magasins et brasseries des boulevards, tandis que l'habitat au-dessus du passage combinait la tranquillité du cœur d'îlot à la proximité immédiate du centre-ville. En termes de vie sociale enfin, le passage se présentait comme un monde à part, moins soumis aux normes et usages du domaine public amplement fréquenté. Il se prêtait à des activités moins admises, en vertu de sa contiguïté avec l'espace socialement réglementé du boulevard. Le bourgeois visitant les cabarets en quête de rencontres furtives pouvait donc aisément se blanchir de tout soupçon en rejoignant une des rues avoisinantes.
Ces divers facteurs de réussite reprennent en vérité les caractéristiques identifiées plus haut comme inhérentes aux passages primitifs. L'enchevêtrement de passages intérieurs au réseau viaire commun réalise en effet un parcours composé de raccourcis successifs permettant au citadin de choisir l'itinéraire le plus rapide.
Dans le même temps, se produit un effet de transition chaque fois que l'on quitte la rue pour pénétrer dans la galerie couverte du passage, où l'on ne croise plus que quelques flâneurs, où les bruits s'estompent et où l'ambiance s'adoucit pour devenir celle d'un lèche-vitrines seulement interrompu par les clameurs soudaines d'une buvette discrète. Souvent, cette transition est marquée par un seuil, un bâtiment d'entrée plus imposant ou une façade ou vitrine exploitant sa position en angle.
En outre, le passage de la ville industrielle est généralement public. Son accès est ouvert à tous, à tout moment de la journée. Cependant, sa pratique se codifie spontanément selon ses utilisations. Ainsi, les passages tendent à se spécialiser en offrant des gammes d'usages comparables et mutuellement enrichissantes. Dans ce sens, ils séduisent un public informé, attiré par les commerces ou équipements proposés. La population peut ainsi varier selon les heures, en fonction de l'ouverture de tel ou tel type de négoce ou de spectacle.
Contrairement aux passages primitifs, les passages modernes n'ont rien de naturel. Ils n'émanent pas d'une condition fortuite ou spontanée, facilitant la traversée d'une configuration difficile : ils ont été conçus et amé-

© Romano P.Riedo

UNE OBLIGATION PLUS QU'UN CHOIX. Ce qui pourrait être une fête devient un cauchemar.

AN OBLIGATION MORE THAN A CHOICE. What could be a pleasure becomes a nightmare.

the density of the existing urban fabric. Yet it is the result of a single, comprehensible and legible act, entirely feasible and appropriately calibrated in time. A small-scale and essentially modest intervention, whose impact on the quality of its urban surroundings should nevertheless not be underestimated.

nagés dans leur intégralité par des architectes travaillant pour des compagnies de promotion. Dans ce sens, le monde à part qu'ils constituent résulte d'une conception complexe et unique, qui rassemble plusieurs strates d'activité dans un environnement singulier et crée ainsi un univers variable et transitoire au sein d'un espace identifié et reconnaissable. Cette richesse d'expériences et de sensations s'ajoute à la densité du tissu urbain existant. Elle résulte pourtant d'une simple intervention, bien appréhendée et lisible, faisable sans difficultés et convenablement échelonnée dans le temps. Une action de petite échelle et plutôt modeste dont l'impact sur la qualité de l'entourage urbain ne peut pourtant être sous-estimé.

TECHNOCRATIC PASSAGES

These are the large infrastructures that supported the growth of activity in the industrial city. They served transportation, public health, communal life. Within the framework of our discussion, however, they also underpinned the development of another type of passage, designed to cross the barriers generated by these different structures. Initially, the latter were primarily railroads, docks, and canals which, grafted onto the network of tracks and streets, fractured the urban fabric. Then appeared the big trunk roads, urban transit systems, gas storage facilities, and other impenetrable installations. Then, when the growth of the automobile required an effective and autonomous traffic system, expressways penetrated the city, along with beltways, intersections, and orbital roads in cases where the choice was made to channel through-traffic to the periphery and outskirts. And finally, today, BRTs and other dedicated public transit corridors are sometimes carved into dense neighborhoods in such a way that they resemble a rift or an impediment more than a key amenity.

Each time, local people were faced with the problem of crossing these barriers erected to serve trans-local interests. The result was a conflict between infrastructures with different hierarchies, built and managed to serve different purposes: street level urban planning by local authorities and professionals, as against infrastructural development conceived by a sectorial administration supported by a body of specialist technicians. For the latter, the passage is not a means of coexistence between structures, but a liability in the event of conflict. Instead of seeking to integrate the new structure into an existing situation, the primary concern is to avoid accidents. Passages are thus designed to cross the large infrastructure without impairing its operation, running below or above, at sufficiently frequent intervals to ensure that the detours required are not so long that local users risk venturing onto the track.

The methods of achieving this objective have changed over time. Before World War I, we

LES PASSAGES TECHNOCRATIQUES

La ville industrielle a appuyé sa croissance sur les grandes infrastructures de transit. Elles ont servi au transport, à l'hygiène publique, à la vie collective. Et, chaque fois, ces nouvelles constructions, de diverse nature, étaient autant de nouvelles barrières. Au début, il s'agissait surtout de chemins de fer, de docks et canaux qui s'ajoutaient au réseau des voies et des rues, en divisant les structures urbaines. Puis survinrent les grandes artères, les transports métropolitains, les conduites de gaz et autres équipements impénétrables. Ensuite, lorsque la multiplication des automobiles exigea un système de circulation efficace et autonome, les autoroutes pénétrèrent la ville, de même que les boulevards circulaires, les croisements et périphériques dans les cas où l'on choisissait de canaliser le trafic par les faubourgs et la banlieue. Enfin, aujourd'hui, les bus à haut niveau de service et autres transports collectifs à voies dédiées sont parfois taillés de telle sorte, que, dans les quartiers denses, ils apparaissent davantage comme une division ou un obstacle que comme un équipement central.

Chaque fois s'est posé pour les habitants locaux le problème du franchissement de ces barrières servant des vues globales, résultant d'un conflit entre infrastructures de niveau hiérarchique différent, construites et gérées par des intérêts distincts : pouvoirs et professionnels locaux pour l'organisation des rues, contre administration sectorielle et corps de techniciens spécialisés pour l'aménagement infrastructurel. Du point de vue de ces derniers, la question du passage ne se pose pas en termes de coexistence entre structures, mais de responsabilité en cas de conflit. Au lieu de chercher à intégrer le nouvel équipement dans une situation existante, il s'agit de prévenir les accidents. Le passage sert ainsi à traverser l'infrastructure principale sans entraver son fonctionnement : il passe en dessous ou au-dessus, à des intervalles assez élevés pour éviter que de trop longs détours incitent les utilisateurs locaux à s'aventurer sur la voie.

can see that railroad tracks and canals tended to adopt large-scale adjuncts on their arrival within the walls of the established city. Railway lines often ran on viaducts, whether imposing and massive brick or stone arched structures or slim and refined transparent filigrees of cast iron or steel. These became landmarks on the sections of the boulevards where they ran. The openings in their embankments often coincide with the urban fabric around them, reflected in the continuity of the transverse streets. The location of the "passages" is logical, even if they often resemble black holes, with no natural lighting in the center and no activity along the way. This tunnel effect grew worse in the functionalist era. The crisis of the 1930s and the exponential growth in development in the post-war period prompted constructors to avoid the costs associated with strict vertical separation. As a result, passages became restricted to an underground tunnel or elevated bridge, usually located at a few, sparse strategic spots.

Everywhere in the world, experience has shown that these "technocratic" passages achieve exactly the opposite of their intended purpose, except in cases where their use is the only possible way to move a large number of customers—a connection between two subway lines—and provided that this connection is secure, well lit, regularly cleaned and kept up-to-date with advertising hoardings, we find that their supposed beneficiaries most often refuse to use them. This lack of use generally leads to neglect. Once they become abandoned, even for particular parts of the day, unwanted activities move in. Because of lack of monitoring, they become perfect places for waste disposal, graffiti, improvised toilets, the homeless.

A spiral of decline begins, there is the fear of being molested—especially for women and children—which prompts the most vulnerable to stay at home or venture onto the main road and risk their lives by refusing to use the safe crossing.

Thus, when this happens, the crucial features of both early and modern passages are lost. Being devoid of landmarks, the blind walls of the tunnel (or the continuous view of passing cars from the bridge) eliminate the sense of transition. At the other end, the impression of sudden contrast prevails over the slow adjustment usually wrought by changing vistas during a journey. The lack of activities within the passage makes it a "wasteland", with which nobody identifies. Paradoxically, this indeterminacy arising from the lack of clear ownership undermines the public character of the space. Indeed, it lends itself to occupancy by people and uses that are not accepted elsewhere. They impose social practices that inspire fear and prompt passers-by to find alternative routes. The aforementioned "world apart" here takes on an extreme character, because it limits the use of the passage to those who have taken up residence, and thereby eradicates the essential nature of the passage. Instead of expressing a choice inspired by the shortcut it offers, the "technocratic" passage is only used under duress.

La réalisation de cet objectif varie au cours du temps. Avant la Première Guerre mondiale, on constate que les voies ferroviaires et navigables ont tendance à prendre la forme d'ajouts de grande envergure en arrivant dans l'enceinte de la ville. Souvent, les trains ou les métropolitains roulent sur des viaducs imposants, aux voûtes massives en brique ou en pierre, ou bien fines et transparentes en fonte ou en acier. Ils deviennent des monuments de la section de boulevard sur laquelle ils circulent. Les ouvertures dans leur structure sont fréquemment calquées sur le tissu urbain environnant, permettant la continuité des rues transversales. Les « passages » ont un emplacement logique, même s'ils apparaissent régulièrement comme des trous noirs, dépourvus de lumière naturelle et d'activités. Cet effet de tunnel s'aggrave à partir de la période fonctionnaliste. La crise des années trente et le développement exponentiel des villes après la Seconde Guerre mondiale poussent les maîtres d'ouvrage à économiser les coûts d'une stricte séparation verticale. Dès lors, les passages deviennent souterrains ou surélevés, et généralement situés dans quelques rares endroits stratégiques.

Dans le monde entier, la pratique a prouvé que ces passages « technocratiques » fonctionnent à l'inverse de leur intention, sauf lorsqu'ils sont le seul itinéraire offert à une multitude de voyageurs – comme une correspondance entre deux lignes de métro – et que cette connexion est sécurisée, illuminée, régulièrement nettoyée et ses panneaux publicitaires renouvelés. Le plus souvent, le public refuse de les emprunter. Ce défaut d'usage mène communément à l'abandon. Une fois délaissés, même pour un temps limité de la journée, les lieux sont investis par des usages indésirables. Faute de contrôle, ils deviennent un dépôt d'ordures, le domaine des taggers, des toilettes improvisées, la résidence des sans-abri. Une spirale de dépérissement s'engage, la peur de l'agression apparaît – surtout chez les femmes et les enfants – et incite les plus vulnérables à rester chez eux ou à s'aventurer sur la chaussée et risquer leur vie en refusant d'employer la traversée sécurisée.

Dès lors, les caractéristiques des passages primitifs et modernes se perdent. Ici, la paroi aveugle du souterrain (ou la vision constante des voitures depuis la passerelle) élimine les repères et, de fait, la sensation de franchissement d'un type de quartier à un autre. Ailleurs, l'impression de contraste brutal prévaudra sur l'adaptation lente que provoque la vue changeante au cours de la traversée. Le manque d'activités desservies par le passage en fait un « terrain vague » auquel personne ne s'identifie. Paradoxalement, l'indétermination qu'engendre cette absence flagrante d'appropriation diminue son caractère public. Elle prête en effet le flanc à une prise de possession par des groupes et des usages non admis ailleurs, qui effraie les passants et les pousse à chercher des trajets alternatifs. Le « monde à part » dont on avait signalé l'existence ailleurs prend ici une dimension extrême, car

© Littledoremi.com

MAGASIN VIRTUEL TESCO HOMEPLUS, 2011. Station de métro en Corée du Sud.
SUBWAY VIRTUAL STORE BY TESCO, 2011. Underground in South Korea.
VOIR/SEE PAGE 84

INCREASING THE ATTRACTION

This clear rejection of the "technocratic" passage has prompted a movement of restoration. Clearly, however, the powers-that-be are confusing cause and effect. They imagine that it is the accumulation of squalor that prevents people using the passage, so try to improve the situation by cleaning and painting. Without fundamentally altering the physical form of the tunnel or bridge, they aspire to improve the experience of users by correcting its lighting, safety, and image.
In the case of underground passages, these measures range from artistic competitions to decorate the internal walls to experimental light shows to generate a different experience. Frequently, such interventions—perhaps combined with the installation of illuminated advertisements—are nothing more than window dressing. By contrast, initiatives that genuinely alter public perceptions are those where the aim is more than embellishment. Successful changes of this kind exploit the fundamental nature of passage walls, i.e. the fact that they are seen by a throng of passers-by. Instead of regarding these blind walls as a fault to be covered up by decoration, they recognize their potential as a large exhibition space and play on the public aspect of the passage. Good examples of these are the frescoes covering the walls of the moving sidewalk in Montparnasse Bienvenüe Metro station in Paris, the poster museum embellishing the down ramp to the tram station under the Spui at The Hague, the exhibition of local artists in the subway at Bethesda, Massachusetts in the US. We find the same idea in the "utilitarian" artistic concept created by Tesco in South Korea, where passers-by can use their smart phones to scan the photos of products displayed all over the subway walls, and have them delivered to a chosen location.
A radical example of this approach is when the whole tunnel is transformed into a sensory experience. Once again, these sound or light installations exploit the darkness of underground passages: the idea is that it is better to use the need for artificial lighting as a source of pleasure rather than anxiety, i.e. to create a fantasy world, like the world of the cinema, rather than perpetuating the dark and poorly lit atmosphere of the alleyway. This optical illusion can take two forms: either the static image that remains in the spectator's mind, or the changing picture that generates surprise. The first approach is exemplified by the vision of contained space that James Turrell projects in the underground passage linking the Houston Museum of Modern

son utilisation est réservée à ceux qui en sont devenus résidents, et élimine de ce fait l'idée de passage. Au lieu d'exprimer un choix inspiré par le raccourci qu'il autorise, le passage « technocratique » ne se pratique plus que par obligation.

EMBELLIR POUR AUGMENTER L'ATTRAIT

Ce rejet criant du passage « technocratique » entraîne un réflexe de remise en ordre. Dans une inversion de la cause et de l'effet, les pouvoirs publics considèrent que c'est de l'accumulation de l'immondice que naît le refus d'emprunter le passage, et tentent d'améliorer la situation en nettoyant et en repeignant. Sans intervention en profondeur dans la forme physique du tunnel ou du pont, ils se limitent à rectifier l'éclairage, la sûreté et l'image du passage.
Dans le cas des tunnels, les actions vont du concours artistique pour la décoration des parois aveugles aux jeux de lumières expérimentaux évoquant des sensations variées. Souvent, cela se résume en réalité au ravalement, doublé ou non de l'installation de panneaux publicitaires lumineux. Les seuls travaux qui persistent dans la conscience collective sont ceux dont l'ambition dépasse ce simple objectif d'embellissement et exploite la caractéristique fondamentale des parois du passage, à savoir d'être vues. En cessant de regarder ces murs aveugles comme un défaut et en envisageant leur potentiel de grand espace d'exposition, ces transformations jouent sur l'aspect public du lieu. C'est notamment le cas de la fresque qui orne la galerie à trottoir roulant de la station de métro Montparnasse-Bienvenüe à Paris, du musée d'affiches le long de la rampe qui descend vers la gare de tram sous le Spui à La Haye, ou de l'exposition d'artistes locaux dans le métro à Bethesda, dans le Maryland, aux États-Unis. La même idée se retrouve dans le concept artistique « utilitaire » créé par Tesco en Corée du Sud, où les photos de produits alimentaires qui couvrent les murs de stations de métro peuvent être scannées par smartphone, et les produits livrés à domicile.
Dans une démarche plus radicale, l'espace du tunnel se voit totalement transformé en expérience sensorielle. Les installations sonores ou lumineuses tirent parti de l'obscurité du souterrain et transforment la contrainte d'un éclairage artificiel en opportunité. Plutôt créer un monde fantasmagorique, comme au cinéma, que retrouver l'atmosphère de la ruelle obscure. Cette illusion optique peut

© Eclairage Public

TRANSFORMATION DU TUNNEL EN EXPÉRIENCE SENSORIELLE. Galerie de sécurité du tunnel routier de la Croix-Rousse à Lyon, France (Skertzo, Diasonic).
TUNNEL TRANSFORMED INTO A SENSORY EXPERIENCE. Security gallery of the Croix-Rousse road tunnel in Lyon, France (Skertzo, Diasonic).

© DVVD

DES MOMENTS MÉMORABLES DU PARCOURS.
Passerelle au-dessus du périphérique à Evry, France (DVVD).

MEMORABLE MOMENTS OF THE JOURNEY.
Footbridge over the inner ring road in Evry, France (DVVD).

Art in Texas to its extension, by illuminating the ceiling, floor, and sides, with contrasting colors. For its part, shifting image concepts can employ changes in either time or space. The former offers a succession of sensations from one relatively homogeneous image to another, equally recognizable, visual frame. This is the idea of the magical installation in the Bund tunnel under the Huangpu in Shanghai, where the optical effects are linked in time. The other concept, of change linked to progress in space, generates a cumulative sensory impression from the sum of impulses experienced throughout the journey. The installation designed by Skertzo, Diasonic, which playfully transforms the security gallery in the Croix-Rousse road tunnel in Lyon into a pedestrian passage and public transit route, is a good example of how this can be done.

Embellishment is also a popular way to make overhead passages more acceptable. Here, the idea is that improving appearance will automatically increase use. This form of architectural determinism often results in attractive objects, but does not always achieve the desired end of remedying the weaknesses of technocratic models. A typical example of this approach is the trellised tube accessible by staircases on both (or various) sides of the barrier structure. It introduces daylight and opens up views, but remains detached from the ground and thereby breaks up the continuity of the route. Notable examples are the footbridge over the inner ring road in Paris at Evry (arch. DVVD), over the railway lines at La-Roche-sur-Yon (Bernard Tschumi, Hugh Dutton Associés, architects), or secure footbridge crossings in China. By contrast, the footbridge designed by Oscar Niemeyer to span the urban expressway and connect the Rocinha favela in Rio de Janeiro to the Gavea sports facilities, manages to incorporate the ascent up to platform level into the general form of the composition by a series of sloping pathways that make the elongated ramps part of the fluid lines of the total structure.

SHOWCASING TO REVIVE A NEGLECTED ROUTE BY SHOPS AND MOVEMENT

In other cases, the attempt to intensify use goes beyond embellishment alone, but seeks to change the social practice of the space in question by incorporating new uses, or to modify the perception of the place by infiltrating appealing interstices.

A typical instance of the first process is to

prendre deux formes : celle de l'image stable qui s'imprime dans l'esprit du spectateur, ou celle du tableau changeant qui surprend et émerveille. La première conception est illustrée par le passage souterrain reliant le musée d'art moderne de Houston, au Texas, à son extension, pensé par James Turrell : un espace contenu, illuminé avec des couleurs contrastantes, le plafond et le sol d'une part et les parois latérales de l'autre. Dans l'approche du tableau changeant, la mutation peut s'opérer dans le temps ou dans l'espace. Dans le premier cas, les sensations se succèdent, des visuels identifiables et distincts s'enchaînent, comme dans l'installation féerique du tunnel du Bund sous la rivière Huangpu à Shanghai. Ou bien, le changement est lié à la progression dans l'espace, l'impression sensorielle est créée par l'accumulation de stimuli reçus au cours de la traversée. La scénographie conçue par Skertzo, Diasonic, qui transforme de manière ludique la galerie de sécurité du tunnel routier de la Croix-Rousse à Lyon en passage pour les piétons et les transports en commun, en est une bonne démonstration.

L'objectif d'embellir vise à rendre plus acceptables les passages « technocratiques » surélevés. L'idée ici est que l'amélioration de la forme entraîne mécaniquement une augmentation de l'usage. Ce déterminisme architectural mène régulièrement à la réalisation de beaux objets, mais ne pallie pas toujours les faiblesses des modèles technocratiques. Ainsi, le dispositif de « tube » en treillis accessible par des escaliers aux extrémités de la structure, permet de laisser entrer la lumière de jour et d'ouvrir la vue, mais reste détaché du sol et interrompt la continuité du parcours. On le retrouve à Évry au-dessus du périphérique (arch. DVVD), à La-Roche-sur-Yon au-dessus du faisceau ferroviaire (Bernard Tschumi, Hugh Dutton Associés, architectes), ou en Chine dans des croisements sécurisés par le passage en hauteur. En revanche, la passerelle conçue par Oscar Niemeyer à Rio de Janeiro pour enjamber l'autoroute urbaine et joindre la favela de Rocinha aux installations sportives de Gavea incorpore les ascensions vers le tablier dans la forme générale de la composition, à l'aide de cheminements en pente grâce auxquels les rampes étirées s'insèrent dans les lignes fluides de l'ensemble.

METTRE EN ÉVIDENCE POUR REVALORISER UN PARCOURS PAR LE COMMERCE OU LE MOUVEMENT

Dans d'autres cas, pour tenter d'intensifier l'usage, l'intervention ne se borne pas à l'embellissement mais s'attache à modifier la pratique sociale de l'espace par l'intégration de nouveaux usages, ou sa perception par la création d'interstices séduisants.

introduce shops into unattractive passages. This approach can be found everywhere in the world, but especially in North America and Asia, where it often takes the form of underground or elevated connections between skyscrapers in the central business districts. Originally designed to protect pedestrians from car traffic, these passages gradually developed into an alternative network, a genuine public space in the urban substrate. These communal spaces, private but open to controlled public use, mostly tend to be dull and uninteresting, attracting too little use to justify the cost of their construction. Prompted by the desire to increase their efficiency, the owners of buildings linked by these passages sign agreements with chain stores to install branches in the empty corners of these galleries. Once again, we find the confusion between cause and effect. For good economic reasons, stores or customer services are installed in busy places. This is true of the "commuter tubes" found in large stations or intermodal hubs, where traffic is generated by the movement of people arriving from one major point of origin and departing towards a major destination. Here, trade benefits from the natural traffic and freedom of access characteristic of real public space. This is exactly the opposite of the "forced" presence of chain stores in the networks of privatized underground or elevated links in the heart of high-density megacities. When shops and, in particular, cafes are introduced in these spaces in order to attract passers-by, the functional failure is made very apparent by their emptiness, except at mealtimes when fast food chains fulfil the needs no longer met by office cafeterias. The attempt to reproduce the familiar and reassuring appeal of the "mall" results in no more than a purposeless and soulless imitation, except at peak times.
The other process, that of showcasing the passage as an object of beauty in the urban panorama and identifying a particular section of a longer route by means of this captivating structure, is particularly common in places where feats of engineering are needed to span differences in levels or surmount obstacles. An example of this is the vertiginous structure of the urban elevator in Pamplona (Echavacoiz Norte by AH Associados) or the footbridge that floats above the valley in Covilha in Portugal (Carhillo da Graça Arquitectos). However, this attempt to use iconic objects to showcase an entire urban itinerary, also seems to be a preferred remedy even in operations where no such engineering feat is required: the bowstring bridge over the River Humber in Toronto commemorating the presence of native peoples (Montgomery Sisam Architects), which extends footpath and cycle tracks along Lake Ontario; the Millennium footbridge over the Thames in London designed

PASSERELLE PIÉTONNE AU-DESSUS DE LA VALLÉE. Covilha, Portugal, Carrilho da Graça Architectes.
FOOTBRIDGE ABOVE THE VALLEY. Covilha in Portugal, Carhillo da Graça Arquitects.
VOIR/SEE PAGE 163

RÉSEAU DE PASSAGES SOUTERRAINS RELIANT DES TOURS ET ÉQUIPÉS DE BOUTIQUES ET BISTROTS DE CHAÎNE. Étages inférieurs du Centre Eaton, entre les stations de métro McGill et Peel à Montréal, Canada.
NETWORK OF UNDERGROUND PASSAGES LINKING SKYSCRAPERS WITH SHOPS AND FAST FOOD CHAINS. Lower floors of the Eaton Center between McGill and Peel metro stations in Montreal, Canada.

Le premier procédé consiste à implanter des commerces dans les passages sans attrait. On en trouve des exemples partout dans le monde, mais plus particulièrement en Amérique du Nord et en Asie, où les passages prennent souvent la forme de connexions souterraines ou aériennes entre des gratte-ciel du quartier d'affaires. À l'origine, ils servaient à protéger les piétons du trafic automobile, puis ils se sont graduellement développés en un réseau alternatif au rez-de-chaussée urbain. Pour la plupart, ces espaces collectifs privés à usage public contrôlé demeurent mornes et sans intérêt. Leur faible fréquentation ne justifie pas le coût de leur réalisation. Pour augmenter leur efficacité, les gérants des immeubles reliés par ces passages passent des accords avec des chaînes de magasins afin d'installer des succursales dans les zones vacantes de ces galeries.
À nouveau, on assiste à une confusion entre la cause et l'effet. Dans la logique économique actuelle, un magasin ou un service s'installe dans des lieux fréquentés. C'est le cas des «tuyaux à passants» que l'on trouve dans les gares ou stations intermodales importantes. Le trafic y est généré par la population en transit entre des points de départ et d'arrivée majeurs. Le commerce profite donc de la fréquentation naturelle et du libre accès du lieu, caractéristique de l'espace public réel, soit exactement l'inverse des boutiques implantées «de force» dans les réseaux de liaisons privatisées souterraines ou surélevées de l'hypercentre des métropoles à haute densité. Lorsque des magasins, et particulièrement des cafés, sont introduits dans ces espaces afin d'attirer des passants, l'anomalie fonctionnelle est rendue évidente par leur absence de fréquentation, sauf aux heures des repas, quand les fast-foods remplissent le rôle que n'accomplissent plus les cantines dans les tours de bureaux. On cherche à reproduire l'image familière et rassurante du «mall», mais on n'aboutit qu'à un simulacre, inutile et sans âme en dehors des heures de pointe.
L'autre procédé, qui consiste à mettre en valeur le passage comme objet de beauté dans le panorama urbain et à distinguer une partie spécifique d'un parcours à l'aide d'une structure attirant le regard, est particulièrement courant dans les endroits où des prouesses d'ingénierie sont nécessaires pour relier des points de niveau différent ou surmonter des obstacles. C'est le cas de l'ascenseur urbain de Pamplona avec sa structure vertigineuse (Echavacoiz Norte par AH Associados) ou de la passerelle piétonne flottant au-dessus de la vallée de Covilha au Portugal (Carrilho da Graça Arquitectos).
Néanmoins, cette tentative de créer des objets embléma-

by Foster Associates, linking the St Paul's Cathedral district with the South Bank and forming part of a more extensive walking route across the city; the Arganzuela footbridge in Madrid designed by Dominique Perrault, which constitutes the central element of a walk linking the two banks of the Manzanares and dominates the whole riverside Park with its imposing appearance.
This concept, which seeks to enhance the quality of the structure by the refinement of its form, is based on an approach that is a persistent presence in architecture. In general, the outcome has been iconic constructions that are designed more for their formal qualities and their impact at a distance, than for the user's experience. Despite their visual impact, these icons often mark an interruption in the journey, with no real connection to nearby attractions or inherent social qualities. The process instantiated by the passage in these cases is more a discontinuity than a transition. By appealing more to visual responses and distant vistas than to tangible and immediate sensations, it tends to stand apart or at least distinct from the rest of the itinerary.

OPTIONAL CROSSINGS BECOMING POPULAR PUBLIC SPACES

As was the case with the 19th century shopping arcade, today's cities include itineraries that stand out from the familiar network of primary streets by their unexpected appearance and intrinsic appeal. They attract strollers through their distinctive location, the hospitable atmosphere they generate and the links they establish with other destinations. In short, their success arises from a combination of two factors: the simultaneously inspiring and reassuring nature of the place formed by the passage, and the movement generated by the connections the passage creates. Depending on the prevalence of one or other of these factors, we arrive at an analytical framework that can be used to identify three categories.
The first category is characterized by the exceptional nature of the route compared with familiar itineraries within the neighborhood or city in question. It is the distinctiveness of the route that arouses curiosity and prompts people to use it. Often, this distinctiveness is produced by enhancements in the surrounding landscape. Following this itinerary provides an unexpected view of the city. It reveals an unusual and distinctive panorama, generates new experiences, and opens up vistas of sudden beauty. It is this novel view of an essentially ordinary district that explains the success of the Viaduc-des-Arts in Paris (arch. P. Berger / landscape Ph. Mathieux & J. Vergely) or the High Line in New York (arch. Diller Scofidio + Renfro / landscape Field Operations). These two elevated promenades along former railroad tracks provide an unexpected view of the artisan neighborhoods of Bastille and Chelsea. This reframing also

tiques pour caractériser un itinéraire urbain, semble aussi être l'option privilégiée dans des opérations où la statique ne le requiert pas : le pont bow-string au-dessus de la rivière Humber, à Toronto, commémorant la présence des peuples indigènes (Montgomery Sisam Architects), qui prolonge la promenade piétonne et cycliste autour du Lac Ontario ; la passerelle sur la Tamise à Londres, conçue par Foster Associates à l'occasion du Millenium, qui relie le quartier de la cathédrale Saint-Paul à la Rive Sud et qui est intégrée à un long parcours à travers la ville ; la passerelle Arganzuela à Madrid, imaginée par Dominique Perrault, qui forme la pièce maîtresse d'une promenade rejoignant les deux rives du Manzanares et dont l'aspect imposant domine l'intégralité du Parc en bordure du fleuve.
Ce concept, qui vise à raffiner la forme pour élever la qualité de l'œuvre, est fondé sur une approche présente de longue date en architecture. Le plus souvent, il donne naissance à des constructions phares, davantage pensées sous l'angle de leur puissance formelle et de leur aspect marquant à distance que pour l'accueil du passant. En dépit de leur impact visuel, ces « emblèmes » constituent souvent une interruption du parcours, sans véritable lien avec des animations voisines et sans qualité sociale inhérente. Le processus de transition du passage est ici surtout une rupture. En s'intéressant plus aux échappées visuelles et aux perspectives lointaines qu'aux sensations tangibles et immédiates, ces ouvrages tendent à se dissocier ou au moins à se distinguer de l'ensemble de l'itinéraire.

QUAND LES TRAVERSÉES OPTIONNELLES DEVIENNENT DES ESPACES PUBLICS FAVORISÉS

Comme c'était le cas avec les passages commerciaux du 19e siècle, on retrouve dans les villes actuelles des cheminements qui se démarquent du réseau primaire des voies principales par leur aspect inattendu et leur attrait propre. Ils séduisent les flâneurs par leur emplacement particulier, l'atmosphère hospitalière qu'ils suscitent et les liens qu'ils établissent avec d'autres destinations. En somme, leur succès émane de la combinaison de deux facteurs : le caractère à la fois inspirant et rassurant du lieu du passage, et le mouvement généré par la liaison qu'il crée. Selon que l'un ou l'autre prévaut, on obtient un cadre analytique permettant d'identifier trois catégories.
La première se caractérise par le caractère exceptionnel du cheminement en comparaison avec les itinéraires connus au sein du quartier ou de la ville en question. C'est la particularité du parcours qui excite la curiosité et pousse à son utilisation. Souvent, elle est due à des amé-

changes perceptions, to the point that these previously gloomy districts have become precious and memorable. Here, the development of a neglected public space has triggered a general process of regeneration around it. The reputation and exceptional quality of the place makes it a tourist destination and the additional value generated by these visits has spread to the immediate surroundings.

Two other, probably less well-known examples constitute a more robust version of the same kinds of idea: the ramp leading up to the roof of the submarine base, designed by Manuel de Solà-Morales as part of the dock reconversion project in Saint-Nazaire, and the "Malecon del Salado" pedestrian and cycle bridge in Guayaquil, Ecuador. Both operations seek to revitalize the surrounding district by requalifying the public space. In order to do this, they invent a new type of "passages", distinct from the typical morphology of the neighborhood, which shows the existing fabric in a new light for passers-by to rediscover and reassess. In the Saint-Nazaire case, the impressive climb up to the roof of the colossal submarine base bunker opens up an entirely new panorama over the docks, the landscape of warehouses and cranes, and the sea behind. At Guayaquil, the bridge over a minor arm of the river bypasses the informal housing district, and leads to a series of sports facilities and city squares. It creates a protected route on the edge of the district, which links up with the water and provides views over previously unfamiliar urban and river landscapes. It structures a shared zone for all the local people, which can be perceived as a communal space for everyone.

The second category of modern passages that form public spaces, attracts people by establishing itineraries. They are not—unlike the previous examples—places to visit in themselves, but are adopted because of the links they create. However, during the journey, the experience of the specific configuration or atmosphere of the passage creates such a strong impression that the experience and the place leave a permanent memory. One example is the winding passage linking the elevated subway station to the big surrounding shopping centers in Bangkok in Thailand, which provides access without the need to negotiate road traffic. Very quickly, this public transit space becomes a great hall of apartment stores, under surveillance to exclude undesirables, and converted to comfortable and attractive place for retail therapy. In Hong Kong, by contrast, where the glass enclosed escalators provide protection from the weather and an attractive alternative to walking up the sloping streets, these transit spaces draw in strollers and tourists to enjoy the experience.

Perhaps more controversial, because dominated by the quest for a refined architectural form, are a few ostentatious footbridges that link associated activities above a busy road. Examples include the passage designed by Enrique Browne at Zappalar in Chile to connect the city to the new social housing complex

© Iwan Baan

RÉAMÉNAGEMENT D'UNE ANCIENNE VOIE FERRÉE EN PROMENADE SURÉLEVÉE. La « Highline » à New York, USA (Diller Scofidio + Renfro & Field Operations).

AN ELEVATED PROMENADE ALONG A FORMER RAILWAY LINE. High Line in New York, USA (Diller Scofidio + Renfro & Field Operations).

VOIR/SEE PAGE 86

liorations du paysage environnant. La balade par cette voie offre alors une vue exceptionnelle sur la ville. Elle révèle un panorama inhabituel et remarquable, donne lieu à des échappées insolites et ouvre des perspectives d'une beauté subite. C'est cette image originale d'un quartier dans le fond ordinaire qui a fait le succès du Viaduc-des-Arts à Paris (arch. P. Berger / paysagiste Ph. Mathieux & J. Vergely) ou de la High Line à New York (arch. Diller Scofidio + Renfro / paysagiste Field Operations). En réaménageant d'anciennes voies de chemin de fer, ces deux promenades surélevées proposent un regard surprenant sur les quartiers artisanaux de la Bastille et de Chelsea. Ce recadrage en modifie aussi l'appréciation, au point de rendre précieux et mémorables des quartiers anciennement lugubres. Ainsi, la mise en valeur d'un espace public négligé déclenche un processus de réhabilitation générale des environs. La renommée et la qualité exceptionnelle du lieu en font une destination touristique et la plus-value dégagée par ces visites s'étend au voisinage immédiat.

Deux autres exemples, sans doute moins connus, représentent une version plus poussée du même ordre d'idées : la rampe menant au toit de la base sous-marine de Saint-Nazaire, conçue par Manuel de Solà-Morales dans le cadre du projet de reconversion des bassins portuaires, et la passerelle piétonnière et cycliste du « Malecon del Salado » à Guayaquil, en Équateur. Ces deux réalisations ambitionnent de faire revivre le quartier environnant à travers la requalification de son espace public. Pour cela, elles inventent un nouveau type de « passages », d'une morphologie différente de celle du quartier, qui permet au passant de redécouvrir – et de réapprécier – l'existant en l'apercevant sous un nouvel angle. Dans le cas de Saint-Nazaire, la montée sur le toit impressionnant du bunker colossal qu'est la base sous-marine ouvre un panorama inédit sur les bassins, le paysage de hangars et de grues, et enfin la mer. À Guayaquil, la passerelle, construite sur un bras mineur du fleuve, circonscrit le quartier résidentiel à urbanisation spontanée et conduit à un ensemble d'équipements sportifs et de places aménagées. Elle crée un parcours protégé en bordure du quartier, qui renoue avec l'eau et révèle des paysages urbains et fluviaux auparavant inconnus. Elle organise un territoire partagé par tous les riverains, qui peut être perçu comme un espace communautaire.

La deuxième catégorie de passages contemporains formant des espaces publics attire la population en établissant des parcours. À l'inverse des exemples précédents, ce ne sont pas des buts de visite en soi, mais ils sont fréquentés en raison des liens qu'ils font naître. Cela n'empêche

© Archinect

RÉVÉLER DES PAYSAGES URBAINS ET FLUVIAUX AUPARAVANT INCONNUS. Malecon del Salado, passerelle piétonne et cycliste à Guayaquil, Équateur.

REVEAL PREVIOUSLY UNFAMILIAR URBAN AND RIVER LANDSCAPES. Malecón del Salado, pedestrian and cycle bridge at Guayaquil, Ecuador.

built on the other side of the F-30-E road; or the footbridge built by DVVD architects at Villetaneuse to link two university hubs on either side of a railway line. These structures are more than mere connections. They not only make the necessary link between two associated activities, but also showcase it through their iconic design. As a result, the welcoming shell in which residents or students traverse the barrier that breaks the continuity of their day-to-day lives, becomes a prominent and emblematic location. They acquire clear significance as undisputed public spaces.

The third such category of modern passages is dominated by connections and the transitions they effect. In these cases, it is the journey that counts, as one moves between two fundamentally different places: from a poor area in the outskirts to the town center via the nearest bus or subway station; from an agitated, unpredictable and turbulent district to a calm, secure, and quiet neighborhood.

Nonetheless, this transition is only enriching if it operates in both directions. In this case, the passage becomes an encounter between two spheres, bringing together worlds that do not otherwise meet. But there must be a reason for the communities at either end of the route to make the journey. For destitute areas, the reason is obvious, because their inhabitants need the opportunities available in flourishing districts. In order to reverse this movement, attractions are required—or policies to create them—in order to draw the well-off to peripheral areas.

Excellent examples of this connecting function have been implemented in Medellin, Caracas and Rio de Janeiro, which have recently built "metrocables", cable cars linking the *favelas* (located on high points in hard to access places) to the city center (or to transit commuter hubs). The most effective systems include public amenities at the intermediate stations, bringing together people with different purposes, a public space of exceptional quality. The three black "cubes" that form the "Bibliotéca España" at the top of the Santo Domingo metrocable in Medellin, contain a mass of printed and digital resources for all ages. Because of its form and its unique collection, and its location in the heart of a *favela* previously dominated by the drug trade, it has succeeded in making the neighborhood

© Patrick Moloney

RAPPROCHER DES MONDES QUI SINON NE SE CROISENT PAS. Métrocable à Medellin, Colombie.

BRINGING TOGETHER WORLDS THAT DO NOT OTHERWISE MEET. Metrocable in Medellin, Columbia.

pas que, durant la traversée, la configuration ou l'ambiance particulière du passage impressionnent au point que l'expérience et le lieu laissent un souvenir marquant. C'est le cas, à Bangkok, de la liaison serpentant entre la station de métro surélevée et les grands centres commerciaux alentour, qui permet l'accès sans composer avec le trafic automobile. Très vite, cet espace de transport en commun devient l'entrée des grands magasins, surveillée pour chasser les indésirables, et convertie en lieu confortable et attirant pour favoriser les achats impulsifs. À Hong Kong, par contraste, où des escaliers mécaniques fermés par des verrières protégeant des intempéries offrent une alternative séduisante à la montée des rues en pente, ces espaces de transport deviennent un endroit privilégié pour le rassemblement des flâneurs et des touristes.

Certaines passerelles tape-à-l'œil, sans doute un peu plus controversées car régies par la recherche du raffinement architectural, relient des activités complémentaires au-dessus d'une voie de circulation intense. Ainsi, le passage conçu par Enrique Browne à Zappalar, au Chili, raccorde à la ville le nouveau complexe de logements sociaux implanté de l'autre côté de la route F-30-E ; ou la passerelle réalisée par DVVD architectes à Villetaneuse facilite l'accès vers le nouveau terminal intermodal de l'université et relie différents quartiers traversés par deux voies de chemin de fer, une nouvelle ligne de tramway et deux voies rapides. Ces ponts sont plus que de simples connexions. Ils ne se contentent pas de réaliser un lien nécessaire entre deux activités complémentaires, ils le soulignent par leur forme emblématique. De ce fait, la coquille accueillante dans laquelle l'habitant ou l'étudiant traverse la barrière interrompt la continuité de sa vie quotidienne et devient un lieu marquant et symbolique, un espace public incontestable.

Dans la troisième catégorie des passages contemporains, les connexions – et les transitions qu'elles accomplissent – prévalent. Ici, c'est le trajet qui compte, on se déplace entre deux lieux fondamentalement différents : entre un secteur appauvri en périphérie et le centre-ville via la station de bus ou de métro la plus proche, ou entre un quartier agité, imprévisible et turbulent et un autre, calme, sécurisant et silencieux.

Pour autant, cette transition n'est enrichissante que si elle fonctionne dans les deux sens. Alors, le passage devient rencontre de deux sphères, rapproche des mondes qui sinon ne se croisent pas. Mais il faut que les communautés aux deux extrémités aient une raison de faire ce voyage. Pour les quartiers démunis, cette raison est évidente, car leurs habitants ont besoin des opportunités proposées par les zones prospères. Afin d'inverser ce mouvement, il faut que des équipements – ou bien des politiques visant à en créer – attirent les plus aisés dans les zones périphériques. À Medellin, Caracas et Rio de Janeiro, ont récemment été installés des « métrocables », des téléphériques reliant les favelas (situées sur les crêtes, dans des endroits difficile-

© Luis Benavides

ÉQUIPEMENTS ET ACCESSIBILITÉ DES QUARTIERS LES MOINS INTÉGRÉS. Escalator dans le quartier de Comuna 13, Medellin, Colombie. **EQUIPMENTS AND ACCESSIBILITY OF THE LESS INTEGRATED NEIGHBORHOODS.** Escalator in Comuna 13, Medellín, Columbia.

VOIR/SEE PAGE 91

safe by attracting visitors from all social categories. Another is again in Medellin, where an immense escalator was constructed between the impoverished hilltop district of Comuna 13 and the urban center. Its connecting platforms house schools and sports facilities. These experiments have inspired similar initiatives in certain South American cities where the proximity of rich and poor neighborhoods generates big contrasts. In Rio de Janeiro, a massive urban elevator links the Ipanema-General Osorio subway station with the lower parts of the Cantalago and Pavão-Pavãozinho *favelas*. Even though the residents still have a way to climb, the public platform at the top of the elevator opens up a superb panorama over the upmarket neighborhoods and Ipanema beach and has become a tourist attraction and a place where people meet and socialize.
The passage-school designed by Li Xiao Dong's architectural practice at Fujian Pinghe in China uses the same ideas of a continuous scale, reflecting the village context of its location. The building, which is distinctive for its delicate structure, forms a bridge over a small, deep-set river running through the rural town. It creates a strategic link between the two public spaces in front of the collective barns on either side of the natural divide. This public crossing consists of two passages leading to a widened space in the middle, which acts as the entrance to two classrooms on a platform that follows the gentle slope of the bridge. Education thus becomes an integral part of daily life, although the classrooms also have a separate entrance with a terrace over the river. Passers-by can watch the lessons, and the position of the school encourages people to cross the watercourse to the other bank of the town. The passage both constitutes and justifies an itinerary between two previously separate areas.

DESIGNING TODAY

For the right kind of passages to be built, we need to define the contemporary notion of the term "passages" and to specify the criteria that they should meet in order to make a significant impact on the quality of movement in the modern city. Our outline of the meaning of the words in different periods of history will have

© Li Xiaodong

RASSEMBLER LES ÉCOLIERS VENUS DES DEUX RIVES. École-pont, Fujian Pinghe, Chine. Atelier architectural Li Xiao Dong. **GATHERING PUPILS FROM EITHER SIDE OF RIVER.** School-bridge, Fujian Pinghe, China. Li Xiao Dong's architectural practice.

VOIR/SEE PAGE 157

ment accessibles) au centre-ville (ou aux plus importantes stations de transports en commun). Les systèmes les plus efficaces intègrent des équipements collectifs dans les stations intermédiaires, qui donnent lieu à un rassemblement de populations aux objectifs variés, dans un espace public de grande qualité. Les trois « cubes » noirs constituant la « Bibliotéca España » en haut du métrocable Santo Domingo à Medellin offrent des ressources imprimées et numériques à destination de tous les publics. Grâce à sa forme et à sa collection uniques, et à son implantation au cœur d'une favela jadis régie par le marché de la drogue, la bibliothèque réussit à sécuriser le quartier en ramenant des visiteurs de toutes les catégories sociales. À Medellin, encore, un gigantesque escalier mécanique a été construit entre les hauteurs défavorisées de Comuna 13 et le centre urbain. Les plateaux d'échange abritent des écoles et équipements sportifs. Ces expériences ont inspiré des initiatives similaires dans certaines villes sud-américaines où la proximité des quartiers riches et pauvres entraîne un contraste considérable. À Rio de Janeiro, un grand ascenseur urbain relie la station de métro Ipanema-General Osorio et le bas des favelas Cantalago et Pavão-Pavãozinho. Même si les habitants doivent encore monter, la plate-forme publique en haut de l'ascenseur dévoile un panorama superbe sur les quartiers chics et la plage d'Ipanema et constitue un lieu de visite touristique, d'échange et de réunion.
L'école-passage conçue par l'atelier de l'architecte Li Xiao Dong à Fujian Pinghe en Chine reprend les mêmes idées d'échelle continue, reflétant le contexte villageois de son implantation. Le bâtiment, qui se distingue par sa structure délicate, forme un pont au-dessus d'une petite rivière encaissée traversant le bourg. Il établit une liaison stratégique entre les deux espaces communs devant les granges collectives de chaque côté du fossé naturel. Cette traversée publique est composée de deux passages menant à un espace plus large au milieu, qui sert d'entrée pour les deux classes sur une plateforme suivant la légère pente du pont. L'enseignement devient donc une partie intégrante de la vie quotidienne, bien que les classes disposent aussi d'un accès indépendant avec terrasse par-dessus la rivière. Les passants voient les élèves en cours, et la position de l'école incite à traverser le cours d'eau pour regagner l'autre rive du bourg. Le passage constitue en même temps qu'il justifie un itinéraire entre deux secteurs auparavant séparés.

CONCEVOIR AUJOURD'HUI

Si l'on veut bâtir des passages adéquats, il faut donner une définition contemporaine aux « passages » et préciser les critères qu'ils doivent remplir pour avoir une influence significative sur la qualité du mouvement dans la ville.

been helpful for this purpose, because we want to provide an inclusive framework for ideas. It is not a reaction against an earlier period. It is inspired by everything previously thought and produced, in an attempt to separate out the foundational elements of a contemporary approach to the passage.
Early and modern passages both incorporate the idea of the shortcut, of a place subject to norms dictated by its users, and the effect of transition engendered by the journey through the passage. Early passages focus on bypassing natural obstacles, obstructions on the established path, and concentrate on the missing sections in a system of routes. By contrast, modern passages emphasize the production of a new typology of routes. This form is an alternative to the streets surrounding the block they pass through, affecting neither the status nor the configuration of those streets. Extending the itinerary beyond a barrier, and creating a secondary itinerary in order to improve the quality of movement, are two dimensions of the concept of the passage today. In the first case, the purpose of the passage is to make travel possible (or facilitate it, e.g. by inserting mechanical systems). In the second case, creating the passage offers a choice and leads to the distinction between a route primarily dedicated to movement and an itinerary associated with recreation, pleasure or relaxation.
However, in order to avoid the idea that every missing section in a road network constitutes a "passage", we need to add one further criterion: transition. Meeting this condition will distinguish "passages" from the uniform appearance of the infrastructure onto which they are grafted. They will constitute exceptions, moments we remember and which mark the itinerary.

PLACE AND MOMENT OF THE JOURNEY

Throughout the modern area, new transit systems have steadily led to the creation of barriers. Facilitating mobility in this model of contemporary urban life demands ways of resolving the conflicts and making connections between transit systems with different properties and hierarchies. So the situations we face today are caused by what were essentially "technocratic passages", but are now clarified by an awareness of the problems that they have produced. To meet the expectations of an informed public, therefore, "contemporary passages" will need to be easily accessible, inclusive of all social categories, and characterized by clear contrasts at each end; they will need to generate real, dynamic, stimulating and safe public space, and be able to manage the conflicts between occupants and passers-by.
From the analysis of historical models, therefore, we are able to formulate the key points of an equitable conception of the modern passage. First, it must clearly meet the user's travel

Notre exploration de la signification qu'a prise ce mot au cours de l'histoire nous aura été utile, car nous cherchons à proposer un cadre de réflexion inclusif. Il ne s'inscrit pas en réaction contre une période antérieure, mais puise dans tout ce qui a été pensé et produit afin d'en extraire les éléments fondateurs pour une approche contemporaine.
Dans les passages primitifs et modernes, on trouve l'idée de raccourci, de lieu assujetti aux normes dictées par les usagers, et l'effet de transition provoqué par sa traversée. Mais si les passages primitifs ont pour but premier la traversée d'obstacles naturels qui bloquent le chemin régulier et s'attachent aux tronçons manquants d'un système viaire, les passages modernes, quant à eux, caractérisent un nouveau type de voies, une option alternative aux rues entourant l'îlot traversé, sans modifier le statut ni l'agencement de ces dernières. Prolonger un chemin au-delà d'un obstacle, créer une voie secondaire pour améliorer la qualité de la circulation, sont deux dimensions du concept de passage aujourd'hui. Dans le premier cas, le passage vise à rendre la traversée possible (ou à la faciliter par l'ajout d'installations mécaniques, par exemple). Dans le second cas, l'ouverture du passage offre un choix, et amène à la distinction entre une voie dévouée essentiellement au trafic et un parcours associé au loisir, au plaisir ou à la détente.
Néanmoins, pour éviter que chaque tronçon manquant dans un système routier soit considéré comme « passage », il faudra recourir à un critère supplémentaire : celui de la transition. C'est à cette condition que les « passages » se démarqueront de l'aspect uniforme de l'infrastructure sur laquelle ils se greffent. Ils se présenteront comme des exceptions, des moments mémorables qui marquent l'itinéraire.

LIEU ET MOMENT DU VOYAGE

Avec les nouveaux systèmes de transport, l'époque moderne a créé des barrières. Faciliter la mobilité dans ce modèle d'urbanité contemporaine suppose de trouver des moyens de résoudre les conflits et d'établir des liens entre des systèmes de transport de nature et de hiérarchie différentes. Les crises auxquelles nous sommes confrontés aujourd'hui sont causées par ce qui était, dans le fond, des « passages technocratiques », mais elles sont clarifiées par une prise de conscience de leurs inconvénients. Pour satisfaire aux attentes d'un public informé, les « passages contemporains » devront donc être facilement accessibles, ouverts à toutes les catégories sociales et caractérisés par un contraste franc entre chacune de leurs extrémités ; ils devront engendrer un véritable espace public, dynamique, inspirant et sûr, et pouvoir gérer les conflits entre résidents et passants.

needs. In other words, a dead-end passage is necessarily an anomaly. However, its role as a shortcut encourages the use of the passage, but is not its only *raison d'être*, because as well as saving time, its existence can also contribute to well-being by enhancing comfort, tranquillity or a sense of wonder. Second, it must be convenient to access and use: its location must coincide with normal travel needs and extend ordinary routes. Its position must be easy to identify and its entrances be clearly marked. The position of its outlets must as far as possible match the level of the routes that lead to them. If the difference in level is unavoidable, ramps are preferable to staircases. In any case, the slope should be gentle and gradual, or aided by escalators or other facilities for people with mobility difficulties.

SPACES OF TRANSITION

In current urban conditions, where physical and infrastructural barriers often separate economic activities and social classes, passages create transitions between contrasting worlds. By taking them, one is gradually permeated by what awaits at the other end. In other words, the passage acts as a threshold to the other world. It is a place where neckties are tightened or removed. In this respect, taking the passage marks a significant transition. This capacity to channel the traveler's feelings is one of the fundamental characteristics of the passage, and should be reflected in the specificity of the place. The capacity to be identified as a particular section of a larger journey thus seems to us to be a third property that should characterize the contemporary passage. However, this does not mean isolation.

To the contrary, the moment of transition to which the passage should give meaning is intimately linked with its role in crossing the city. So the aim is to give it a capacity to signal the moment of a change of atmosphere within a longer journey. This is a space with an intermediate character, able to reconcile the contrasting behaviors, representations and ambiences of the neighborhoods situated at the two ends of the passage. It is the specific nature of the passage as a public space that embraces the previous requirements in a final synthetic principle. To act as a shared space, the passage needs to maintain a "neutrality" that enables it to become an object of appreciation and desire for those who use it. However, neutrality does not mean an absence of qualities. To the contrary, the passage should possess personality. It should signify a "place" where passers-by are aware of the attention and care given to its arrangement. This can be achieved by highlighting the natural beauty of the surroundings, but also by the definition and consideration given to the deployment or decoration of the walls by the activities installed there. In order to reconcile this focus on specific identity with user comfort, this identity should not be invasive. The passage should communicate a distinct atmosphere, without

À partir de l'analyse des modèles historiques, on arrive ainsi à formuler les points clés d'une juste conception du passage aujourd'hui. En premier lieu, il doit répondre clairement aux besoins de son usager. Un passage en impasse constitue de ce fait une anomalie. Cela dit, sa vocation de raccourci aide à stimuler son usage, mais n'est pas sa seule raison d'être. Car en plus de faire gagner du temps, son existence peut aussi contribuer au bien-être, en élevant le niveau de confort, de tranquillité, ou en émerveillant. En second lieu, son accès et son utilisation doivent être pratiques : son emplacement doit correspondre aux déplacements courants et prolonger des trajets existants. La situation du passage doit être facile à identifier et ses entrées bien indiquées. Dans la mesure du possible, ses issues doivent se trouver au même niveau que les voies qui y mènent. Si l'on ne peut éviter la différence de niveau, des accès en pente sont préférables à des escaliers. L'inclinaison devra en tout cas être douce et graduelle, ou facilitée par des escaliers mécaniques ou autres équipements à destination des personnes à mobilité limitée.

ESPACES DE TRANSITION

Dans la situation urbaine actuelle, où les barrières physiques et infrastructurelles séparent souvent les activités économiques et les classes sociales, les passages créent des transitions entre des mondes très différents. En les empruntant, on s'imprègne peu à peu de ce qui nous attend à l'autre bout. Le passage agit ainsi comme seuil d'un autre monde. On y resserre ou enlève sa cravate. Dans ce sens, sa traversée marque une transition significative. Cette capacité de canaliser les émotions de l'usager est une des caractéristiques fondamentales du passage et devrait apparaître dans la spécificité du lieu. La possibilité de l'identifier comme segment particulier d'un trajet plus global nous semble ainsi une troisième propriété qui devrait caractériser les passages contemporains sans pour autant en faire des éléments isolés. Au contraire, le moment de transition auquel il doit donner un sens est intimement lié à son rôle dans la traversée de la ville. Il doit signaler le moment du changement d'atmosphère au cours d'un déplacement plus long. Il faudra le concevoir comme un espace au caractère intermédiaire, qui réussit à concilier les différents comportements, représentations et ambiances des quartiers situés aux extrémités du passage. C'est la nature particulière du passage en tant qu'espace public qui regroupe les exigences précédentes dans un dernier principe synthétique. Pour remplir sa fonction d'espace partagé, le passage devra assurer une « neutralité » lui permettant de devenir objet d'appréciation et de désir pour ses usagers. Cependant, la neutralité ne signifie pas l'absence de qualités. Au contraire, le passage doit posséder une personnalité, son agencement doit dénoter

excluding anyone. The desired "neutrality" should thus entail a use of space that leaves room for those who experience it to feel a sense of fulfillment, an instinctive sense of community between residents and passers-by.

THE IMPACT OF THE SMALL INTERVENTION

This aspiration to create a simultaneously stimulating and reassuring place, open to everyone, is undoubtedly crucial. However, it needs to be part of a well thought out policy of economic viability. For by definition, the passage occupies a strategic position in the mechanisms of mobility. It is here that travelers assemble in an intermediate space whose exceptional character expresses an act of choice within a wider journey. In this respect, it becomes an iconic space, representative of an entire experience of travel. Because of this strategic dimension, it acts as a lever that amplifies the initial forces applied. It forms a pivot, from which the quality attributed to it extends to the whole transport network. Its impact far exceeds the small effort that goes into its construction. For through its impact on the most crucial links, the passage perfects the entire mobility system. And given that the spaces of mobility have today become the main centers of public encounter, the impact of a well-designed passage radiates to the quality of urban life as a whole.

MARCEL SMETS, architect, urbanist, Emeritus Professor at the University of Louvain, Scientific Director of the Passages Program, partner and consultant at ORG,[2] urban design office in Brussels and Boston.

un soin et une attention perceptibles, par une mise en évidence de la beauté naturelle des alentours, par la considération accordée au déploiement ou à la décoration des parois, par les activités qui s'y sont installées. Pour concilier particularisation et confort de l'usager, l'identité ne doit pas être agressive, son atmosphère singulière ne doit exclure personne. La « neutralité » souhaitée doit entraîner une utilisation de l'espace qui laisse de la place pour l'épanouissement de ses usagers, pour un partage instinctif entre résidents et passants.

L'IMPACT DE LA PETITE INTERVENTION

Cette ambition de créer un lieu incitant et rassurant, ouvert à tous, est incontestablement élevée. Mais elle doit s'inscrire dans une politique de retour sur investissement. Car, par définition, le passage occupe une position stratégique dans le mécanisme de la mobilité. Les voyageurs s'y rassemblent dans un interstice dont le caractère exceptionnel exprime un choix par rapport au reste du périple. Dans ce sens, le passage devient un endroit emblématique, représentatif de l'intégralité du voyage. Cette force stratégique en fait un levier qui amplifie la force exercée. Il constitue un pivot, grâce auquel la qualité qu'on lui attribue affecte l'ensemble du réseau de transport. Son impact est bien plus important que la légère intervention qu'exige sa réalisation. Car, en jouant sur les liaisons les plus critiques du système de mobilité, le passage le perfectionne dans son intégralité. Et considérant que les espaces de mobilité sont aujourd'hui devenus les principaux lieux de rencontre publique, l'effet d'un passage bien conçu rayonne sur la qualité globale de la vie citadine.

MARCEL SMETS, architecte, urbaniste, professeur émérite de l'Université de Louvain, directeur scientifique du programme Passages, partenaire et conseiller de ORG[2], agence d'urbanisme à Bruxelles et Boston.

1/ Walter Benjamin: *Das Passagen-Werk*, Suhrkamp Verlag, Frankfurt am Main, 1982 - (French edition: Walter Benjamin: *Paris, Capitale du 19e Siècle.* Le livre des Passages, Les Éditions du Cerf, Paris, 1989).

2/ J.F. Geist: *Passagen, ein Bautyp des 19. Jahrhunderts*, Prestel Verlag, München, 1969 - (English edition: J.F.Geist: Arcades: *The History of a Building Type*, MIT press, 1985).

1/ Walter Benjamin: *Das Passagen-Werk*, Suhrkamp Verlag, Frankfurt am Main, 1982 - (Édition française : Walter Benjamin: *Paris, capitale du 19e siècle. Le livre des Passages*, Les Editions du Cerf, Paris, 1989).

2/ J.F. Geist: *Passagen, ein Bautyp des 19. Jahrhunderts*, Prestel Verlag, München, 1969 - (Édition française: J.F.Geist: *Le Passage. Un type architectural du 19e siècle*, Pierre Mardaga éditeur, Bruxelles-Liège, 1989).

LE PASSAGE ET LA GALERIE CONSTITUENT UN RÉSEAU DE CHEMINEMENT STRATÉGIQUE EN PROPOSANT DES TRAVERSÉES DANS L'ÉPAISSEUR DU TISSU URBAIN, ILS COMPLÈTENT HABILEMENT LE RÉSEAU DES RUES. CERTAINS CONSTITUENT DE VÉRITABLES RACCOURCIS ET S'APPROPRIENT LE FLUX PIÉTONNIER INCONTESTABLEMENT FAVORABLE AUX AFFAIRES.

WALTER BENJAMIN,
"PARIS, CAPITALE DU XIXE SIÈCLE", 1934

THE PASSAGE AND THE ARCADE FORM A NETWORK OF STRATEGIC ROUTES BY PROVIDING CROSSINGS THROUGH THE DEPTH OF THE URBAN FABRIC, A CLEVER COMPANION TO THE STREET NETWORK. SOME OF THEM CONSTITUTE GENUINE SHORTCUTS AND ATTRACT PEDESTRIAN FLOWS, TO THE UNDOUBTED BENEFIT OF BUSINESS.

WALTER BENJAMIN,
"PARIS, CAPITAL OF THE 19TH CENTURY", 1934

A THOUSAND AND ONE BARRIERS

WALLS, ONE-WAY STREETS, TRAFFIC LIGHTS, SINISTER BASEMENTS, EXPRESSWAY NETWORKS, RAILROAD TRACKS... CITIES ARE FULL OF LEVEL CHANGES, DIVERSIONS, DELAYS, AND ANXIETIES THAT PASSERS-BY ENCOUNTER AS THEY NAVIGATE THE URBAN FABRIC.
THE DEVELOPMENT OF TODAY'S HETEROGENEOUS AND DISCONTINUOUS CITY HAS BEEN ACCOMPANIED BY A PROLIFERATION OF BARRIERS, PHYSICAL AND NONPHYSICAL, REAL OR IMAGINED, WHICH TURN TRAVEL INTO AN OBSTACLE COURSE.
THE PARADOX OF THESE BARRIERS, WHETHER THEY ARE SHORT-TERM, TEMPORARY, OR PERMANENT AND, IN TERMS OF SCALE, LOCAL, LINEAR OR EXTENDED, IS THAT THEY REVEAL THE NEED FOR THE PASSAGE. IN FACT, DICTIONARIES DEFINE A BARRIER AS "SOMETHING USED TO PREVENT A PASSAGE".
ONE PERSON'S BARRIER, ANOTHER PERSON'S PASSAGE... LIKE ROAD OR RAIL INFRASTRUCTURES, ORIGINALLY DESIGNED TO CREATE LINKS, BUT WHICH NOW REDUCE INDIVIDUAL MOBILITY AND ARE A SOURCE OF RISK TO ANYONE NEEDING TO CROSS.
IT IS OUR ROLE, AS PASSERS-BY, TO FIND AND REMOVE THESE BARRIERS. OUR ROLE TO IDENTIFY THE FACTORS THAT MAKE EVERYDAY TRAVEL HARD, SO THAT MOVEMENT CAN BECOME AN ACTIVITY OF VARIETY AND PLEASURE.
AS PROTAGONISTS OF URBAN LIFE, WE NEED TO IDENTIFY INHERITED OR EMERGING BARRIERS, TO OPEN UP ISOLATED AREAS, TO REPAIR OR TO PREVENT DAMAGE.
IT IS UP TO US ALL TO RECLAIM THE RIGHT OF PASSAGE.

MILLE BARRI

ET UNE
RES

Murs, sens interdits, feux de signalisation, sous-sols inquiétants, réseaux autoroutiers, voies ferrées... autant de dénivelés, de détours, d'attentes et d'appréhensions sur lesquelles butent les passants durant leurs déplacements.
Le développement de la ville contemporaine, hétérogène et discontinue, s'est accompagné de la multiplication de barrières, matérielles et immatérielles, réelles ou fantasmées, transformant les parcours en une course d'obstacles.
Paradoxalement, ces barrières, éphémères, provisoires ou permanentes, et, selon l'échelle, ponctuelles, linéaires, ou étendues, révèlent la nécessité du passage. Les dictionnaires définissent d'ailleurs la barrière comme « ce qui sert à fermer un passage ».
Barrière pour les uns, passage pour les autres... Telles les infrastructures routières ou ferroviaires, hier conçues pour relier, et qui constituent aujourd'hui un frein à la mobilité des individus et un risque accru lors de leur franchissement.
À nous, Passants, de localiser ces barrières pour mieux les lever. À nous de repérer ce qui entrave les trajets de la vie quotidienne pour rendre possible des mobilités diverses et agréables.
À nous, acteurs majeurs de la vie urbaine, d'identifier les barrières héritées ou émergentes, d'ouvrir des accès aux territoires enclavés, de réparer ou de prévenir les dommages.
À nous tous de revendiquer le droit au passage.

BARRIÈRES PONCTUELLES
POINT BARRIERS

DELHI, INDE. **DELHI, INDIA** © Prakash Singh/AFP/

HÉBRON, CISJORDANIE. **HEBRON, WEST BANK** © Nasse Shiyoukhi/AP/SIPA

NEW-YORK, ÉTATS-UNIS. **NEW-YORK, USA** © Richard Drew/AP/SIPA

BORDEAUX, FRANCE © Sud Ouest/Stéphane Lartigue

LE PARCOURS DU COMBATTANT

Des trottoirs trop étroits, des incivilités ordinaires, des encombrements en tout genre... Ephémères, provisoires ou permanents, ils compliquent les parcours quotidiens et mettent les plus fragiles en danger.

THE OBSTACLE COURSE

Narrow sidewalks, day-to-day hassle, obstacles of all kinds... Whether brief, temporary or permanent, they make day-to-day travel difficult, and put the most vulnerable at risk.

SAINT-DENIS, FRANCE © Robin Langlois/CIT'images

PARIS, FRANCE © Pascal Amphoux

BARRIÈRES PONCTUELLES
POINT BARRIERS

MARRAKECH, MAROC. HMARRAKECH, MOROCCO
© ImageBroker/Superstock

CENTRE DE PROTECTION URBAINE, LYON, FRANCE
CENTER FOR URBAN PROTECTION, LYON, FRANCE
© Lyon Capitale/Tim Douet

SOUS LE SIGNE DE L'INTERDIT

Accumulation, prolifération, indifférenciation... Toute une panoplie de signes virtuels, d'objets physiques et de codes fonctionnels ponctue la ville d'interdits, de contraintes et de dispositifs de contrôle.

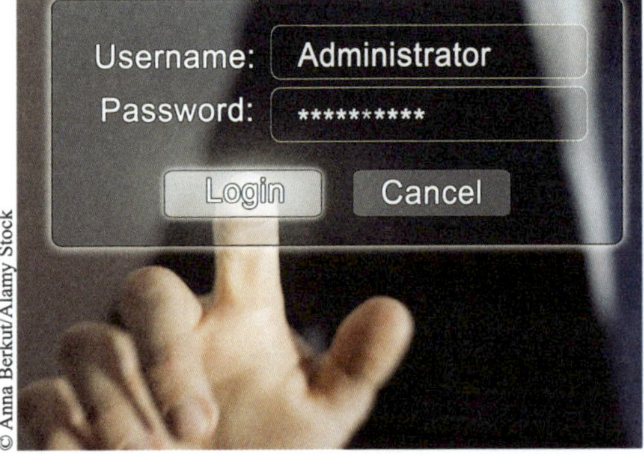

© Anna Berkut/Alamy Stock

RULES, RULES, RULES

Accumulation, proliferation, indiscriminacy... A whole panoply of virtual signs, physical objects, and functional codes punctuates the city with rules, restrictions and control systems.

OBERNAI, FRANCE. © Droits réservés

BEIJING, CHINE. BEIJING, CHINA © IVM Chine

BRUXELLES, BELGIQUE. BRUSSELS, BELGIUM
© Nicolas Maeterlinck / AFP

ORDRE ET DÉSORDRE

Sans barrière, c'est le chaos ! Mais quand les feux tricolores, les signaux visuels ou les avertisseurs sonores règlent l'ordre de passage des uns et des autres, c'est souvent le passant qui attend, qui stresse et qui perd son temps.

SHANGHAI, CHINE. SHANGHAI, CHINA
© Life on white / Alamy Stock

ORDER AND DISORDER

Without barriers, chaos rules! But when traffic lights, signposts, or audible warnings control who goes first, it's often the passer-by who has to endure the waiting, the stress and the waste of time.

DAMAS, SYRIE. DAMASCUS, SYRIA © Kristian Cabanis / Photostock

L'HOSPITALET DE LLOBREGAT, ESPAGNE. SPAIN © Adrià Goula

BARRIÈRES LINÉAIRES
LINE BARRIERS

THESSALONIQUE, GRÈCE. THESSALONIKI, GREECE © AFP/Sakis Mitrolidis

LA LIGNE QUI SÉPARE

Rives et frontières, murs et clôtures, routes, autoroutes, canaux, voies ferrées, rivières, réseaux, quais, digues, talus... La barrière linéaire est avant tout... infranchissable !

THE DIVIDING LINE

Edges and borders, walls and fences, roads, expressways, canals, railway lines, rivers, networks, docks, dikes, embankments... The linear barrier's main feature is that... there is no way across it!

XI'AN, CHINE. XI'AN, CHINA © William Hammer

UPS AND DOWNS

Slopes and level changes are obstacles if they are too steep, too long or too high: while they often discourage pedestrians, they totally exclude pushchairs, seniors or people with disabilities.

MUNICH, ALLEMAGNE. MUNICH, GERMANY © Manfred Antranias Zimmer

FACE À LA PENTE

Le dénivelé, la pente ou la rupture de pente sont des obstacles, dès qu'ils se révèlent trop raides, trop longs ou trop hauts : s'ils découragent souvent le piéton, ils excluent radicalement les poussettes, les personnes âgées ou les handicapés.

SÃO PAULO, BRÉSIL. SÃO PAULO, BRAZIL © Irene Quintáns

DUBAÏ, ÉMIRATS ARABES UNIS. DUBAI, UNITED ARAB EMIRATES © José Fuste Raga

YESTERDAY'S HERITAGE, TODAY'S BARRIERS

In the past, roads and streets were designed to link parts of the extended city. Today, they separate neighborhoods, hinder mobility, and are a risk to residents and locals.

HÉRITAGE D'HIER, SÉPARATION D'AUJOURD'HUI

Routes et voiries ont été conçues hier pour relier des secteurs de la ville étendue, elles constituent aujourd'hui une séparation entre les quartiers, une entrave à la mobilité, un risque pour les habitants ou les riverains.

DAKAR, SÉNÉGAL. DAKAR, SENEGAL © Jean Krausse

BARRIÈRES SURFACES

BLOCK BARRIERS

MÉTRO DE BARCELONE, ESPAGNE. METRO OF BARCELONA, SPAIN
© David Bravo

DEVELOPMENT RESIDUES

The residues left behind by urban development schemes further exacerbate the barriers created by infrastructures. They are sinister, often gloomy, dirty and smelly, and people avoid using them.

SAINT-PETERSBOURG, RUSSIE. SAINT-PETERSBURG, RUSSIA
© Igor Kovalchuk

SEINE-SAINT-DENIS, FRANCE © Sébastien Deprez

DÉLAISSÉS DE L'AMÉNAGEMENT

Les restes délaissés par les opérations d'aménagement urbain augmentent l'épaisseur des barrières créées par les infrastructures. Ils sont inconfortables, souvent glauques, insalubres et malodorants, et l'on renonce à les emprunter.

LES TROUS NOIRS DE LA VILLE

Ghettos de riches ou cités de pauvres, condominiums ou favelas, îlots de standing ou quartiers insalubres... La relégation des uns et des autres dans des enclaves fermées fait perdre le sens de l'urbain et le droit de traverser la ville.

BLACK HOLES IN THE CITY

Rich gated communities or poor ghettos, condominiums or shantytowns, upmarket neighborhoods or slums... Closed enclaves of either kind destroy the sense of the urban and the right to move across the city.

VALENCE, ESPAGNE. VALENCIA, SPAIN © David Navarro

LES TROUS BLANCS DE LA CARTE

Zones d'activités commerciales ou industrielles, centres hospitaliers, grands parcs urbains, sont des zones blanches sur la carte de la ville... Ils sont fermés la nuit, on ne peut les traverser, dans tous les cas on les contourne.

RUNGIS, FRANCE
© IFSTTAR / Le voyage métropolitain

CENTRE COMMERCIAL, ÉTATS-UNIS. SHOPPING MALL, USA © Spaces Images/Superstock

BLUEWATER SHOPPING CENTER, ROYAUME-UNI.
BLUEWATER SHOPPING CENTER, UK © Stock Connection

WHITE HOLES IN THE MAP

Shopping malls or industrial zones, hospital complexes, big urban parks, are white holes in the map of the city... They are closed at night, barring the way through. The only choice is to go around.

HIZMA, ISRAËL. HIZMA, ISRAEL © Patrick Baz/AFP

FRANCHIR LES BARRIÈRES
CROSSING BARRIERS

DÉSENCOMBRER
LES PARCOURS,
S'AFFRANCHIR
DES RÉSEAUX,
DÉSENCLAVER LES
TERRITOIRES...
...C'EST OUVRIR
LES PASSAGES
CLEARING THE
PATHS, BREAKING
FREE OF THE
INFRASTRUCTURES,
OPENING UP THE
URBAN LANDSCAPE
... MEANS OPENING
PASSAGES

AU-DELÀ DE L'INFRASTRUC

FROM THE ORIGINAL "PRIMITIVE" PASSAGES TO THOSE OF MODERN TIMES AND OF TODAY, THE PRIMARY PURPOSE OF THE PASSAGE HAS BEEN PURELY FUNCTIONAL: TO FACILITATE THE FLOW OF GOODS AND PEOPLE, TO CROSS NATURAL OBSTACLES, TO SHORTEN JOURNEYS, TO SET BOUNDARIES WHERE ACCESS CAN BE CONTROLLED, TO PROVIDE PROTECTION FROM BAD WEATHER AND SUBSEQUENTLY FROM THE DANGERS OF ROAD TRAFFIC... BYPRODUCTS OF TRAVEL AND MOVEMENT, PASSAGES HAVE TAKEN DIFFERENT SHAPES AT DIFFERENT TIMES AND IN DIFFERENT COUNTRIES, SERVING VARIOUS PURPOSES, OFTEN SIMULTANEOUSLY: SHORTCUTS, PUBLIC SPACES WITH SPECIFIC SOCIAL CODES, SEPARATE WORLDS IN THE CITY. THESE TRANSITIONAL SPACES HAVE ALSO ADOPTED DISTINCTIVE FORMS, AND HELPED TO TRANSFORM THEIR SURROUNDINGS, LIKE THE ARCADES OF THE 19TH CENTURY THAT STILL SURVIVE IN TODAY'S CITIES.

IN THE 20TH CENTURY, BY SPECIALIZING FUNCTIONS AND PRIORITIZING ROADS DEDICATED TO SPEED AND LONG DISTANCES, "PIPELINE URBANISM" ENGENDERED A TECHNOCRATIC APPROACH TO THESE SMALL SPACES, ERASING MANY OF THEIR ESSENTIAL CHARACTERISTICS. IN FACT, THE PASSAGE IS A COMBINATION OF THREE DIMENSIONS: THE FUNCTIONAL LINK, AN EFFICIENT SHORTCUT BETWEEN TWO URBAN SPACES; THE PLACE WITH ITS PARTICULAR SOCIAL AND SPATIAL CHARACTER; AND THE TRANSITION BETWEEN DIFFERENT URBAN PRACTICES AND WORLDS. IF THESE CONDITIONS ARE MET, THE PASSAGE —CONCEIVED AS PART OF A NETWORK—CAN HELP TO TRIGGER A BROADER URBAN TRANSFORMATION.

TURE

BEYOND INFRASTRUCTURE

Des passages « primitifs » originels jusqu'à ceux de l'époque moderne, puis contemporaine, l'objectif premier du passage est purement fonctionnel : faciliter la circulation des biens et des personnes, traverser un obstacle naturel, raccourcir un trajet, délimiter un itinéraire afin de contrôler les entrées, protéger des intempéries puis des circulations motorisées dangereuses...
Issus de la circulation et du mouvement, les passages ont pris différentes formes au fil du temps et selon les pays, abritant des usages variés, souvent simultanés : raccourcis efficaces, espaces publics aux codes sociaux spécifiques, mondes à part dans la ville.
Ces espaces de transition ont produit des lieux singuliers et contribué à métamorphoser leurs abords. Les passages et les galeries des villes denses du 19e siècle en témoignent encore aujourd'hui.
Au 20e siècle, en spécialisant les fonctions et en privilégiant les voiries axées sur la vitesse et les grandes distances, « l'urbanisme de tuyaux » a engendré une approche technocratique de ces petits espaces, au détriment de leurs attributs essentiels.
Faire passage oblige, en effet, à conjuguer trois dimensions : le lien fonctionnel, raccourci efficace entre deux espaces urbains ; le lieu dans sa singularité sociale et spatiale ; et la transition entre des pratiques et des univers urbains différents. Ces conditions remplies, le passage, conçu en réseau, peut devenir l'amorce d'une transformation urbaine plus large.

AUTOROUTE A7, FRANCE.
A7 MOTORWAY, FRANCE.
© Emmanuel Rondeau

POUR LES ANIMAUX
FOR ANIMALS

LOTUS LAKE, TAÏWAN. Ce pont en zigzag traverse le lac du Lotus et mène au Dragon and Tiger tower temple.
LOTUS LAKE, TAIWAN. This zigzag bridge crosses Lotus Lake and leads to the Dragon and Tiger tower temple.
© CC-Bernard Gagnon

POUR LES PIÉTONS
FOR PEDESTRIANS

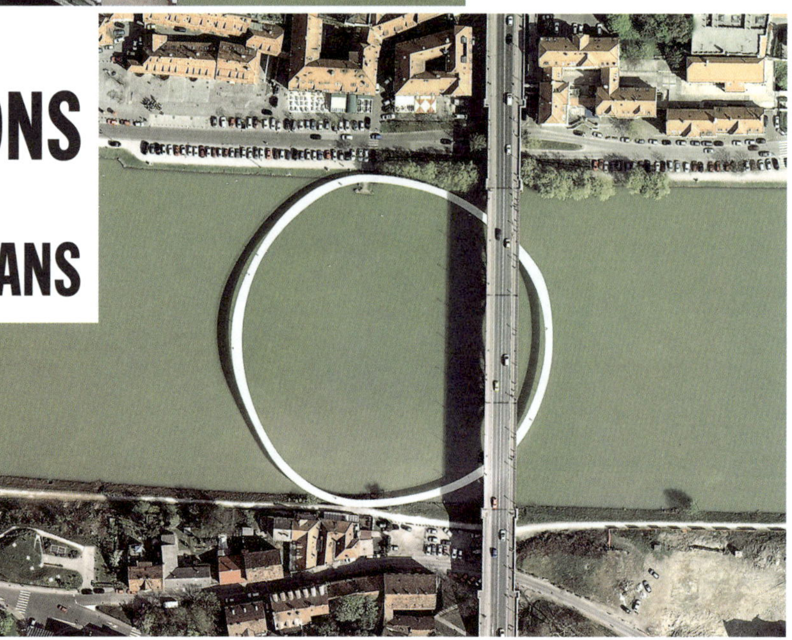

PASSERELLE DE MARIBOR, SLOVÉNIE. Projet de pont circulaire sous la structure de l'ancien pont en acier, pour le concours du pont au-dessus de la rivière Drava.
MARIBOR FOOTBRIDGE, SLOVENIA. Project for a circular bridge under the structure of the old steel bridge, for the competition to design a bridge over the Drava River.
FAMILY NEW YORK ARCHITECTS, 2010
© Family New York

POUR LES CYCLISTES
FOR CYCLISTS

« HOVENRING », EINDHOVEN, PAYS-BAS. Ce rond-point en acier permet aux cyclistes venant des différents villages de la région de circuler sans danger.
"HOVENRING", EINDHOVEN, NETHERLANDS. This steel roundabout allows cyclists from the region's different villages to move in safety.
IPV DELFT, 2002 © Ipv Delft Creative engineers

POUR LES AUTOMOBILISTES… ET POUR TOUS !
FOR MOTORISTS… AND FOR ALL!

VIADUC DE MILLAU, FRANCE. Au-dessus de la vallée du Tarn, à une hauteur de 270 mètres : quand l'autoroute se transforme en panorama pour tous !
MILLAU VIADUC, FRANCE. Over the Tarn Valley, at a height of 270 meters: when the motorway becomes a panorama for all!
NORMAN FOSTER, 2004 © Compagnie Eiffage du viaduc de Millau (CEVM-Foster+Partners - J.Y. Quémener)

CHRONOLOGIE
CHRONOLOGY

-500

CROSSING RIVERS
One kind of primitive passage was the shallow ford across a river. On this print by Hiroshige (1833-1836), porters cross the river near the Kanaya-juku station at Tokaido, in Japan.

© Library of Congress, Prints & Photographs Division

TRAVERSER LES RIVIÈRES
Un des passages primitifs consiste à traverser les cours d'eau aux endroits de faible profondeur. Sur cette estampe de Hiroshige (1833-1836), des porteurs font traverser la rivière près de la station Kanaya-juku du Tôkaidô, au Japon.

-218

CROSSING MOUNTAINS
In the second Punic War between Rome and Carthage, Hannibal and his army cross the Alps by following the isthmuses and valleys on the backs of elephants.

© Raymond Sheppard Collection/ Mary Evans Picture Library

TRAVERSER LES MONTAGNES
Durant la deuxième guerre punique qui oppose Rome à Carthage, Hannibal et son armée franchissent les Alpes en empruntant les isthmes et les vallées à dos d'éléphants. **…/**

POUR QUOI ?

FOR WHAT?

POUR CONNECTER DES MODES DE TRANSPORT DIFFÉRENTS

TO CONNECT DIFFERENT TRANSPORTATION MODES

GARE DE HARDBRÜCKE, ZURICH, SUISSE. Les aménagements de 2007, dispositifs lumière et jeux de perspectives visuelles, permettent de mieux trouver son chemin.
HARDBRÜCKE STATION, ZÜRICH, SWITZERLAND. The 2007 improvements, light systems and visual perspectives to help users find their way.
EM2N, 2007 © Roger Frei / EM2N

.../

.../ CHRONOLOGIE
CHRONOLOGY

-200

THE PURIFYING PASSAGE
To access the prestigious medical centre dedicated to the Greek god of Medicine, Asclepius in ancient Pergamon—now Bergame in Turkey—one had to follow this long corridor running with water from a sacred spring that was believed to purify the traveller's spirit.

TRANSITION
TRANSITION

© droits réservés

LE PASSAGE PURIFICATEUR
Pour accéder au prestigieux centre médical dédié au dieu grec de la Médecine, Asclepios, dans l'antique Pergame – aujourd'hui Bergame, Turquie – il fallait emprunter ce long couloir ruisselant de l'eau d'une source sacrée sensée nettoyer l'esprit du passant.

-110

THE BOAT BRIDGE
This bas-relief on the Trajan column depicts the arrival of the Roman Emperor over a bridge of interlinked boats.

LIEN
LINK

© Wikipedia - Domaine public

LE PONT À BATEAUX
Ce bas-relief sur la colonne Trajane dépeint l'arrivée de l'empereur romain par un pont constitué de bateaux liés entre eux.

1100

BRIDGE OF VINES
This bridge suspended over the river in the Iya Valley in Japan, is made by binding the stems of vines planted on both sides of the valley... and rebuilt every three years.

LIEN
LINK

© thanyarat07/iStock

LE PONT DE VIGNE
Ce pont en surplomb de la rivière dans l'Iya Valley au Japon, est réalisé par soudures des pieds de vignes cultivés des deux côtés de la vallée... et reconstruit tous les trois ans.

.../

LIEN
LINK

POUR QUOI ?
FOR WHAT?

…/POUR CONNECTER DES MODES DE TRANSPORT DIFFÉRENTS
TO CONNECT DIFFERENT MODES OF TRANSPORT

GARE SPUI, LA HAYE, PAYS-BAS. L'escalator relie le métro aux stations de bus. **SPUI STATION, THE HAGUE, NETHERLANDS.** The escalator links the subway to the bus stations.
OMA, 2004 © Commons-Mauritsvink

SÉPARER POUR PACIFIER
SEPARATING FOR TRAFFIC CALMING

SMEDENPOORT, BRUGES, BELGIQUE. Ces passerelles piétonnes, construites au 13e siècle en entrée de ville, permettent de pacifier le trafic.
SMEDENPOORT, BRUGES, BELGIUM. These 13th century footbridges at the entrance to the city have a traffic calming effect.
NEY + PARTNERS, 2012 © A. Trellu

LES TROIS PONTS DE CONWY, WEST SUSSEX, ROYAUME-UNI. De différentes époques historiques, ils permettent de répartir les divers flux, les voitures empruntant majoritairement le tunnel sous le canal.
THE THREE CONWY BRIDGES, WEST SUSSEX, UNITED KINGDOM. Dating from different historical eras, they divide up the different flows, with most motor vehicle using the tunnel under the canal.
ROBERT STEPHENSON, 1958 © Shutterstock/Adwo

POUR PROTÉGER LE RIVAGE

TO PROTECT THE RIVERBANK

RESTRUCTURATION DE LA MEURTHE, RAON L'ÉTAPE, FRANCE. Pour la gestion durable de la végétation des rives.

RESTRUCTURING OF THE MEURTHE, RAON L'ÉTAPE, FRANCE. For sustainably managed riverside vegetation.

ATELIER CITÉ ARCHITECTURE, 2012 © Michel Denancé

.../ CHRONOLOGIE
CHRONOLOGY

1150 **FROM COUNTRY TO CITY**
Passage for feudal lords from the countryside to the town. The enclosure played a symbolic role in the mediaeval city, standing out the rights and liberties - Loyset Liédet & Froissart, extracted from the *Chroniques de Bruges*.

TRANSITION
TRANSITION

© Bibliothèque Nationale de France

DE LA CAMPAGNE À LA VILLE
Passage des seigneurs féodaux, de la campagne à la ville des citadins. L'enceinte joue un rôle symbolique dans la ville médiévale, en démarquant les droits et libertés - Loyset Liédet & Froissart, *Chroniques de Bruges*.

.../

COMMENT ?

HOW?

PONT FRIEDRICH BAYER, SÃO PAOLO, BRÉSIL. Extension de la piste cyclable au-delà du fleuve Pinheiros, le pont s'ouvre pour laisser passer les bateaux.
FRIEDRICH BAYER BRIDGE, SÃO PAOLO, BRAZIL. Extension of the cycle track over the River Pinheiros. The bridge opens to let boats through.
LOEBCAPOTE ARQUITETURA E URBHHANISMO, 2012 © Leonardo Finoti

PASSAGES EN MOUVEMENT

PASSAGES IN MOTION

.../

.../ CHRONOLOGIE
CHRONOLOGY

1200

THE ROMANESQUE/MEDIEVAL BRIDGE
A traditional bridge built over the River Jonte in Lozère, France, Pont des Six liards forms a vault made with overlapping stones.

© CC BY-SA 3.0 Delarb

LE PONT ROMAIN/MÉDIÉVAL
Construit sur la Jonte, une rivière de Lozère, France, le pont traditionnel des Six liards forme une voûte par l'imbrication de ses pierres.

1300

THE LAST INCA SUSPENSION BRIDGE
The last traditional Inca suspension bridge, "Q'iswa Chaka"spans the Apurimac torrent. Made of grass, it is rebuilt every year in June.

© Stefan Schuetz/Look/Photononstop

LE DERNIER PONT SUSPENDU INCA
Dernier pont suspendu de tradition Inca, le « Q'iswa Chaka » surplombe le torrent Apurimac. Fabriqué en herbe, il est reconstruit chaque année, durant le mois de juin.

1345

THE INHABITED PASSAGE
Like the Ponte Vecchio over the River Arno in Florence, Italy, bridges in the past were lined with houses and shops which gave them a distinctive appearance.

© Armance/Leemage

LE PASSAGE HABITÉ
Comme le Ponte Vecchio sur l'Arno à Florence, Italie : les anciens ponts étaient entourés de maisons et de magasins qui leur donnaient des profils singuliers.

.../ PASSAGES EN MOUVEMENT

PASSAGES IN MOTION

BUTTERFLY BRIDGE, COPENHAGUE, DANEMARK. Les trois travées linéaires de la passerelle, dont deux s'ouvrent indépendamment, se rejoignent au-dessus de la surface de l'eau.

BUTTERFLY BRIDGE, COPENHAGEN, DENMARK. The bridge's three straight sections, two of which open independently, meet above the surface of the water.

DIETMAR FEICHTINGER ARCHITECTS, 2015

© Barbara Feichtinger-Felber

PONT BATAVIA, GAND, BELGIQUE. Ce pont mobile relie le centre-ville historique à un nouveau quartier.

BATAVIA BRIDGE, GHENT, BELGIUM. This mobile bridge links the historic city centre to a new district.

FEICHTINGER ARCHITECTS + TECHNUM-TRACTABEL ENGINEERING, 2012

© Barbara Feichtinger-Felber

…/ CHRONOLOGIE
CHRONOLOGY

1480 **THE ENCLOSURE GATE**
The royal entrance, or the symbolic role of the gate in the walls of the fortified city, apparent in this representation of the "Surrender of Bordeaux", a miniature taken from the late 15th century manuscript, Chroniques du temps du roi Charles VII de France.

TRANSITION
TRANSITION

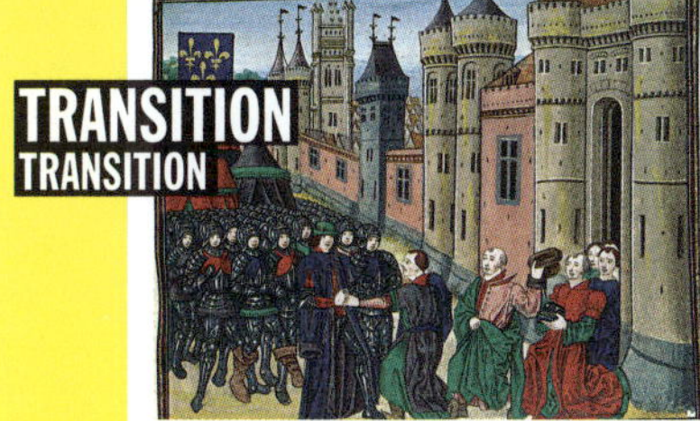

© British Library

LA PORTE D'ENCEINTE
L'entrée royale, ou le rôle symbolique de la porte dans l'enceinte de la ville fortifiée : cette idée est illustrée par cette miniature de la « Capitulation de Bordeaux », tirée des Chroniques du temps du roi Charles VII de France, manuscrit de la fin du 15e siècle.

1602 **FREEDOM AND IMPRISONMENT**
The iconic passage between liberty and prison, final moment of remorse: the Bridge of Sighs in Venice, Italy.

TRANSITION
TRANSITION

© CC BY-SA 3.0 yoann

LIBERTÉ ET INCARCÉRATION
L'emblématique passage entre liberté et prison, moment du dernier regret : le Pont des Soupirs à Venise, Italie.

1607 **THE WATCHING PASSAGE**
Free of buildings, the bridge becomes a watching machine. People come here to gaze at the water, to observe its movement, to contemplate the distant view, for example Paris from Pont-Neuf.

LIEU
PLACE

© Josse/Leemage

LE PASSAGE À REGARDS
Libéré des constructions, le pont devient machine à regards. On s'y installe pour scruter l'eau, observer le mouvement, contempler la ville à distance, par exemple Paris depuis le Pont-Neuf.

SUITE/CONTINUED PAGE 67 ■■■/

PONT MELKWEGBRUG, PURMEREND, PAYS-BAS.
Constitué d'une partie courbe en hauteur et d'un pont inférieur ouvrant pour le passage des navires.
MELKWEGBRUG BRIDGE, PURMEREND, NETHERLANDS.
Consisting of an upward-curving section and a lower bridge through which ships can pass.
NEXT ARCHITECTS, 2012 © Jeroen Musch

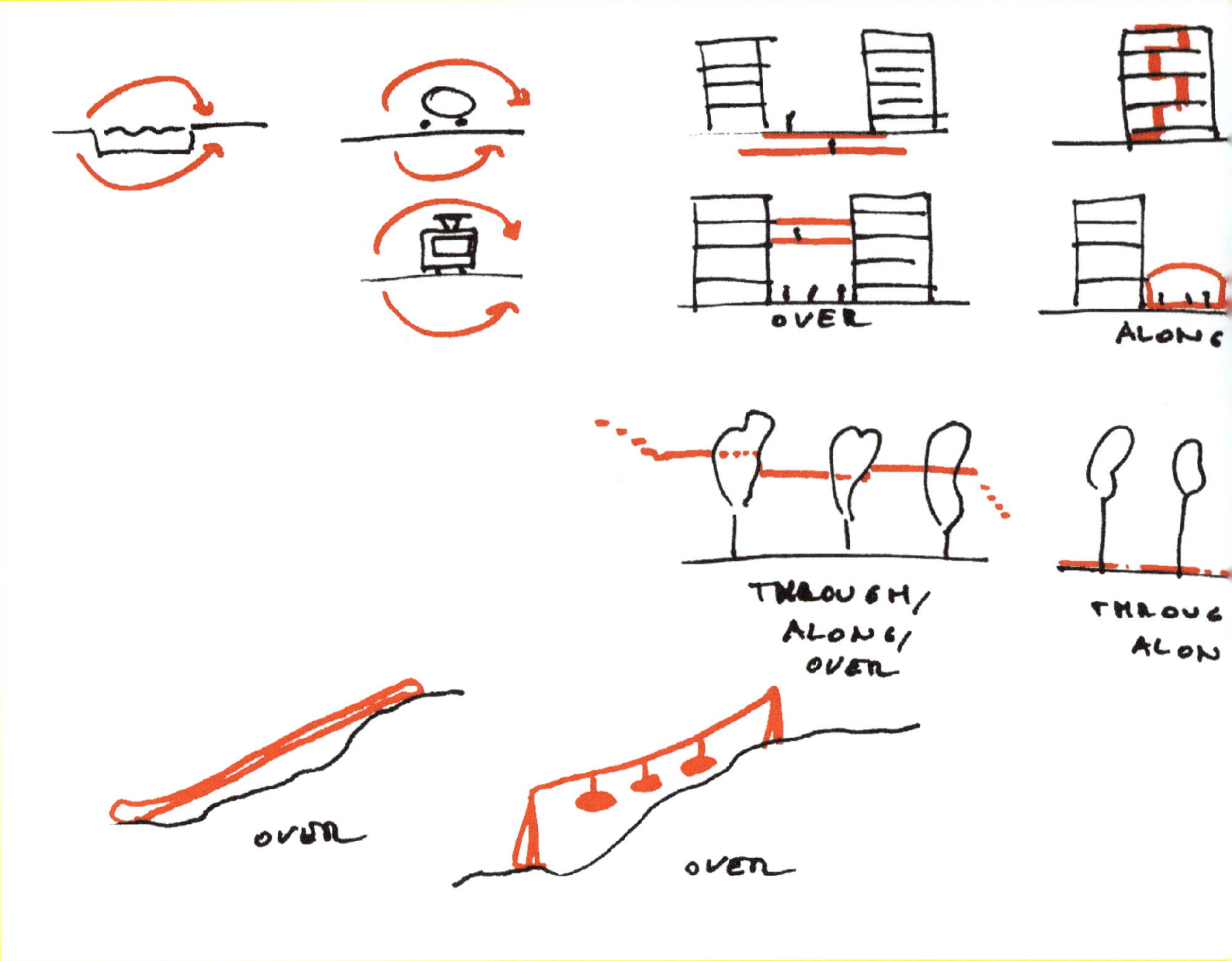

OVER
ALONG
THROUGH/
ALONG/
OVER
THROUG
ALON
OVER
OVER

THROUGH
TRANS
À TRAVERS
îlot
forest
fog
...
OVER
SUPRA
SUR
train
tram
highway
...
ALONG
ITUM
LE LONG
tree
temple
monument
...

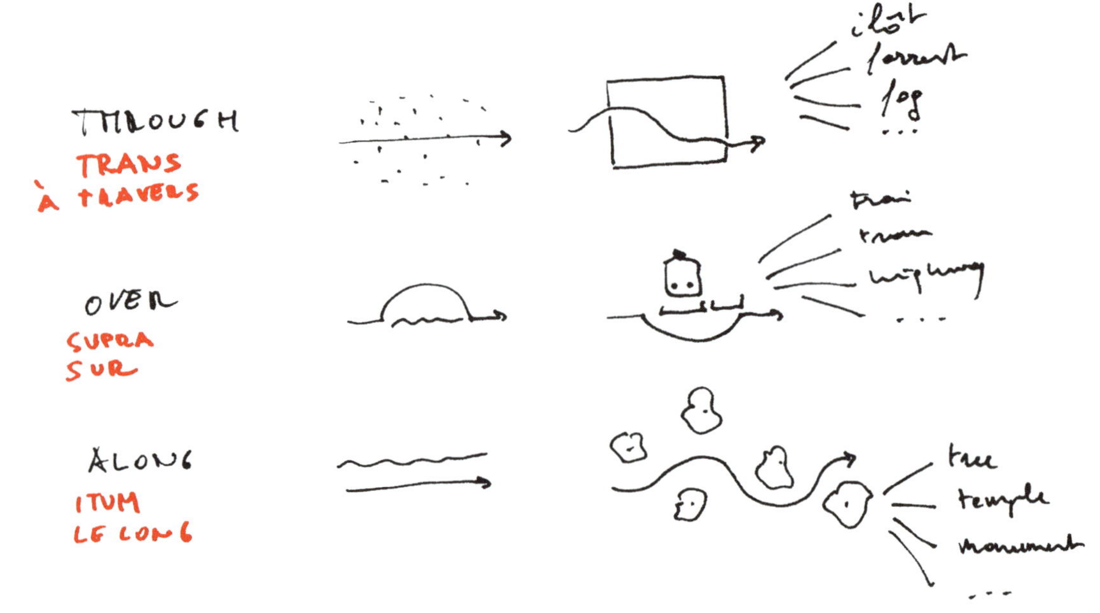

BETWEEN YOU AND ME, HERE AND THERE, TODAY AND TOMORROW BY MAARTEN VAN ACKER

ON THE TECHNIQUE AND URBAN DESIGN OF PASSAGES

Every day we make our way through the city. Some parts of our journey are more memorable than others: this bridge with the beautiful view over the city, the boulevard with its majestic row of trees, the alley where we declared our love, this long but convenient escalator to the subway, but also the unpleasant tunnel under the station. These special phrases in our journey are passages. They color our journey. Sometimes the passage is a shortcut, sometimes it is a detour we take with pleasure because it gives us a special experience. The passage is thus a choice. The passage is a moment of psychological transition: it leads us to another place, but sometimes also to another state of mind, a different mood. Passages enrich not only our own personal journey: many fellow citizens use them with gratitude. Passages are places where many roads and routes meet. The passage not only provides access, it also assembles. It is therefore a place of urbanity *par excellence*. The passage is not only a link, it is also a place, a space of transition.

ROOTS OF THE PASSAGE

The word 'passage' has its root in the Latin verb 'passare', which means 'to traverse or cross'. 'Passare' is itself derived from the word 'passus', which can mean two things: the act of taking a step, and the trace of many such footsteps. The passage is thus something that

ENTRE TOI ET MOI, ICI ET LÀ, AUJOURD'HUI ET DEMAIN PAR MAARTEN VAN ACKER

DE LA TECHNIQUE ET DE L'AMÉNAGEMENT URBAIN DES PASSAGES

Nous parcourons la ville au quotidien. Certaines portions de nos trajets se distinguent des autres : ce pont avec sa vue imprenable sur la ville, l'avenue et ses majestueuses rangées d'arbres, la ruelle dans laquelle on a déclaré sa flamme, cet escalator, bien long mais tout de même pratique, qui donne accès au métro, mais aussi ce tunnel désagréable qui passe en dessous de la gare. Ces séquences singulières de nos déplacements sont des passages qui viennent les colorer. Il s'agit ici d'un raccourci, là d'un détour que l'on emprunte volontiers car il nous fait vivre un moment à part. Le passage relève donc d'un choix. C'est une phase de transition psychologique : il nous mène à d'autres lieux mais aussi, parfois, à d'autres états d'esprit, d'autres dispositions psychiques. Les passages n'enrichissent pas seulement nos déplacements personnels : nombreux sont ceux qui les empruntent avec une forme de reconnaissance. Ce sont des lieux où convergent les trajets et les itinéraires. Le passage ne se contente pas de donner accès, il rassemble. C'est un lieu d'urbanité par excellence. Le passage est non seulement un lien, c'est aussi un lieu et un espace de transition.

L'ORIGINE DU PASSAGE

Le mot « passage » trouve son origine dans le verbe latin *passare*, qui signifie « traverser ». Celui-ci dérive quant à lui du mot *passus*, qui revêt deux significations : le geste du pas, et sa trace dans le paysage. Le passage est donc un élément qui en traverse un autre, un mouvement précis

goes through something, a certain movement, the act of a single step, but also the impact of this act: the trace of these steps in the landscape. Dictionaries reveal the huge breadth of the word 'passage'. Disciplines of the most diverse kinds have appropriated it in their vocabulary. For example, in construction, architecture and town planning, the word 'passage' traditionally represents a door, a corridor, an arcade... In military jargon, the passage indicates a connection between the different parts of a fortified structure. In zoology, passage refers to the actions of animals in migration. In music, the passage is a fragment or phrase in a musical piece.

PASSAGES LINKING PLACES, ROUTES, AND MODES

Like a bridge, tunnel, elevator, or escalator, the passage is an instrument that connects two zones that were previously segregated. The passage can surmount barriers of all kinds: wide watersheds, steep topographical differences, busy thoroughfares, railway yards, inhospitable natural features... The passage can pass through, over or along such obstacles. Such passages facilitate our journeys, for example by establishing a more direct route, reducing travel duration, increasing comfort or offering a safer itinerary. The passage can therefore represent an essential segment of our day-to-day urban systems and a missing link between disjointed mobility infrastructures.

Such connections can be permanent or temporary in nature. Think of mechanical bridges, alternatively allowing passage to boats and land-going modes, or pontoon bridges and scaffolding road bridges that provide a temporary solution for crossing a river or busy highway.

Passages can also be a way to repair fractures in the city caused by urban planning. Think of a pedestrian tunnel through a raised railway bed, a cycle bridge over an urban ring road, a local tunnel under an expanded harbor canal. Such passages can help us to reconnect separated neighborhoods and stitch together lost urban routes. Through intersections between air, land, or water, such vital links increase urban connectivity and local accessibility.

The passage can be designed for a specific transport mode or type of user: road tunnels, cycle bridges, footbridges, access ramps for disabled people, ecoducts, can improve internal connections and transit conditions within a specific network. Over time, these infrastructures can also be reinterpreted and recycled into passages for different modes: an abandoned train viaduct becomes a footpath, a subway tunnel is converted into an underground cycle track. However, passages also have a unique potential to link different users and modes. In such multimodal spaces,

(le pas en avant), mais aussi sa conséquence (l'empreinte de ce pas). Les dictionnaires témoignent de la richesse considérable du mot « passage ». Des disciplines très variées l'ont intégré dans leur vocabulaire. Dans les domaines de la construction, de l'architecture ou de l'aménagement urbain, par exemple, le « passage » symbolise traditionnellement une porte, un couloir, une galerie... Dans le jargon militaire, c'est un lien entre les différentes parties d'une structure fortifiée. En zoologie, il renvoie au comportement des animaux migrateurs. En musique, c'est un extrait ou une phrase au sein d'une composition.

DES PASSAGES POUR RELIER DES LIEUX, DES ROUTES ET DES MODES

À l'image d'un pont, d'un tunnel, d'un ascenseur ou d'un escalator, le passage est un instrument permettant de relier deux zones préalablement séparées. Il peut surmonter toutes sortes d'obstacles : grands bassins, fortes disparités topographiques, artères animées, gares de triage ou encore sentiers naturels inhospitaliers. Le passage peut traverser, enjamber ou longer ces obstacles. Ce type de passage facilite nos déplacements, en offrant par exemple un trajet plus direct, en réduisant le temps de transport, en augmentant le confort ou en garantissant un parcours plus sûr. Le passage peut ainsi représenter un élément essentiel de notre système urbain quotidien et un maillon manquant entre des infrastructures de transport incohérentes.

Ces liaisons peuvent être permanentes ou temporaires. C'est le cas des ponts levants, qui permettent alternativement le passage de bateaux et d'autres modes de transport, ou des ponts flottants et des passages à niveau, qui offrent seulement une solution temporaire pour franchir une rivière ou une autoroute chargée.

Les passages peuvent également permettre de reconstruire une ville à l'urbanisme disloqué. Ce sera le cas d'un tunnel piétonnier traversant une voie ferrée surélevée, d'une passerelle pour cyclistes au-dessus d'un périphérique urbain ou d'un tunnel local passant sous un canal portuaire élargi. Ce type de passage peut nous permettre de relier des quartiers isolés et joindre des axes urbains abandonnés. En permettant le transport aérien, terrestre ou maritime, ces liens essentiels favorisent la communication urbaine et l'accessibilité locale.

Le passage peut être conçu en ayant à l'esprit un mode de transport ou un type d'usager spécifique : le tunnel routier, la passerelle pour cyclistes, l'allée piétonnière, les pentes d'accès douces pour les personnes handicapées ou encore l'écoduc pourraient améliorer les relations internes et les conditions de transport au sein

travelers and commuters can easily switch from one mode and pace of travel to another. By providing access from the subway to a walkable street network, or linking the highway exit with a comfortable bikeway, or equipping the ferry dock with a bike-share stand, the smartly designed passage can function as a mini-multimodal hub, crosslinking individual mobility needs with the urban objective of traffic reduction.

TO CROSS OR TO STOP

Passages are small public spaces of mobility and urbanity. The passage unites individual routes in a single place, accessible to anyone. A river bridge creates a temporary assembly of car drivers, tram riders, cyclists, and pedestrians; an arcade shortcut brings together strolling shoppers, locals moving around their neighborhood, and commuters rushing from train to workplace.

The passage represents a particular phase of a larger journey, trajectory or route. By incorporating viewpoints, stops, and street furniture, it makes a place where passers-by and passengers can take a rest along their way. Here, the journey decelerates and the passer-by stays for a moment to contemplate the environment. Travelers become more aware of their surroundings, before continuing on their way. They can stop in the middle of the bridge to gaze over the water, to mock the traffic jam below, or to exchange a few words with an acquaintance.

With the addition or inclusion of an urban program, the passage becomes a destination in itself. Passages can be upgraded and used for commercial purposes, recreation or social encounters: vendors in the subway arcade, the café terrace at the foot of the bridge, the shops on the way to the railway platform. The "multi-active" passage can stimulate human interactions, strengthen a sense of neighborhood, enhance social safety. With such additional programs and more generous public design, the passage is relieved of its purely practical transit function and invites the passer-by to linger momentarily or to pause for a longer stay. In this way the passage can transcend its primary function of surmounting barriers, potentially even coming to symbolize a collaborative or democratic space.

BETWEEN TRANSFORMATION OF SPACE AND TRANSITION OF SELF

A passage is a relatively small scale infrastructural operation, but one that can have a big impact on day-to-day urban life. By reconnecting people, making commuting more efficient, and unlocking entire neighborhoods, small interventions like this can trigger the transformation of whole neighbourhoods. Making enclosed areas more accessible can

d'un réseau spécifique. Au fil du temps, ces infrastructures pourront également être réinterprétées et transformées en passages à destination d'autres modes de transport : un viaduc de chemin de fer abandonné deviendra ainsi une promenade piétonne, tandis qu'un tunnel de métro sera transformé en piste cyclable souterraine. Les passages offrent toutefois la possibilité unique de relier différents usagers et modes de transport. Dans ces espaces multimodaux, les voyageurs peuvent facilement alterner entre vitesses et modes de transport différents. En permettant l'accès à un réseau piétonnier directement depuis le métro, en reliant la sortie d'autoroute à une piste cyclable confortable ou en équipant le quai du ferry d'une station de vélos partagés, un passage bien conçu peut devenir un mini-hub multimodal, conciliant ainsi les déplacements individuels avec les enjeux de réduction de la circulation motorisée.

PASSER OU RESTER

Les passages constituent de petits espaces publics de mobilité et d'urbanité. Ils rassemblent en un même lieu des itinéraires individuels, accessibles à tout un chacun. Un pont qui enjambe une rivière rassemble de façon temporaire des automobilistes, des conducteurs de tram, des cyclistes et des piétons ; une traverse dans une galerie réunit quant à elle des chalands en goguette, des habitants déambulant dans leur quartier et des passagers descendus du train qui se rendent à la hâte sur leur lieu de travail.

Le passage correspond à une étape particulière de notre voyage, trajet ou itinéraire global. Grâce à des points d'observation, arrêts et éléments de mobilier intégrés, le passant ou le passager peut s'accorder une pause dans son déplacement. Le voyageur ralentit sa course et s'arrête un moment pour contempler ce qui l'entoure. Il prend davantage conscience de son environnement avant de poursuivre sa route, après s'être arrêté au milieu du pont pour regarder l'eau couler, s'être moqué de l'embouteillage en contrebas ou avoir échangé quelques mots avec la connaissance rencontrée.

Lorsque l'on ajoute ou que l'on intègre au passage un programme d'aménagement urbain, il devient une destination en soi. Les passages peuvent être modernisés et utilisés à des fins commerciales, de loisirs ou de rencontre et de socialisation : on croisera alors des vendeurs dans la galerie du métro, une terrasse de café au pied du pont, des boutiques en nous rendant sur le quai de la gare. Le passage « multiactif » peut encourager les échanges entre les individus, renforcer le sentiment d'appartenance à un quartier et accroître le sentiment de sécurité. Ce programme supplémentaire et cette conception plus généreuse de l'espace public ôtent au passage sa simple fonction de transit et invitent le passant à s'y attarder un moment ou à s'y arrêter pour une rencontre plus longue. De cette façon, le passage va au-delà de sa fonction première de franchir des obstacles. Il peut même symboliser un espace collaboratif ou démocratique.

initiate new public spaces that consolidate the sense of community and act as a catalyst for the revitalization of a dense urban fabric. Around the escalators that facilitate travel between work and home sprout new cafés, restaurants and meeting spots of all kind; the pedestrian-friendly alleyway becomes home to a book fair or farmers' market; the subway corridors that form underground connections with the office lobby, hotel entrance, and shopping mall blossom into a second labyrinth of below-street public spaces. So passages can also open up territories for new forms of urban development.

By reopening parts of the city, establishing links for new mobilities, or releasing residents from isolation, the passage possesses an emancipating force that should not be underestimated. New cable cars spanning a barren landscape can give shantytown dwellers better access to work, recreation, health and educational services, or connect to other methods of transport further on; underpasses with better design and lighting can enhance the sense of safety for day and night travelers. Through the adoption of passages, residents themselves can have a hand in the viability of their neighbourhoods.

For the walker, the journey through a passage can represent a unique experience. This threshold to a particular ambience transforms this part of the journey into a happening, associating the passage with personal memory. It can imbue the journey with symbolic or

ENTRE TRANSFORMATION DE L'ESPACE ET TRANSITION DE SOI

Un passage constitue une intervention infrastructurelle à une échelle relativement petite, mais il peut avoir un impact considérable sur la vie citadine quotidienne. En rapprochant les individus, en améliorant les déplacements des usagers et en désenclavant certaines zones, la mise en œuvre de ces interventions de petite échelle peut amorcer la transformation de quartiers entiers. Des zones enclavées rendues plus accessibles peuvent donner vie à de nouveaux espaces publics, qui renforcent les liens au sein de la communauté et la vitalité du tissu urbain dense. Autour des escalators qui facilitent le trajet entre le lieu de travail et le domicile, on voit éclore de nouveaux cafés, restaurants et lieux de rencontre en tout genre ; l'allée piétonne accueille un salon du livre ou un marché de producteurs ; les couloirs du métro qui relient le sous-sol aux halls des immeubles de bureaux, aux entrées d'hôtel et au centre commercial se transforment en un second labyrinthe d'espaces publics au-dessous du niveau de la rue. Les passages peuvent donc également servir à ouvrir des territoires à de nouvelles formes d'aménagement urbain.

Désenclaver des quartiers de la ville, établir des liaisons pour de nouvelles mobilités ou rapprocher des habitants isolés, le passage dispose d'une force d'émancipation que l'on ne saurait sous-estimer. De nouvelles télécabines qui traversent le paysage aride peuvent

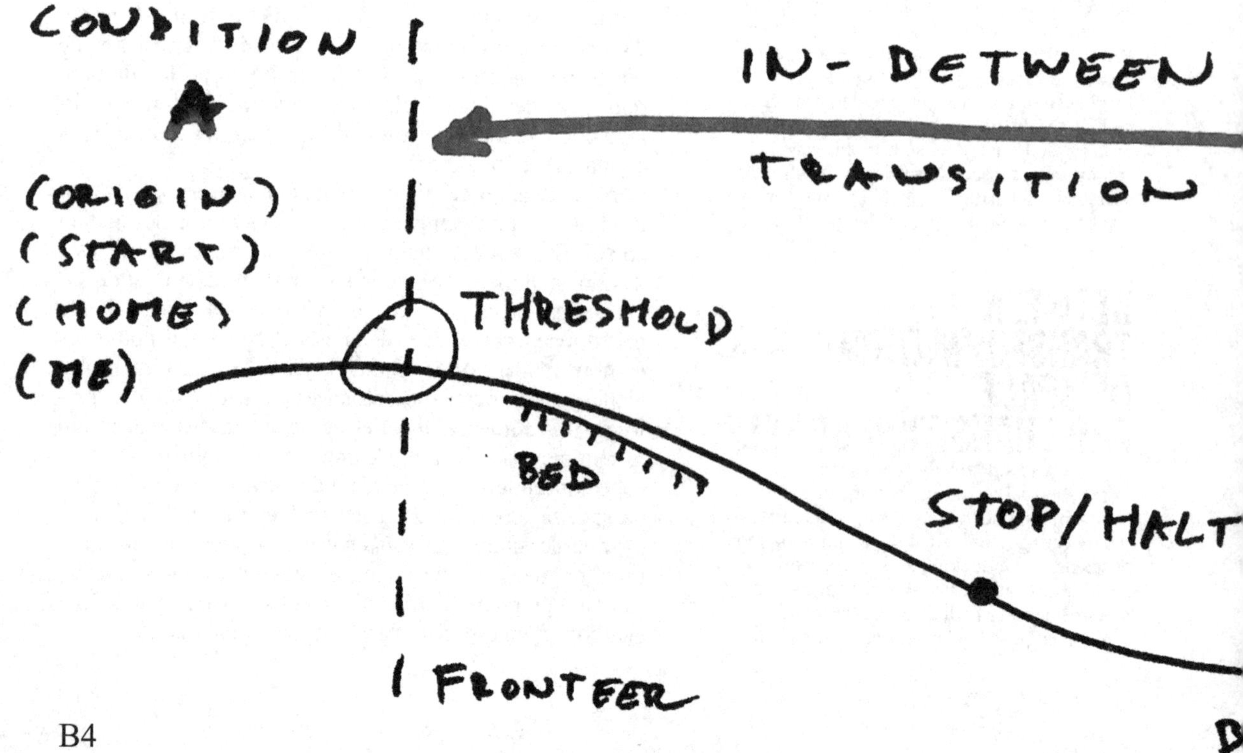

even spiritual significance. The design of the passage can enable, enhance or even reinforce these feelings, for example by evoking contrasts of colors and sounds, particular textures and tactility, different shades of light, and by integrating artistic expression. The rite of the passage embraces and accompanies the transformation of the self. The solemn advance through the passage engenders contemplation and recollection. The passage becomes a place of sentiment and reflection, a gateway to another self.

MAARTEN VAN ACKER, architect and urbanist, teacher in the Department of Design Sciences at Antwerp University, Belgium.

SAMUEL VAN DE VYVER, JOERI DE BRUYN, HELEEN CALCOEN, collaborators.

garantir aux habitants des bidonvilles un meilleur accès à l'emploi, aux loisirs et à l'éducation ou leur permettre d'emprunter d'autres moyens de transport ; des passages souterrains mieux éclairés et mieux conçus peuvent accroître le sentiment de sécurité chez leurs usagers habituels, y compris la nuit. En réclamant des passages, les habitants eux-mêmes peuvent jouer un rôle dans la pérennité de leur quartier.
Les passants peuvent vivre une expérience unique en arpentant un passage. Ce seuil qui donne accès à une atmosphère particulière transforme cette partie de leur déplacement en un événement extraordinaire, parfois associé à un souvenir personnel. Elle peut conférer à leur voyage une dimension symbolique, voire même spirituelle. La conception du passage peut permettre ou renforcer ce type de sentiment, en évoquant par exemple des contrastes de couleurs et de sons, des textures et une tactilité particulières, différents tons de lumière, et en intégrant des œuvres d'art. Tel un rituel, le passage accueille et accompagne la transformation de soi. En avançant solennellement dans le passage, on contemple et on se souvient. Le passage devient un lieu où se mêlent sentiments et réflexion, une porte ouverte sur un autre soi.

MAARTEN VAN ACKER, architecte et urbaniste, professeur au département de sciences du design à l'Université d'Anvers, Belgique.

SAMUEL VAN DE VYVER, JOERI DE BRUYN, HELEEN CALCOEN, collaborateurs.

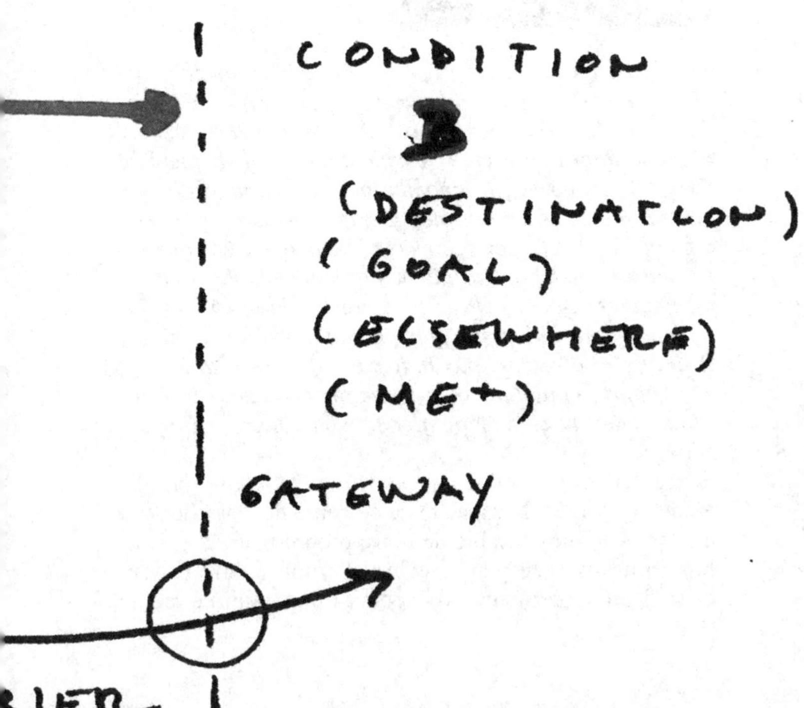

PASSAGE OF THE SENSES BY PASCAL AMPHOUX

"Passages" are divided into: a) Parisian, b) tricky, c) clandestine, d) North-West, e) rites of, f) Piranesi perspectives, g) of arms, h) included in the present classification, i) just closed, j) innumerable, k) backlit and aerial, l) et caetera, m) to the underworld, n) grassy, o) sloping upwards, p) surprising, q) full of events totally beyond our control, r) bathed in dawn's early light, s) one-way, t) from whose bourne no traveler returns, u) nasal, v) of play, w) of scripture, x) of prose, y) underground, z) endlessly retreating..."
In the introduction to his "*The Order of Things*", Foucault quotes Borgès on the capacity of this kind of classification to express, beyond the "exotic charm of a different way of thinking", the unthinkability of our own thinking, "the naked impossibility of thinking that." Parody though it is, our own classification is a way to refer to the very impossibility of thinking the notion of passage or of fixing a rational definition. From heading to heading, the notion passes through the meshes of the typological net and the multiplicity of meanings that it can take on in different languages, in fact a sensory subject, a subject that could only be tackled "by the senses". How? By employing the three senses that this expression encompasses in French: orientation, sensory modality, and meaning.

LE PASSAGE DU SENSIBLE PAR PASCAL AMPHOUX

« Les passages se divisent en : a) parisiens, b) délicats, c) clandestins, d) du nord-ouest, e) pour initiés, f) perspectives piranésiennes, g) à l'acte ou à l'état gazeux, h) inclus dans la présente classification, i) qui viennent de fermer leurs portes, j) innombrables, k) photographiés à contre-jour et en contre-plongée, l) et caetera, m) corridors de la mort, n) sous couvert végétal, o) ascensionnels, p) sensationnels, q) parfaitement incontrôlables tant les événements qui s'y déroulent nous échappent, r) qui baignent dans la lumière du petit matin, s) à sens unique, t) dont on ne ressort pas indemne, u) dans lesquels on s'engouffre, v) à blanc ou à tabac, w) en mineur, x) à niveau, y) des nuages, z) qui n'en finissent pas de faire passage... »
Foucault dans l'introduction des *Mots et les choses* pointe, en citant Borgès, la capacité de ce genre de classification à exprimer l'impensable de notre propre pensée, « l'impossibilité nue de penser cela ». Parodie, notre propre classification permettrait d'évoquer l'impossibilité même

© Pascal Amphoux

« *Sans doute peut-on, fonctionnellement, passer dans les deux sens, mais imaginairement, le sens est unique.* » Tous les passages au sens majeur sont à sens unique.

"Functionally, perhaps, it is possible to pass through in both directions, but in the imagination it is a one-way journey." Every real passage is one-way.

FIRST, ORIENTATION

Every passage orientates space. More: nothing can be called a passage unless it orientates urban space. Pierre Sansot said that a powerful place is one that changes us. The same is true of a passage. We do not pass through a place unaltered, we do not go unchanged in the passage from left bank to right, and the one who leaves town in the evening is not the same as the one who arrived in the morning. Functionally, perhaps, it is possible to pass in both directions, but in the imagination it is a one-way trip. Lethe or the Rubicon are one-way crossings. And there is always an initiatory or irreversible aspect in the most ordinary experiences of passage. Every real passage is one-way—and that is one focus of the project.

NEXT, THE SENSORY

Every passage affects the body. More: nothing can be called a passage that does not have an effect on the sensation, the perception or the behavior of the person passing through: auditory, visual, olfactory or tactile effects... (reverberation, backlighting, identification or asperity); inter-sensory effects (isolation, diminution, repetition or narrativity); or else psycho-motor effects (slowing or acceleration, reluctance, mistrust or self-exposure). A passage arouses our sensations, tells us a story or alters our movements. No doubt these effects can be partially determined by the physics of the building or the space (a tempo of reverberation, a shrinking or acceleration can be measured), but the sensory effect, which "passes" the thing into the body or into behavior, can only be probable and always paradoxical, both attracting and repelling. Every real passage is a strange attractor—the second focus of the project.

AND FINALLY, THE SEMANTIC

All passages produce meaning. More: nothing might be called a passage that does not give meaning to public, urban or metropolitan space. Baudelaire or Benjamin revealed this dimension by linking the figure of the Stroller to the dense and circumscribed passages of big-city space. Today, we need to re-examine the figure of the Passerby to give meaning to the 21st-century passage, at all the more diffuse territorial scales

de penser la notion de passage ou d'en arrêter la définition rationnelle. De rubrique en rubrique, la notion passe entre les mailles du filet typo-morphologique et la multiplicité des sens qu'en différentes langues elle est susceptible de revêtir, en fait un sujet sensible – un sujet que l'on ne pourrait aborder que « par le sensible ». Comment ? En déployant les trois sens que cette expression, en français, confond : l'orientation, la modalité sensorielle et la signification.

L'ORIENTATION TOUT D'ABORD

Tout passage oriente l'espace. Davantage : ne pourrait être dit passage que ce qui oriente l'espace urbain. Pierre Sansot disait d'un lieu fort qu'on n'y entre pas comme on en sort. Il faudrait en dire autant d'un passage. On ne passe pas d'un intérieur à un extérieur comme on y repasse du dehors au dedans, on ne passe pas de la rive gauche à la rive droite comme de la droite à la gauche, et on ne remonte pas en ville comme on en redescend. Sans doute peut-on, fonctionnellement, passer dans les deux sens, mais imaginairement, le sens est unique. On ne franchit le Léthée ou le Rubicon que dans un sens. Et il y a toujours une part initiatique ou irréversible dans les situations de passage plus ordinaires. Tous les passages au sens majeur sont à sens unique – et ceci est déjà un enjeu de projet.

LE SENSORIEL ENSUITE

Tout passage touche le corps. Davantage : ne pourrait être dit passage que ce qui fait effet sur la sensation, la perception ou le comportement de celui qui passe : effets sonores, visuels, olfactifs ou tactiles... (de réverbération, de contre-jour, d'identification ou de rugosité) ; effets intersensoriels (de coupure, de rétrécissement, de répétition ou de narrativité) ou encore effets psychomoteurs (de ralentissement ou d'accélération, de retenue, de méfiance ou d'exposition de soi). Un passage mobilise nos sensations, nous raconte une histoire ou module notre déambulation. Sans doute ces effets peuvent-ils être en partie déterminés par la physique

© Pascal Amphoux

« *Sans doute peut-on considérer le passage comme une forme, mais il ne prendra sa valeur contemporaine que s'il se ré-incarne dans la figure du passant.* » Tous les passages au sens majeur rendent indissociables l'action, le lieu et le moment.

"It might be possible to consider the passage as a form, but it will only take on its contemporary value if it is embodied in the figure of the passerby." Every true passage renders action, place and moment indivisible.

© Pascal Amphoux

«*Sans doute ces effets peuvent-ils être en partie déterminés par la physique, mais l'effet sensible, celui qui fait passer la chose dans le corps ou le comportement, ne peut être que probable et toujours paradoxal.*» Tous les passages au sens majeur sont des attracteurs étranges.

"*No doubt these effects can be partially determined by physics, but the sensory effect, which 'passes' the thing into the body or into behaviour, can only be probable and always paradoxical.*" Every real passage is a strange attractor.

of contemporary urban existence. The Passerby? First of all, this is the person who passes, anonymously, through public space (which would immediately lose its public character if by chance people ceased to pass through it); then the regular traveler who provides the scale or measure of the space covered; and finally the "supine" figure of the person passing, who conveys a certain sense of duration. It might be possible to consider the passage as a form, but it will only take on its contemporary value if it is embodied in the figure of the passerby. Every real passage renders action, place and moment indivisible—the third focus.
Let us therefore make sure that our projects find a new way of reconnecting the three meanings of the word sensory: orientation, touch, meaning—the person, the body, the territory. A passage, in this sense, is nothing other than the transition from one sense to another. Let us make sure that the sensory passage is also a passage of the senses!

PASCAL AMPHOUX, architect and geographer (Contrepoint, Projets urbains, Lausanne), researcher (CRESSON, UMR CNRS, Grenoble), Professor at ENSA in Nantes.

(on peut mesurer un temps de réverbération, un rétrécissement ou une accélération), mais l'effet sensible, celui qui «fait passer» la chose dans le corps ou le comportement, ne peut être que probable et toujours paradoxal – qui attire et repousse à la fois. Tous les passages au sens majeur sont des attracteurs étranges – deuxième enjeu de projet.

LE SÉMANTIQUE ENFIN

Tout passage produit du sens. Davantage : ne pourrait être dit passage que celui qui donne du sens à l'espace public, urbain ou métropolitain. Baudelaire ou Benjamin ont révélé jadis cette dimension en associant la figure du flâneur aux passages de la grande ville, dense et circonscrite. Il faut aujourd'hui reconsidérer la figure du passant pour donner sens aux passages du 21e siècle, à toutes les échelles des territoires plus diffus de l'urbanité contemporaine. Le passant ? C'est d'abord l'homme qui passe, anonyme, dans l'espace public – lequel perdrait immédiatement son caractère public si d'aventure on cessait d'y passer ; c'est ensuite celui qui se déplace d'un mouvement régulier – et qui par là donne la mesure de l'espace traversé ; c'est enfin, supin, celui qui est en train de passer – et qui donne cette fois à voir une certaine durée. Sans doute peut-on considérer le passage comme une forme, mais il ne prendra sa valeur contemporaine que s'il se réincarne dans la figure du passant. Tous les passages au sens majeur rendent indissociables l'action, le lieu et le moment – troisième enjeu.
Veillons donc à ce que nos projets réarticulent de manière inédite les trois sens du mot sensible : orienter, toucher, signifier – le passant, le corps, le territoire. Un passage, en ce sens, n'est rien d'autre que le passage d'un sens à l'autre. Veillons à ce que le passage sensible soit aussi passage du sensible !

PASCAL AMPHOUX, architecte, géographe (Contrepoint, Projets urbains, Lausanne), chercheur (CRESSON, UMR CNRS, Grenoble), professeur à l'ENSA de Nantes.

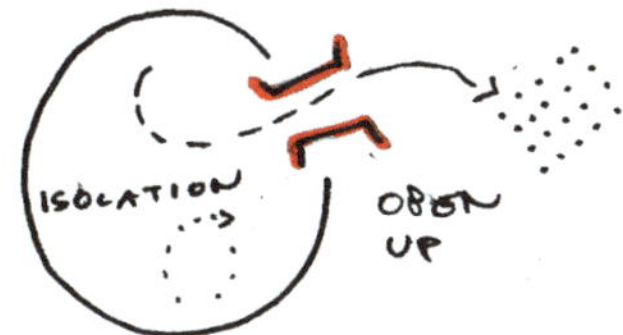
ISOLATION
OPEN UP

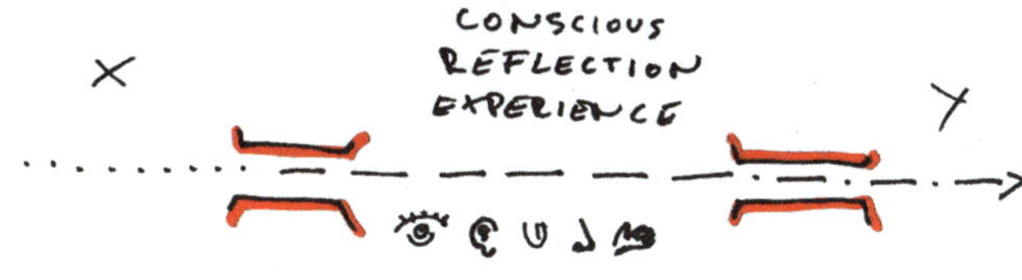
CONSCIOUS
REFLECTION
EXPERIENCE
X
Y

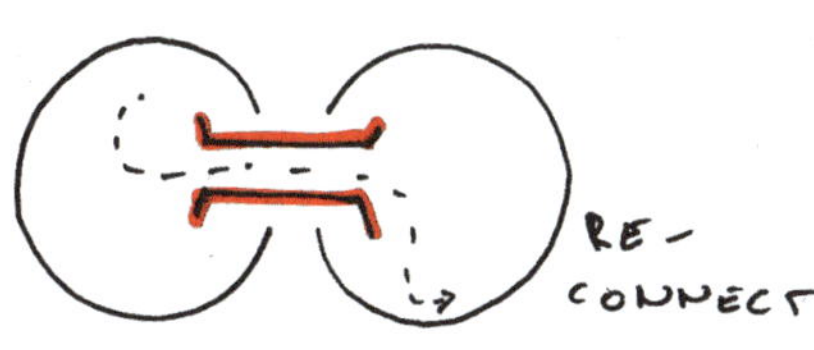
RE-
CONNECT

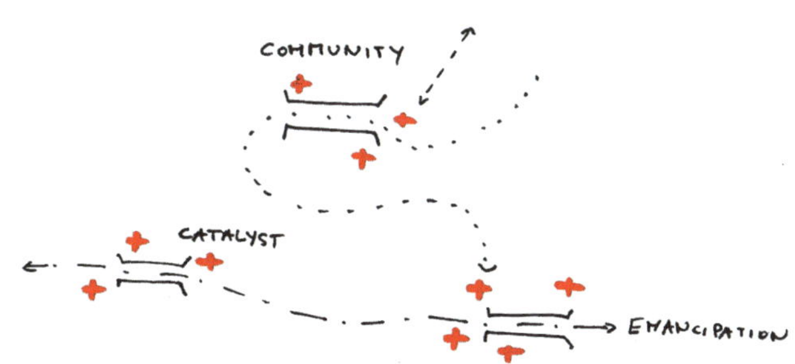
COMMUNITY
CATALYST
EMANCIPATION

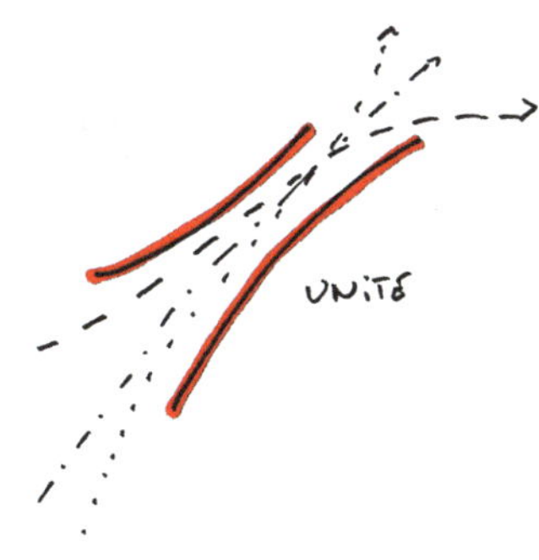
UNITE

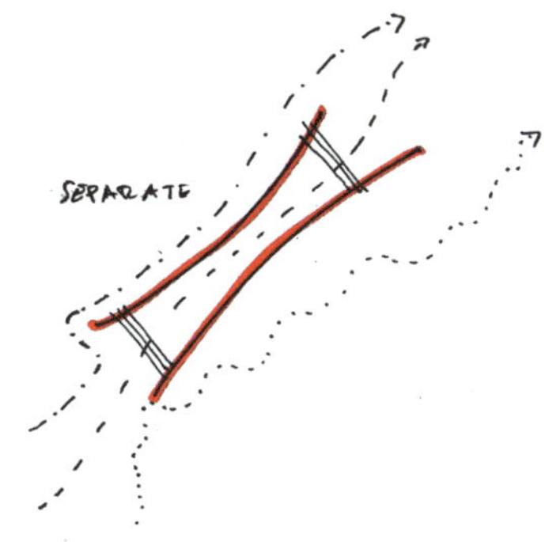
SEPARATE

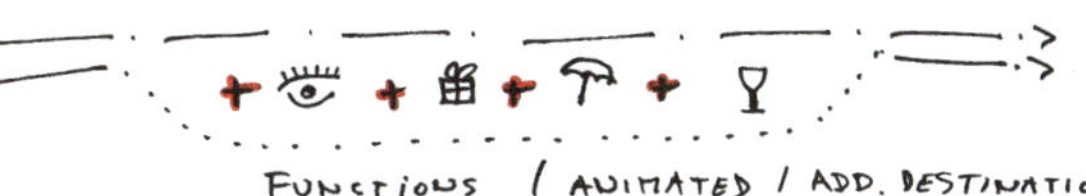
FOR PASSAGES: ADD PROGRAM
FUNCTIONS / ANIMATED / ADD. DESTINATION

ROUTE
PASSAGE
ROUTE

PASSAGE TEMPORAIRE
TEMPORARY PASSAGE

PASSERELLE FLOTTANTE RAVELIJN, BERGEN OP ZOOM, PAYS-BAS. Elle permet l'accès à la forteresse en suivant le parcours qu'empruntaient les ferries au 19 e siècle.

RAVELIJN FLOATING BRIDGE, BERGEN OP ZOOM, NETHERLANDS. This bridge provides access to the fortress along the same route used by the ferries in the 19th century.

RO&AD, 2014 © Erik Stekelenburg

PASSAGE ET RECYCLAGE
RECYCLED PASSAGES

ALBISOLA SUPERIORE, ITALIE. Transformation d'une voie de chemin de fer abandonnée en promenade piétonne servant aussi à l'exposition d'installations d'art.

ALBISOLA SUPERIORE, ITALY. Abandoned railway line converted to a pedestrian promenade, also used as a display space for art installations.

3S STUDIO, 2011 © Simona Maurone

PASSERELLE, ALBI, FRANCE. Passerelle piétonne sur le Tarn le long d'une voie de chemin de fer.

FOOTBRIDGE, ALBI, FRANCE. Footbridge over the River Tarn along a railway line.

NEY & PARTNERS, 2014 © Ney & Partners

THE ECONTAINER BRIDGE, TEL-AVIV, ISRAËL. Long de 160 mètres, ce pont sera utilisé par les piétons, les cyclistes et les navettes conduisant les touristes, des parkings au parc Ariel Sharon.

THE ECONTAINER BRIDGE, TEL-AVIV, ISRAEL. This 160 m long bridge will be used by pedestrians, cyclists and shuttles carrying tourists from the car parks to Ariel Sharon Park.

YOAV MESSER ARCHITECTS, 2015 © Yoav Messer Architects LtD

TUNNELS DE MÉTRO RECONVERTIS, LONDRES, ROYAUME-UNI. Selon le concept de Gensler, les tunnels de métro désaffectés se prêtent à une utilisation en chemin piéton ou deux-roues. Alimentés par des tuiles d'énergie cinétique placées dans les zones piétonnes, pavées et ainsi éclairées, ils fourniraient un mode de transport alternatif au métro et au vélo dans les rues.

CONVERTED SUBWAY TUNNELS, LONDON, UK. In Gensler's design, disused metro tunnels are converted to pedestrian or cycle routes. With lighting powered by kinetic energy tiles placed in the paving in the pedestrian zones, they would offer an alternative method of transport to underground rail and street level cycling.

GENSLER, 2015 © Gensler

SUITE DE LA/ CONTINUED FROM PAGE 55 ...

/CHRONOLOGIE
CHRONOLOGY

1725

FROM MOUNTAIN TO VALLEY
Urban staircases linking different neighborhoods of the city, like those monumentalised at the Spanish Steps in Rome, Italy: a place to contemplate the theatre of daily life.

© National Library of Norway

DE LA MONTAGNE À LA VALLÉE
Des escaliers urbains reliant différents quartiers de la ville, comme ceux, monumentaux, de la Place d'Espagne à Rome, Italie : on s'émerveille du théâtre de la vie journalière.

1737

LIEU PLACE

THE COVERED BRIDGE AS LANDMARK AND MEETING PLACE
Here, the Palladian Bridge at Wilton Estate Gardens, Bath, UK.

© CC BY-SA 3.0 Saffron Blaze

LE PONT COUVERT COMME RÉFÉRENCE ET COMME LIEU DE RENCONTRE
Ici, le Palladian Bridge du Wilton Estate gardens, Bath, Royaume-Uni.

1835

THE RAILWAY PASSAGE
The first railway viaduct, the "Greenwich Railway", offered passengers a panoramic route across London. Here, near Bermondsey Church, with the city in the background.

© Wikipedia - Domaine public

LE PASSAGE FERROVIAIRE
Premier viaduc ferroviaire, le « Greenwich Railway » offrait aux passagers une traversée panoramique de Londres. Ici, à proximité de l'église de Bearmondsey, avec la ville en arrière-plan.

.../

ENTRE QUOI ET QUOI ?

BETWEEN WHAT AND WHAT?

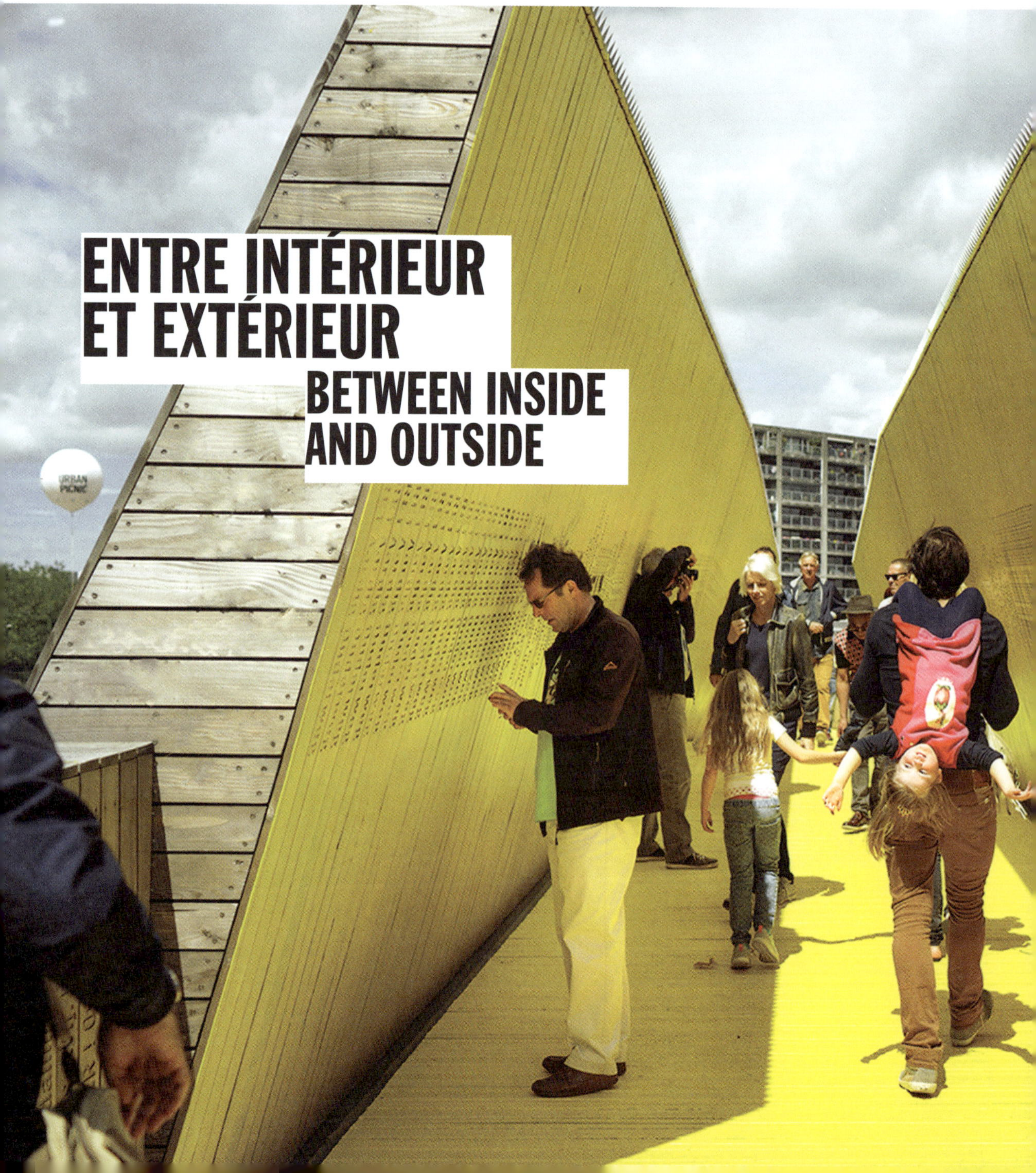

ENTRE INTÉRIEUR ET EXTÉRIEUR

BETWEEN INSIDE AND OUTSIDE

PASSERELLE LUCHTSINGEL, ROTTERDAM, PAYS-BAS.
Financée par crowdfunding, elle connecte différents quartiers en évitant la circulation et en traversant le Creative Office Building Schieblock.

LUCHTSINGEL FOOTBRIDGE, ROTTERDAM, NETHERLANDS.
Financed by crowdfunding, it connects different neighborhoods, avoiding the traffic and crossing the Schieblock Creative Office Building.

ZUS (ZONES URBAINES SENSIBLES), 2015
© Ossip van Duivenbode

.../ CHRONOLOGIE
CHRONOLOGY

1840

LIEU PLACE

A SEPARATE INTERIOR WORLD
Based on a speculative process, passages through city blocks also create an alternative to the boulevard. The roofed arcades of Paris are a world apart, less controlled by the standards and routines of the busy public sphere.

© Brown University Library

UN MONDE INTÉRIEUR À PART
Résultant d'une logique spéculative, la traversée de l'îlot représente aussi une alternative au boulevard urbain. Les passages couverts parisiens se présentent comme un monde à part, moins soumis aux normes et aux usages du domaine public plus fréquenté.

1863

LIEN LINK

THE FUNICULAR
This funicular, Croix-Paquet in Lyon, France, was the second to attempt the steep slopes of Croix-Rousse using the counterweight of its two cars linked by cables.

© Bibliothèque municipale de Lyon

LE FUNICULAIRE
Ce funiculaire de la Croix-Paquet à Lyon, France, fut le second à partir à l'assaut des pentes raides de la Croix-Rousse en balançant ses deux voitures reliées par câble.

1872

LIEN LINK

FROM BOTTOM TO TOP
One of its first applications in North America, this funicular links the civic center of Mount Adams to Cincinnati, Ohio, USA.

© Library of Congress, Detroit Publishing Company

ENTRE HAUT ET BAS
L'une de ses premières applications en Amérique du Nord, ce funiculaire permet de joindre le centre civique du Mount Adams à Cincinnati, Ohio, États-Unis.

.../

LIEN
LINK

ENTRE QUOI ET QUOI ?
BETWEEN WHAT AND WHAT?

TENNESSEE RIVERPARK, CHATTANOOGA, TENNESSEE, USA. Un chemin serpenté descend du musée d'art au centre-ville.
TENNESSEE RIVERPARK, CHATTANOOGA, TENNESSEE, USA. A winding track runs down from the art museum to the town centre.
RANDALL STOUT ARCHITECTS, 2005 © Lafango/Amanda Morris

ENTRE HAUT ET BAS
FROM TOP TO BOTTOM

« ELEVADOR LACERDA », SALVADOR DE BAHIA, BRÉSIL. Cet ascenseur de style Art déco relie l'Alta Cidade à Comércio, via quatre ascenseurs.
"ELEVADOR LACERDA", SALVADOR DE BAHIA, BRAZIL. This art deco style elevator consists of four cars linking the Alta Cidade to Comércio.
AUGUSTO FREDERICO DE LACERDA, 1873 © Vinicius Tupinamba/Shutterstock

TAPIS ROULANT, VITORIA-GASTEIZ, ESPAGNE.
MOVING WALKWAY, VITORIA-GASTEIZ, SPAIN.
ROBERTO ERCILLA, 2007 © Superstock/Agefotostock

PASSERELLE SIMONE DE BEAUVOIR, PARIS, FRANCE. Réservée aux vélos et aux piétons, elle franchit la Seine, ses berges et les voies à grandes circulations qui la bordent pour relier les rives des 12e et 13e arrondissements de Paris, du Parc de Bercy au parvis de la Bibliothèque François Mitterrand.

SIMONE DE BEAUVOIR BRIDGE, PARIS, FRANCE. Restricted to cycles and pedestrians, it spans the Seine, its embankments and the big roads that run along it, and links the riverbanks in the 12th and 13th arrondissements, from Parc de Bercy to the forecouty of François Mitterrand Library.

DIETMAR FEICHTINGER, 2006 © David Boureau

ENTRE DEUX RIVES SEMBLABLES

BETWEEN TWO SIMILAR BANKS

CYKELSLANGEN, COPENHAGUE, DANEMARK. À chacun son rythme sur le Cykelslangen reliant le pont Bryggebroen au pont Dybbølsbro ! Les piétons au niveau du sol, les cyclistes pressés sur la nouvelle voie haute.

CYKELSLANGEN, COPENHAGEN, DENMARK. Each to their own pace on the Cykelslangen linking Bryggebroen Bridge to Dybbølsbro Bridge! Pedestrians at ground level, fast-moving cyclists on the new upper track.

DISSING + WEITLING, 2014 © Municipality of Copenhagen, Rasmus Hjortshøj / Cost Studio

.../ CHRONOLOGIE
CHRONOLOGY

1880

FROM MOUNTAIN TO VALLEY
As on Bueren Mountain in Liège, Belgium, construction of workers' housing in the hills leads to the formation of a separate world in the lower city.

© Look and Learn / Elgar Collection Bridgeman Images

TRANSITION
TRANSITION

DE LA MONTAGNE À LA VALLÉE
Comme sur la montagne de Bueren à Liège, Belgique, l'invasion des collines par les habitations ouvrières entraîne la formation d'un monde séparé en ville basse.

1883

THE FUNICULAR
Valparaiso and its iconic funiculars! Locally called *ascensores*, they link the docklands to the inhabited city. The Artillería *ascensor* stands out for its two pairs of cars which give it the greatest passenger capacity.

© CC BY-SA 2.0 Javier Rubilar

LE FUNICULAIRE
Valparaiso et ses funiculaires emblématiques ! Localement appelés ascensores, ils relient la zone portuaire à la ville habitée. L'ascensor Artillería se distingue par ses deux paires de wagons qui lui confèrent la plus grande capacité de passagers.

.../

LIEN
LINK

ENTRE QUOI ET QUOI ?
BETWEEN WHAT AND WHAT?

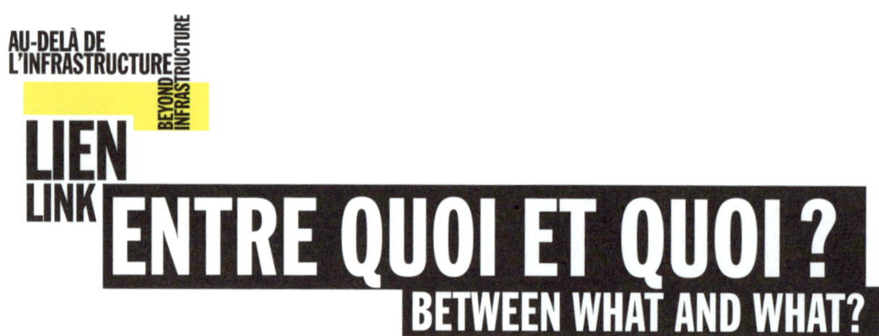

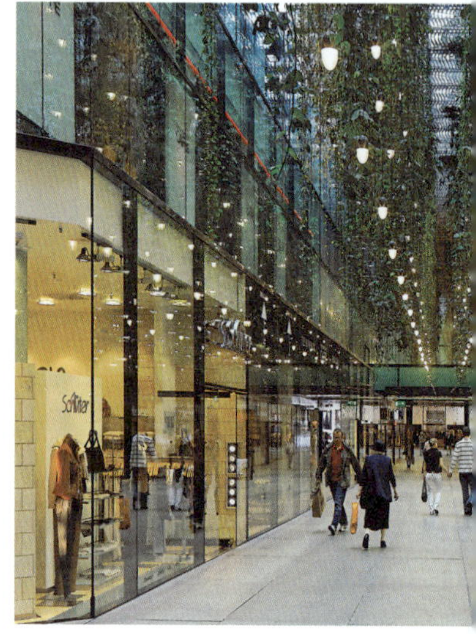

ENTRE IMMEUBLES DE NATURE DIFFÉRENTE

BETWEEN BUILDINGS OF DIFFERENT KINDS

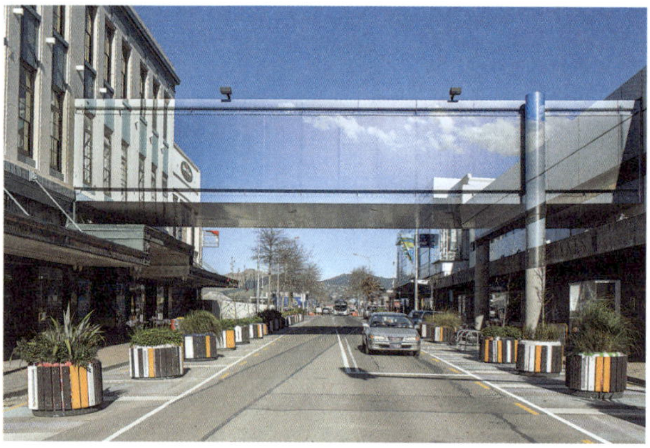

DÉCONSTRUCTION, CHRISTCHURCH, NOUVELLE-ZÉLANDE. Habillé en trompe-l'œil, le pont piéton relie deux bâtiments sur la Colombo Street.
DECONSTRUCTION, CHRISTCHURCH, NEW ZEALAND. A *trompe-l'œil* footbridge links two buildings on Colombo Street.
MIKE HEWSON, 2013 © Mike Hewson

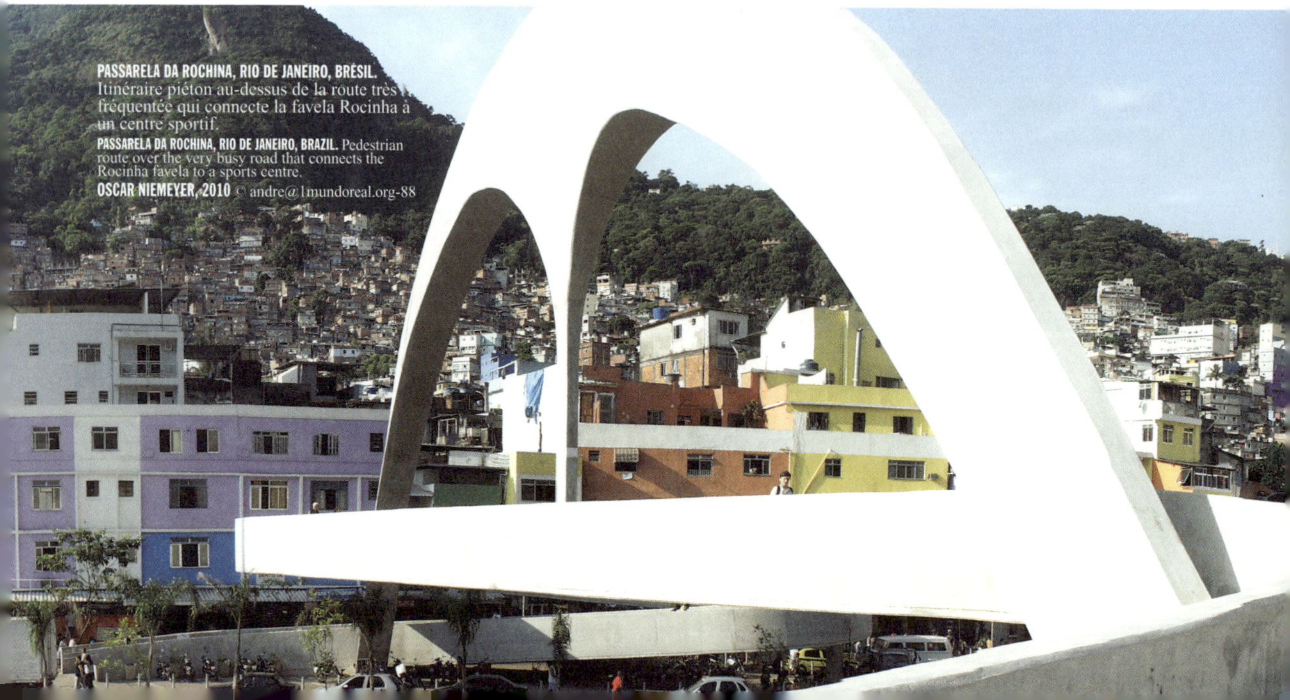

PASSARELA DA ROCHINA, RIO DE JANEIRO, BRÉSIL. Itinéraire piéton au-dessus de la route très fréquentée qui connecte la favela Rocinha à un centre sportif.
PASSARELA DA ROCHINA, RIO DE JANEIRO, BRAZIL. Pedestrian route over the very busy road that connects the Rocinha favela to a sports centre.
OSCAR NIEMEYER, 2010 © andre@1mundoreal.org-88

ENTRE DES ESPACES OUVERTS DIFFÉRENTS

BETWEEN DIFFERENT OPEN SPACES

FÜNF HÖFE, MUNICH, ALLEMAGNE. Un complexe de galeries, de restaurants, de commerces... Ce réseau de passages en plein air connecte des cours intérieures en lumière naturelle.

FÜNF HÖFE, MUNICH, GERMANY. In a complex of galleries, restaurants, shops... This open-air network of passages connects interior courtyards under natural light.

HERZOG & DE MEURON, 2005

© Alamy Stock Photo/ Jon Arnold Images Ltd

ENTRE DEUX QUARTIERS, ENTRE DEUX VILLES

BETWEEN TWO DISTRICTS, BETWEEN TWO TOWNS

.../ CHRONOLOGIE
CHRONOLOGY

1885

NATURE PASSAGE
By elevating the carriage traffic, the bridge designed in "Emerald Necklace Park", Boston, USA, by the architect Frederick Law Olmsted, maintains continuous vegetation and the free development of species.

LIEU
PLACE

© 2016 Emerald Necklace Conservancy

LE PASSAGE DE LA NATURE
En surélevant la circulation des carrosses, le pont de « l'Emerald Necklace Park » à Boston, États-Unis, conçu par l'architecte Frederick Law Olmsted, assure la continuité de la végétation et le libre développement des espèces.

1895

THE RAILWAY PASSAGE
Ground-level continuity is maintained under the big railway viaducts, here under the Drakenplaats rail bridge in Antwerp, Belgium.

LIEN
LINK

© CC BY-NC-ND 2.0 Nieuwendijk

LE PASSAGE FERROVIAIRE
La continuité urbaine au niveau du sol est maintenue sous les grands viaducs ferroviaires, ici, sous le viaduc ferroviaire de la Drakenplaats, à Anvers, Belgique.

.../

LIEU PLACE

PRENDRE LE TEM

PONT WALK ON , GLIWICE, POLOGNE. Cette passerelle suspendue, tordue, ventée, indirecte, mais aussi occasion de surprise, de plaisir, de contact avec la nature, permet de faire une promenade sans quitter l'immeuble de bureaux.

WALK ON BRIDGE, GLIWICE, POLAND. This windblown hanging footway, with its indirect spiral form, is a source of surprise, pleasure, and contact with nature, a way of taking a stroll without leaving the office building.

ZALEWSKI ARCHITECTURE GROUP, 2015 © Droits réservés

TAKING TIME
DE CONTEMPLER
FOR CONTEMPLATION
.../

LIEU
PLACE

PRENDRE LE TEMPS

TAKING TIME

...⁄ DE CONTEMPLER
FOR CONTEMPLATION

LE PONT DE MANDAL, NORVÈGE. Les courbes offrent des espaces de pause, de rencontre et de contemplation du paysage.
MANDAL BRIDGE, NORWAY. The curves provide spaces for resting, socialising and contemplating the landscape.
3XN ARCHITECTS, 2014 © Adam Mørk

BRICK PIT RING, SYDNEY, AUSTRALIE. La « Promenade de l'Anneau » peut se faire en dix minutes, ou beaucoup plus...
BRICKPIT RING WALK, SYDNEY, AUSTRALIA. You can walk around the "Ring" in 10 minutes, or take a lot longer...
DURBACH BLOCK ARCHITECTS, 2005 © Kraig Carlstrom - Sydney Olympic Park

PLATEAU DE TROLLSTIGEN, NORVÈGE. Des voies en zigzag conduisent à des plateformes d'observation au plus haut des montagnes norvégiennes.
TROLLSTIGEN PLATEAU, NORWAY. Switchback trails lead to observation platforms high up in the Norwegian mountains.
REIULF RAMSTAD ARCHITECTS, 2010 © Die Photo designer

ARCADE CANOPY, NEW YORK, ÉTATS-UNIS. La connexion couverte entre les quartiers d'affaires, le cinéma, un hôtel et un centre commercial, permet de s'abriter en cas d'intempéries ou de forte chaleur.
ARCADE CANOPY, NEW YORK, USA. The glass-roofed connection between the business districts,the movie theatre, a hotel, and a shopping centre, provides shelterfrom rain or heat.
PRESTON SCOTT COHEN, 2012 © Richard B.Levine/Photononstop

…/ CHRONOLOGIE
CHRONOLOGY

1900 **PASSAGE FOR CYCLISTS**
The first cycloduct, the "California Cycleway", in Pasadena, USA, provides easy access to the downtown area.

© Dobbins Collection, Pasadena Museum of History

DES PASSAGES POUR CYCLISTES
Premier cycloduc, le « California cycle way » de Pasadena, États-Unis, permet d'accéder aisément au centre-ville.

1902 **THE URBAN ELEVATOR**
This monumental mechanical elevator designed by Raoul Mesnier du Ponsard, links the old center of Lisbon, Portugal, to the slopes of Santa Justa.

© CC BY 2.0 Singa Hitam

L'ASCENSEUR URBAIN
Monumentalisé, ce passage mécanique conçu par Raoul Mesnier du Ponsard, relie le centre historique de Lisbonne, Portugal, aux coteaux de Santa Justa.

…/

DE SE PROTÉGER
FOR PROTECTION

PONT HENDERSON WAVE, SINGAPOUR. À 36 mètres au-dessus de la Henderson Road, ce pont piéton, le plus haut de la ville, relie les parcs Mount Faber et Telok Blangah Hill. Les structures ondulées et courbes procurent aux passants ombre et protection contre le vent.
HENDERSON WAVE BRIDGE, SINGAPORE. Standing 36 meters above Henderson Road, this footbridge, the highest in the city, links the Mount Faber and Telok Blangah Hill parks. The undulating and curving structures provide shade and protection from the wind.
RIJP ARCHITECTS, 2008 © RSP planners, architects and engineers

LIEU
PLACE

PRENDRE LE TEMPS

TAKING TIME

SYDNEY HARBOR BRIDGE, AUSTRALIE. En 2009, le pont est fermé à la circulation, puis transformé en un lieu de grand rassemblement de pique nique.

SYDNEY HARBOUR BRIDGE, AUSTRALIA. In 2009, the bridge was closed to traffic and converted into a big picnic area. © Rob Griffith/AP/SIPA

DE SE RENCONTRER

FOR SOCIALIZING

RED RIBBON PARK, QINHUANGDAO, CHINE. Terrain inondable rattrapé par l'urbanisation, autrefois délabré, inaccessible et dangereux, le parc du Ruban Rouge est devenu un lieu de détente et de loisirs renommé. À la fois repère, structure d'éclairage, surface de jeu, de repos et de rencontres, un ruban rouge de 500 mètres de long constitue la colonne vertébrale de ce projet simple, respectueux de l'environnement fluvial et du paysage qu'il sublime de manière spectaculaire.

RED RIBBON PARK, QINHUANGDAO, CHINA. A flood-risk zone overtaken by urbanization, formerly derelict, inaccessible and dangerous, Red Ribbon has become a well-known place of relaxation and leisure. Simultaneously a landmark, a lighting structure, an area for playing, resting and socializing, a 500 m long red ribbon constitutes the backbone of this simple project, which respects and spectacularly showcases the river environment and landscape.

TURENSCAPE LANDSCAPE ARCHITECTS, 2007 © Turenscape

GARSCUBE LANDSCAPE LINK, GLASGOW, ÉCOSSE. Transformation d'un passage souterrain inhospitalier en une transition colorée et accueillante pour les cyclistes et les piétons.

GARSCUBE LANDSCAPE LINK, GLASGOW, SCOTLAND. Transformation of an inhospitable passage under the highway into a colorful and welcoming transition for cyclists and pedestrians.

RANKINFRASER LANDSCAPE ARCHITECTURE + 7N ARCHITECTS, 2010 © Dave Morris

.../ CHRONOLOGIE
CHRONOLOGY

1908

LIEN LINK

AERIAL LINK
The world's first cable car designed to take tourists into the high mountains, the Wetterhorn in Switzerland.

© Droits réservés

LE LIEN AÉRIEN
Premier téléphérique au monde conçu pour amener des touristes en haute montagne, celui du Wetterhorn en Suisse.

1920

LIEU PLACE

THE DOMESTICATED PASSAGE
In China, Shanghai, "lilongs"—passages formed by the alignment of traditional patio houses—encourage neighbours to use the shared space.

© Arsirya/Shutterstock

LE PASSAGE DOMESTIQUÉ
En Chine, à Shanghai, les « lilongs », passages formés par l'alignement des maisons traditionnelles à patios, incitent à l'appropriation entre voisins de l'espace commun.

1925

LIEU PLACE

A SEPARATE INTERIOR WORLD
The export of the "arcade" model, here "Passage Matte" in Santiago de Chile: employing the ground floors of imposing buildings for commercial purposes.

© Plataforma Urbana

UN MONDE INTÉRIEUR À PART
L'exportation du modèle du « passage », ici le « Passage Matte » à Santiago du Chili : une exploitation à des fins commerciales des rez-de-chaussée d'édifices imposants.

.../

LIEU
PLACE

PRENDRE LE TEMPS

TAKING TIME

DES NOTES DE PIANO DANS LE MÉTRO, HANGZHOU, CHINE. À l'initiative de Volkswagen, ces marches musicales incitent les passagers à utiliser les escaliers plutôt que les escalators.

PIANO NOTES IN THE SUBWAY, HANGZHOU, CHINA. A Volkswagen initiative, these musical steps encourage passengers to use the stairs rather than the escalators.

THE FUN THEORY, 2009 © Xinhua Huang Zongzhi / AFP

10 CAL HIDE & SEEK TOWER, BANG SAEN BEACH, THAÏLANDE. Cette tour en béton connecte des escaliers, pour un jeu de cache-cache dans les airs.

10 CAL HIDE & SEEK TOWER, BANG SAEN BEACH, THAILAND. This concrete tower with its interconnected stairways resembles an aerial game of hide-and-seek.

SUPERMACHINE STUDIO, 2015
© Wison Tungthunya

DE JOUER

FOR PLAY

AMÉNAGEMENTS SUR LES RIVES DU LAC PAPROCANY, POLOGNE. Promenade en bois utilisée pour sauter, se reposer, jouer sur les rives du lac.

STRUCTURES ON THE BANKS OF LAKE PAPROCANY, TICHY, POLAND. Wooden promenade used for jumping, resting, playing on the banks of the lake.

RS+ ROBERT SKITEKH, 2014 © Tomasz Zakrzewski / archiflolio

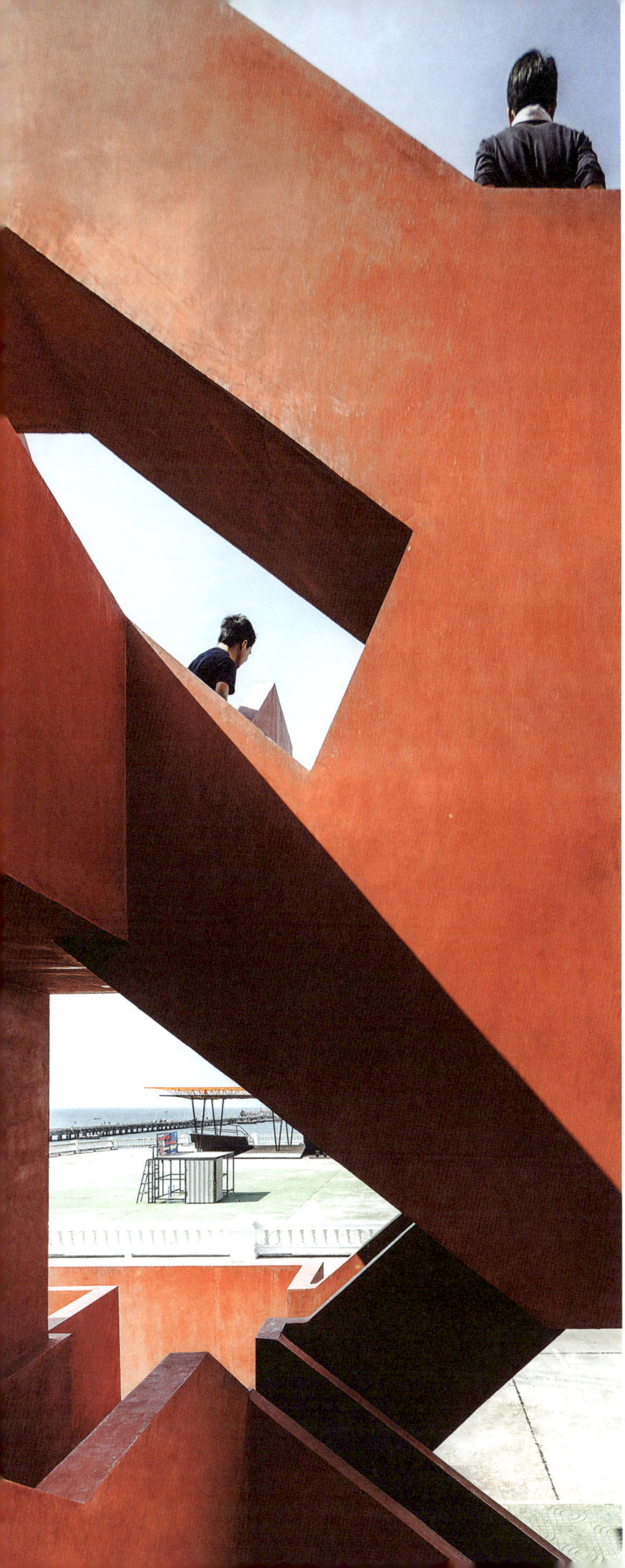

…/ CHRONOLOGIE
CHRONOLOGY

1930

LIEU PLACE

PALACE OF THE PEOPLE PASSAGE
Monumental beauty accessible to all: the corridors of the Moscow Metro, in Russia, exalted into a Palace of the People.

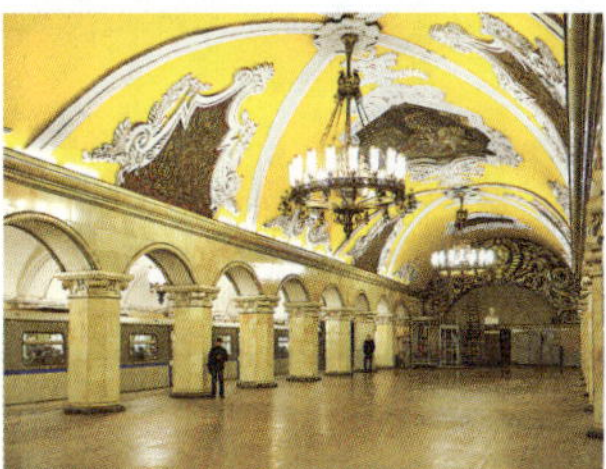

LE PASSAGE PALAIS DU PEUPLE
La beauté monumentale accessible à tout le monde : les couloirs du métro de Moscou, en Russie, magnifiés en Palais du Peuple.

1944

LIEN LINK

THE BOAT BRIDGE
A fast passage made by lashing pontoons together; this is how, in Italy's Pô Valley, the U.S. Army's 154th battalion of engineers built the first bridge across this river.

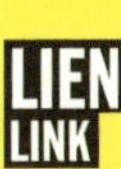

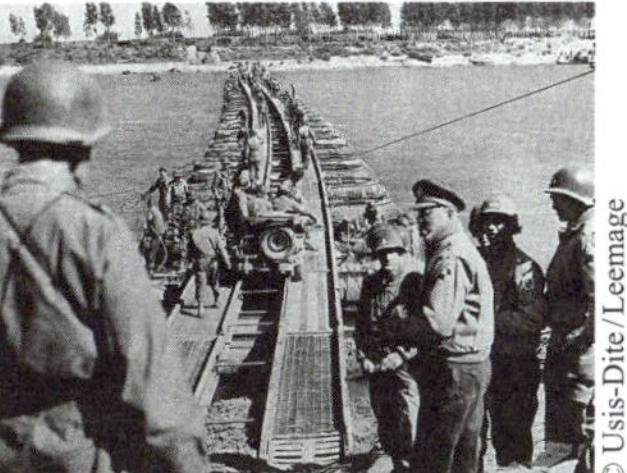

LE PONT À BATEAUX
Le passage expéditif réalisé par l'arrimage de pontons ; c'est ainsi que, dans la plaine du Pô en Italie, le 154e bataillon du génie de l'US Army construisit le premier pont sur ce fleuve.

1945

LIEN LINK

CROSSING GEOGRAPHICAL OBSTACLES
The primitive passage: between the islands of "Little" and "Great" Sark, British Army engineers reinforced the natural Isthmus of La Coupée, to make it a weight-bearing road.

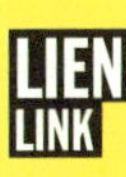

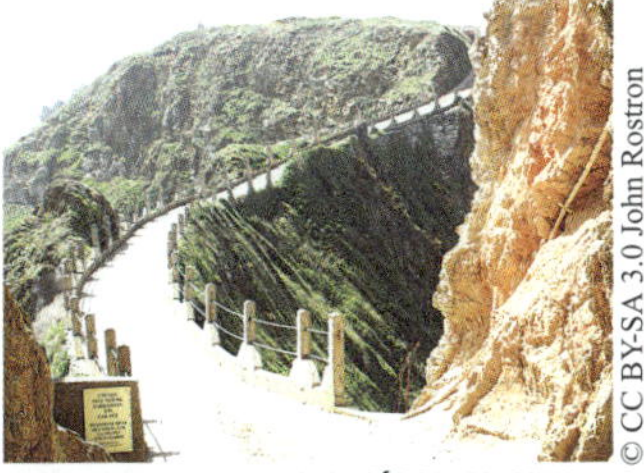

TRAVERSER LES OBSTACLES GÉOGRAPHIQUES
Le passage primitif : entre les îles de « Little » et « Great » Sark, les ingénieurs de l'armée anglaise solidifièrent l'Isthme naturel de la Coupée, afin d'en faire une route carrossable.

LIEU
PLACE

LE PASSAGE MULTI-ACT

THE MULTI-ACTIVE PASSAGE

MUSÉE KISTEFOS, OSLO, NORVÈGE. Le musée enjambera la rivière Randselva qui serpente à travers le parc des sculptures.

KISTEFOS MUSEUM, OSLO, NORWAY. The museum will span the river Randselva which winds through the sculpture park.

BIG, 2015 © BIG Bjarke Ingels Group + MIR

LES PONTS HABITÉS
INHABITED BRIDGES

.../ CHRONOLOGIE
CHRONOLOGY

1950

TECHNOCRATIC APPROACHES TO THE PASSAGE
As part of the National Highway Program in 1950s USA, hundreds of prefabricated passages, amongst them this overpass, were built to span America's freeways.

LIEN
LINK

© Library of Congress

DES APPROCHES TECHNOCRATIQUES DU PASSAGE
Intégré au National Highway program, durant les années cinquante aux États-Unis, des centaines de passages préfabriqués, dont ce passage en hauteur, furent réalisés en vue de traverser les autoroutes.

1960

TECHNOCRATIC APPROACHES TO THE PASSAGE
A typical underground passage in 1960s Switzerland.

LIEN
LINK

© CC0 Public Domain/Pixabay

DES APPROCHES TECHNOCRATIQUES DU PASSAGE
Un passage souterrain typique, dans la Suisse des années soixante.

1974

THE COVERED PASSAGE
On relatively exposed sites, covered bridges provide protection against bad weather. Here, Kent Falls, in Connecticut, USA

LIEU
PLACE

© CC0 1.0 Brianegge

LE PASSAGE COUVERT
Dans les sites relativement sauvages, les ponts couverts offrent une protection contre les intempéries. Ici, à Kent Falls, dans le Connecticut, États-Unis.

.../

LIEU
PLACE

LE PASSAGE MULTI-ACTIF
THE MULTI-ACTIVE PASSAGE

DANS LE MÉTRO DE BEIJING, CHINE.
IN THE BEIJING SUBWAY, CHINA.
© Maarten Van Acker

SHOPPING
COMMERÇANT

PASSAGES PIÉTONS LUMINEUX, ÉTATS-UNIS. Des feux de signalisation s'activent au passage des piétons pour annoncer aux conducteurs qu'il leur faut ralentir.

TRAFFIC LIT PEDESTRIAN CROSSINGS, USA. Traffic lights come on when pedestrians cross, to warn drivers to slow down.

LIGHTGUARD SYSTEMS, INC © Crosswalks

AUGMENTÉ
AUGMENTED

E-COMMERCE DANS LES STATIONS DE MÉTRO, SÉOUL, CORÉE. Tesco développe une expérience de shopping virtuel dans les stations de métro par un système de commandes sur codes QR.

E-COMMERCE IN THE SUBWAY STATIONS, SEOUL, SOUTH KOREA. Tesco is running a virtual shopping experiment in the subway stations, with an ordering system that uses QR codes.

TESCO, 2011 © Littledoremi

ZAANDAM, PAYS-BAS. À Zaandam, les dessous du viaduc ont été réaménagés en grand skatepark, terrains de sport, petit port et place de rencontre.

ZAANDAM, NETHERLANDS. The land under the viaduct has been converted into a big skatepark, sports fields, a small dock and a meeting place.

A8ERNA, 2006 © LNL Architects

APPROPRIÉ
APPROPRIATED

SCALE LANE BRIDGE, KINGSTON UPON HULL, ROYAUME-UNI. Ce pont piéton tournant, d'une structure en forme de virgule, accueille un café et des terrasses, où les gens peuvent demeurer, même quand le pont s'ouvre.

SCALE LANE BRIDGE, KINGSTON UPON HULL, UK. This comma-shaped revolving footbridge houses a cafe and terraces, where people can stay even when the bridge opens.

MCDOWELL + BENEDETTI ARCHITECTS © Timothy Soar

…/ CHRONOLOGIE
CHRONOLOGY

1977

FROM CITY TO MUSEUM
Escalator access to the upper floors of the Georges Pompidou National Centre for Art and Culture in Paris, France, designed by the architects Rogers & Piano, achieves a spectacular transition between the museum and the surrounding city.

TRANSITION
TRANSITION

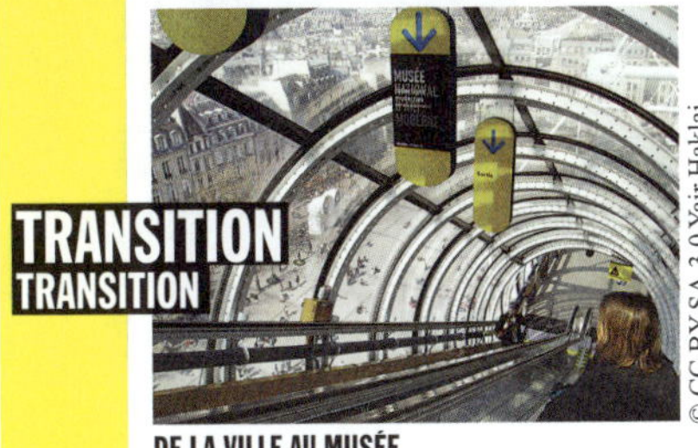

© CC BY-SA 3.0 Yair Haklai

DE LA VILLE AU MUSÉE
L'accès par l'escalator en tube transparent aux étages du Centre national d'art et de culture Georges Pompidou à Paris, France, conçu par les architectes Rogers & Piano, réalise une transition spectaculaire entre le musée et la ville alentour.

1994

PANORAMA PASSAGE
In Paris, France, Viaduc des arts, a former railway viaduct, now provides a panorama and a planted promenade.

LIEU
PLACE

© Jacques Loic/Photononstop

PASSAGE À PANORAMA
À Paris, France, le Viaduc des arts, ancien viaduc ferroviaire, offre aujourd'hui panorama et promenade plantée.

2002

THEATRICAL PASSAGE, MEETING PLACE
The Murinsel River Bridge, designed by Acconci Studio in Graz, Austria: a small open-air theater and bar incorporated into the footbridge over the River Muir, create a significant place on the water.

LIEU
PLACE

© Marion Schneider & Christoph Aistleitner

PASSAGE À SPECTACLE, LIEU DE RENCONTRES
Le Murinsel, conçu par les architectes de Acconci Studio à Graz, Autriche : un petit théâtre de plein air et un bar intégrés à la passerelle sur le Muir créent un lieu signifiant sur l'eau.

TRANSITION

TRANSITION TRANSFORMATION DE LA VILLE

CITY TRANSITION TRANSFORMATION

HIGH LINE, NEW YORK, ÉTATS-UNIS. Situé sur une ancienne ligne de métro, ce parc surélevé offre une pause séduisante, à l'écart des rues bruyantes, et une vue imprenable sur la rivière Hudson et les toits de la ville.

HIGH LINE, NEW YORK, USA. Situated on a former subway line, this elevated park is an attractive place to stop, away from the noisy streets, with a fabulous view over the Hudson River and the roofs of the city.

JAMES CORNER FIELD OPERATIONS + DILLER SCOFIDIO + RENFRO, 2009 © Iwan Baan

ON

A L'ÉCHELLE DU QUARTIER

NEIGHBORHOOD-SCALE

.../

TRANSITION
TRANSITION

TRANSFORMATION DE LA VILLE
CITY TRANSFORMATION

…/À L'ÉCHELLE DU QUARTIER
NEIGHBORHOOD-SCALE

ESCALATORS DE HONG KONG, CHINE. Construit en 1993, le « Central-Mid-Levels Escalator » propose un meilleur trajet pour relier les différentes zones au sein des quartiers de l'île.

ESCALATORS IN HONG KONG, CHINA. Built in 1993, the "Central-Mid-Levels Escalator" provides a route for linking the different areas within the island's districts.

P & T ARCHITECTS & ENGINEERS, 1993 © Doug Houghton / Alamy Stock Photo

BRATTLE BOOKSHOP BOSTON, ÉTATS-UNIS. Cette librairie unique en plein air, située dans le centre de Boston, a transformé l'impasse en magasin de quartier animé.

BRATTLE BOOKSHOP, BOSTON, USA. This unique open-air bookshop, located in the city center, has transformed the dead-end street into a lively neighborhood store.

© Droits réservés

À L'ÉCHELLE DE L'USAGE
USES-SCALE TRANSFORMATION

PATH, TORONTO, CANADA. Passage souterrain dans le centre-ville qui relie trente kilomètres de commerces, de services et de loisirs, à l'abri de la chaleur l'été, et des intempéries l'hiver.

PATH, TORONTO, CANADA. Underground passage in the city center which links 30 km of shops, services and leisure activities, sheltered from the summer heat and the winter weather.

PASSAGES VERTS POUR PIETONS : EMPREINTES ! – 15 VILLES EN CHINE. Avec la Fondation chinoise de protection de l'environnement, des toiles avec un arbre nu ont été placées sur 132 passages piétons dans 15 villes chinoises. Les piétons laissent leurs empreintes comme des feuilles via de la peinture verte placée sur le seuil. 3.920.000 personnes ont transité par ces installations.

GREEN PEDESTRIAN CROSSING: FOOTPRINTS! —15 CITIES IN CHINA. With the Chinese Environmental Protection Foundation, canvases of bare trees have been placed in 132 passages. Pedestrians leave their prints like leaves using green paint placed at the passage entry. 3,920,000 people have passed through these installations.

DDB CHINA, INSTALLATION JODY XIONG, 2012

TRANSITION
TRANSITION

TRANSFORMATION SOCIALE
SOCIAL TRANSFORMATION

LA FORCE ÉMANCIPATRICE DU PASSAGE
THE LIBERATING POWER OF THE PASSAGE

PASSAGE 56, PARIS, FRANCE. Ce passage abandonné a été transformé en jardin collectif géré par les habitants du quartier.

PASSAGE 56, PARIS, FRANCE. This abandoned passage was converted to a neighborhood garden run by local residents.

ATELIER D'ARCHITECTURE AUTOGÉRÉE – URBAN TACTICS, 2006 © Atelier d'architecture autogérée

ESCALATORS DE MEDELLIN, COLOMBIE. Cet escalator strié d'orange, de 384 mètres s'étendant sur 28 étages, a contribué à ramener la paix et la fierté dans un quartier autrefois violent.

ESCALATORS IN MEDELLIN, COLOMBIA. This 384 meter long orange-striped escalator, rising 28 stories, has helped to restore and pride in a previously violent neighborhood.

.../ CHRONOLOGIE
CHRONOLOGY

2004

FROM PERIPHERY TO CITY
In Medellin, Colombia, the MetroCable was not only a fabulous system linking the top and the bottom of the city; it was also a real instrument of social harmonization.

TRANSITION
TRANSITION

DE LA PÉRIPHÉRIE À LA VILLE
À Medellin, Colombie, le Métrocâble ne fut pas seulement un fabuleux système de liaison entre le haut et le bas de la ville; il fut aussi un réel instrument de pacification sociale.

2005

PASSAGE TO FREEDOM
In Rafah, Palestine, underground passages—smugglers' tunnels linking the Gaza Strip to Egypt—were used to move people and products out of the surrounded zone.

TRANSITION
TRANSITION

VERS LA LIBERTÉ
À Rafah, Palestine, des passages souterrains, tunnels de contrebande reliant la bande de Gaza à l'Égypte, permettaient d'acheminer les personnes et les produits hors ou dans l'enclave encerclée.

2005

NATURE PASSAGE
The Borkeld ecoduct, designed by Zwarts & Jantsma in the Netherlands, maintains continuity of vegetation and the movement of species.

LIEN
LINK

PASSAGE DE LA NATURE
L'écoduc de Borkeld, Pays-Bas, concu par Zwarts & Jantsma, réalise la continuité de la végétation et le libre-cours des espèces.

TRANSITION
TRANSITION

TRANSFORMATION DE L'ATMOSPHÈRE
ATMOSPHERIC TRANSFORMATION

LIGHT RAILS, BIRMINGHAM, ROYAUME-UNI. Installation artistique permanente et expérience sensible dans un souterrain autrefois évité.
LIGHT RAILS, BIRMINGHAM, UK. Permanent art installation and sensory experience in a formerly shunned underpass.
BILL FITZGIBBONS, 2013 © LLC

TUNNEL DE LUMIÈRE PSYCHÉDÉLIQUE, AÉROPORT DE DETROIT, ÉTATS-UNIS. Au terminal McNamara, les parois de ce tunnel reliant deux halls sous le tarmac, sont habillées de LED et de panneaux en verre bombés.
PSYCHEDELIC TUNNEL OF LIGHT, DETROIT AIRPORT, USA. The walls of this tunnel at McNamara terminal linking two halls under the tarmac, are lined with LEDs and curved glass panels.
MILLS JAMES PRODUCTIONS, 2002 © Steve Hopson

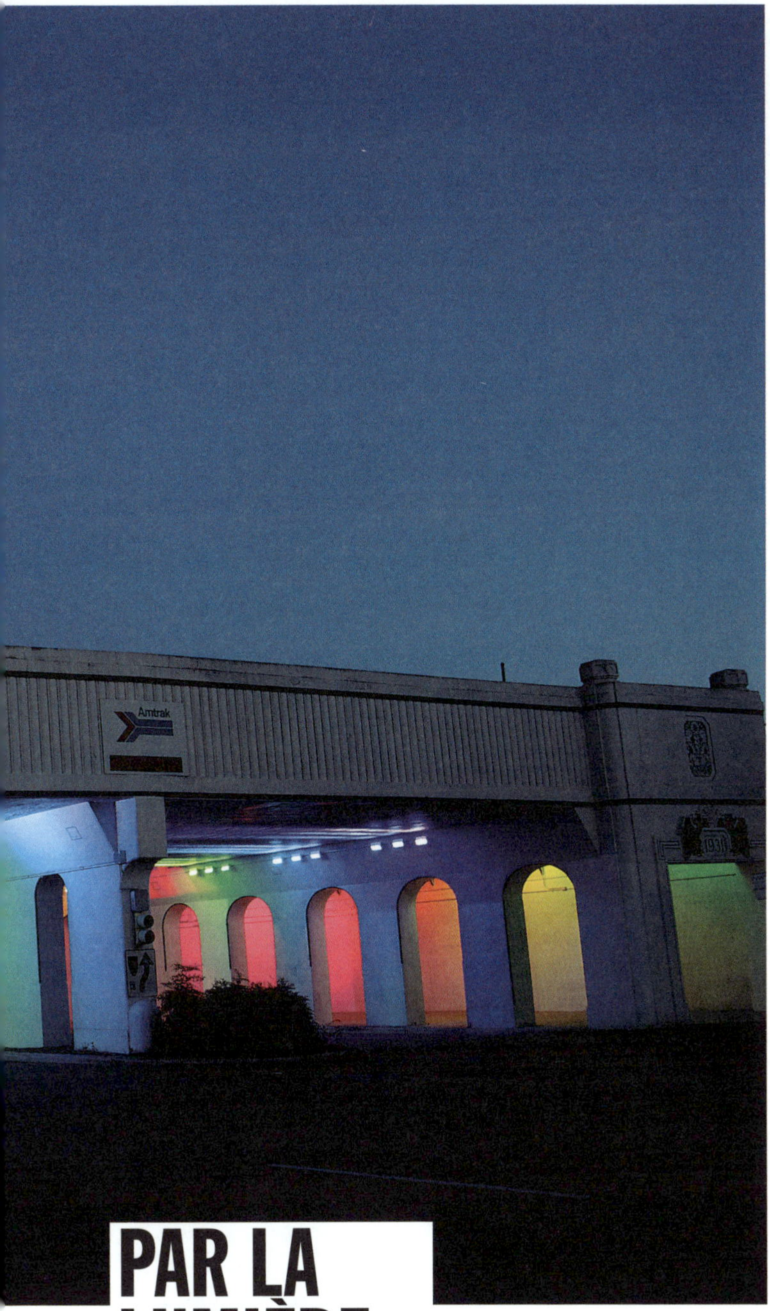

PAR LA LUMIÈRE
WITH LIGHT

…/ CHRONOLOGIE
CHRONOLOGY

2008

LIEN
LINK

TECHNOCRATIC APPROACHES TO THE PASSAGE
The "skyways" of Mumbai, India, create a separate world, with the aim of avoiding any form of conflict.

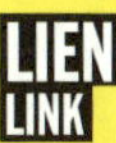

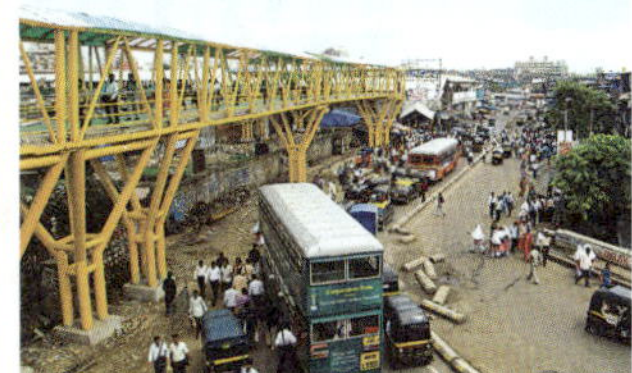

DES APPROCHES TECHNOCRATIQUES DU PASSAGE
Les « skyways » de Mumbai, Inde, créent un monde à part cherchant à éviter tout forme de conflit.

2013

LIEN
LINK

PASSAGE FOR CYCLISTS
This "bicycle elevator" helps cyclists to scale the steep slopes of Trondheim, Norway

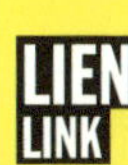

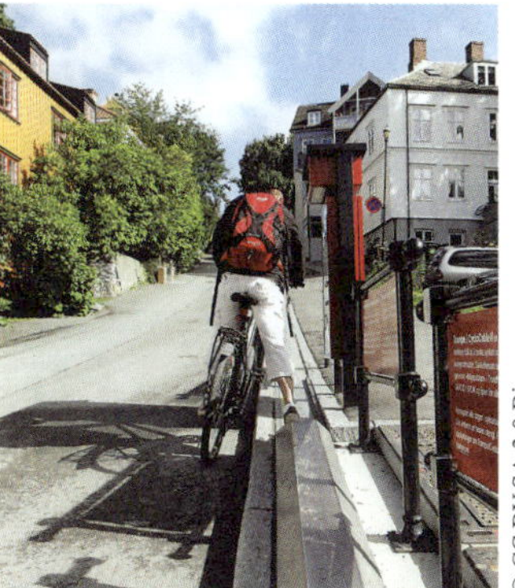

PASSAGE POUR CYCLISTES
Cet « élévateur à bicyclettes » aide les cyclistes à gravir les pentes raides de Trondheim, Norvège.

2015

TRANSITION
TRANSITION

PASSAGE OF FEAR
This glass bridge, suspended at a great height and well named "Bridge of the Brave" in Hunan, China, tests the courage of anyone who dares use it.

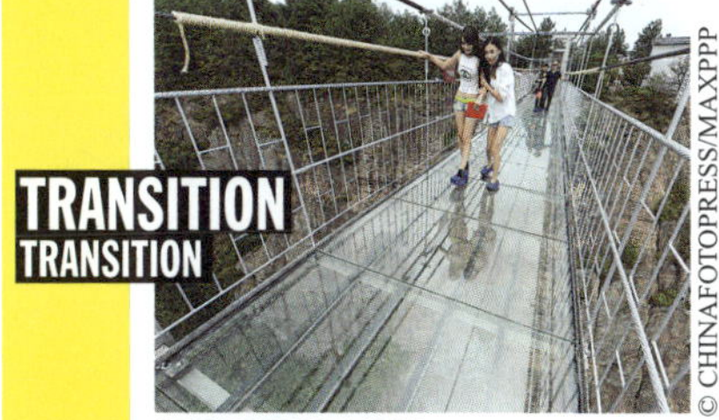

LE PASSAGE DE LA PEUR
Ce pont de verre, suspendu à haute altitude, nommé « Pont des hommes courageux » au Hunan en Chine, mesure le courage de ceux qui osent y passer.

…/

TRANSITION
TRANSITION

TRANSFORMATION DE L'ATMOSPHÈRE
ATMOSPHERIC TRANSFORMATION

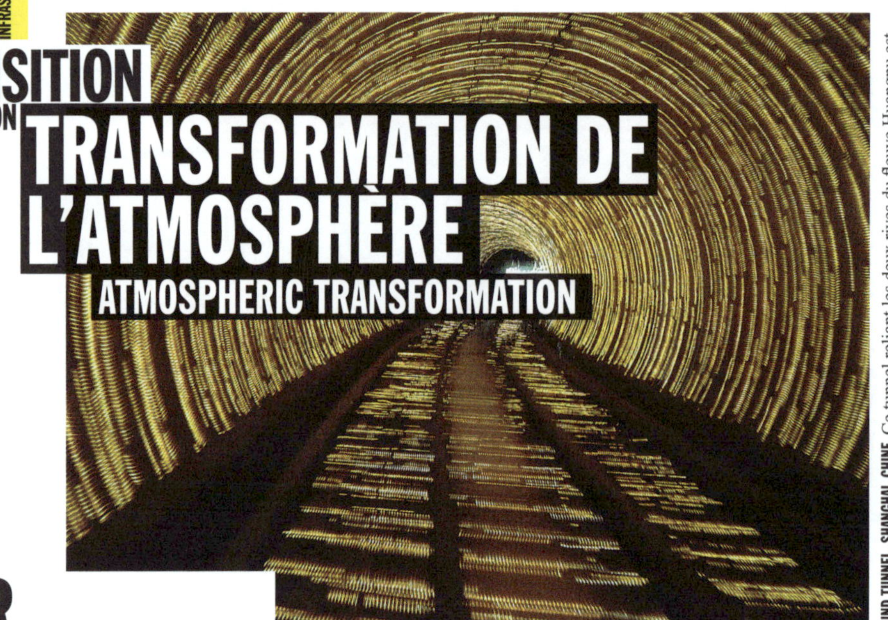

BUND TUNNEL, SHANGHAI, CHINE. Ce tunnel reliant les deux rives du fleuve Huangpu est illuminé par des milliers de lumières LED, contrôlées par ordinateur pour créer des ambiances différentes.
BUND TUNNEL, SHANGHAI, CHINA. This tunnel linking the two banks of the River Huangpu is lit by thousands of LED lights, computer-controlled to create different ambiences.
© Freeonlinephotos

PAR LA COULEUR
WITH COLORS

GARE T-CENTRALEN DE STOCKHOLM, SUÈDE. Honneur à ceux qui travaillaient dans la gare durant les années 1970 ! Leurs silhouettes, bleues comme la ligne bleue passant pas T-Centralen, sont figurées sur les murs et les plafonds.
T-CENTRALEN STATION IN STOCKHOLM, SWEDEN. A tribute to those who worked in the station in the 1970s! Their silhouettes, blue like the blue line that runs through T-Centralen, are featured on the walls and ceilings.
ARTIST PER OLOF ULTVELDT, 1975 © Kevin Cho

«DELIRIOUS FRITES», QUÉBEC, CANADA. Créée par le collectif «Les Astronautes» dans un passage étroit et désaffecté, cette installation d'art invite les passants à découvrir cet espace oublié de la ville.

"DELIRIOUS FRITES", QUÉBEC, CANADA. Created by the "Les Astronautes" collective in a narrow abandoned passage, this art installation invites passers-by to discover this forgotten fragment of the city.

LES ASTRONAUTES, 2014 © Exmuro arts publics

TOKYO PLAZA OMOTESANDO HARAJUKU, TOKYO, JAPON. Des escalators kaléidoscopiques marquent l'entrée de ce centre commercial japonais.

TOKYO PLAZA OMOTESANDO HARAJUKU, TOKYO, JAPAN. Kaleidoscopic escalators mark the entrance to this Japanese shopping mall.

HIROSHI NAKAMURA, 2012 © Naoya Fujii

PAR L'ART
WITH ART

«THE SEQUENCE», MONS, BELGIQUE. Cette sculpture en bois relie le Parlement et la Chambre des représentants flamands à Bruxelles.

"THE SEQUENCE", MONS, BELGIUM . This wooden sculpture links the Parliament to the Flemish House of Representatives in Brussels.

ARNE QUINZE, 2008 © Studio Arne Quinze

TRANSITION
TRANSITION

TRANSFORMATION DE L'INDIVIDU

INDIVIDUAL TRANSFORMATION

PASSAGES, MÉMORIAL DE PORTBOU, ESPAGNE. Hommage au célèbre philosophe et écrivain Walter Benjamin, le passage à travers cette sculpture monumentale constitue une expérience sensorielle et émotionnelle.

PASSAGES, PORTBOU MEMORIAL, SPAIN. A tribute to the famous philosopher and writer Walter Benjamin, to pass through this monumental sculpture is a sensory and emotional experience.

ATELIER DANI KARAVAN © Jaume Blassi

TRANSITION SYMBOLIQUE

SYMBOLIC TRANSITION

.../

TRANSITION
TRANSITION

.../TRANSITION SYMBOLIQUE
SYMBOLIC TRANSITION

TRANSFORMATION DE L'INDIVIDU
INDIVIDUAL TRANSFORMATION

MÉMORIAL DE L'HOLOCAUSTE, BERLIN, ALLEMAGNE. Dans ce lieu de recueillement situé en plein centre-ville, la déambulation dans ce champ de stèles dressées en mémoire des six millions de Juifs exterminés, est une expérience à la fois poignante et empreinte de sérénité.

HOLOCAUST MEMORIAL, BERLIN, GERMANY. In this place of contemplation at the heart of the city, to stroll through this field of stelae erected in memory of the 6 million Jews exterminated, is to experience a mix of poignancy and serenity

PETER EISENMAN, 2005 © Sean Gallup / AFP

BUNKER 599, CULEMBOURG, PAYS-BAS. Ce passage, réalisé par Rietveld Landscape + Atelier Lyon, révèle l'intérieur de ce bunker apparemment indestructible.

BUNKER 599, CULEMBOURG, NETHERLANDS. The passage here, built by Rietveld Landscape + Atelier Lyon, reveals the interior of an apparently indestructible bunker.

RAAAF + ATELIER LYON, 2010 © Allard Bovenberg

MOVING MEMORIES, PHOENIX, ÉTATS-UNIS. Dans ce mémorial, conçu par l'agence Jones, la lumière, captée, crée des ombres et projette des mots qui reflètent les valeurs de la démocratie.

MOVING MEMORIES, PHOENIX, USA. In this memorial designed by the Jones Studio, the captured light creates shadows and projects words that express the values of democracy.

JONES STUDIO INC, 2006 © AP / SIPA

.../ CHRONOLOGIE
CHRONOLOGY

TUNNEL OF LOVE, KLEVAN, UKRAINE. Sur cette voie verte longeant une ancienne ligne de chemin de fer industrielle, une végétation dense, composée d'arbres et d'arbustes entrelacés, forme un tunnel vert à travers la forêt.
TUNNEL OF LOVE, KLEVAN, UKRAINE. On this green track running along a former industrial railway line, a dense vegetation of interwoven trees and bushes forms a green tunnel through the forest.
© DmytroChapman / CC 4.0 International

2016

FERRYBOAT
In Bangladesh, the ferryboat is still an essential means of transportation across rivers, here the Ganges.

LIEN
LINK

© Arne Hückelheim

LE BAC
Au Bangladesh, le bac est toujours utilisé comme moyen de transport essentiel pour traverser les rivières, ici le Gange.

2016

FROM MOUNTAIN TO VALLEY
In Rio de Janeiro, Brazil, the hills covered by the buildings of Favela Providencia, form a world apart, separated from the lower city.

TRANSITION
TRANSITION

© CC BY-SA 4.0 Leon petrosyan

DE LA MONTAGNE À LA VALLÉE
À Rio de Janeiro, Brésil, les collines envahies par les constructions de la Favela Providencia constituent un monde à part, séparé de la ville basse.

2016

THE NEED TO GET TO THE OTHER SIDE
Crossing the river to a more promising future! North of Idomeni, hundreds of refugees risk their lives, determined to reach the Greece-Macedonia border and ultimately Northern Europe.

© Vadim Ghirda / Sipa

LE BESOIN D'ATTEINDRE L'AUTRE RIVE
Traverser la rivière vers des futurs plus prometteurs ! Au nord d'Idomeni, des centaines de réfugiés risquent leur vie, déterminés à atteindre la frontière Grèce / Macédoine avant de gagner le nord de l'Europe.

TRANSITION
TRANSITION

TRANSFORMATION DE L'INDIVIDU
INDIVIDUAL TRANSFORMATION

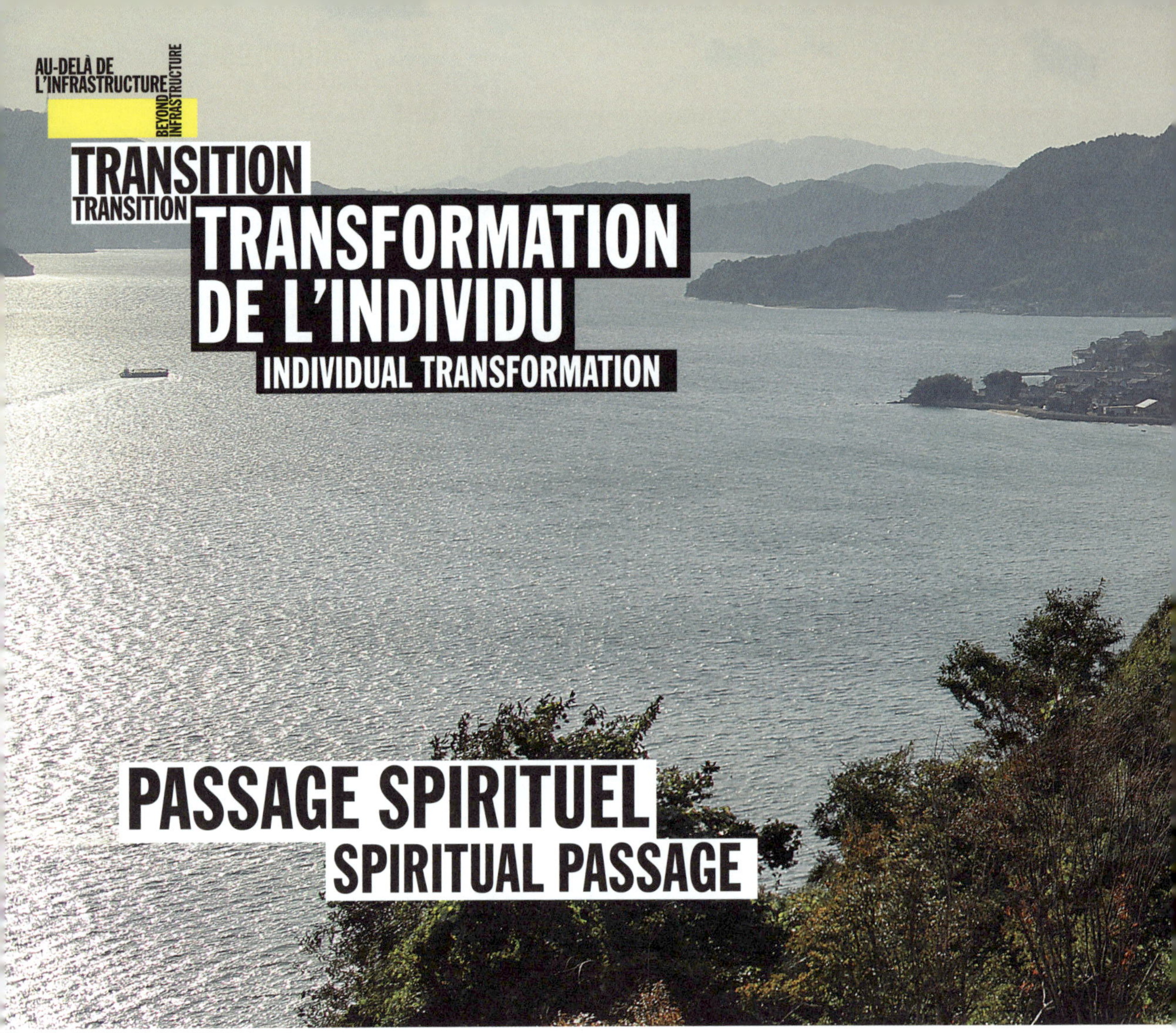

PASSAGE SPIRITUEL
SPIRITUAL PASSAGE

SANCTUAIRE FUSHIMI INARI TAISHA, JAPON. Ce passage aux mille « torii », portes symbolisant la séparation entre le monde des Dieux et celui des Hommes, forme le tunnel d'accès au temple shinto du Mont Inari.

FUSHIMI INARI TAISHA SANCTUARY, JAPAN. This passage with its thousand "torii", gates symbolizing the separation between the world of the gods and the human world, forms the entrance tunnel to the Shinto temple of Mount Inari.

© Délina Pierre & Kévin Peti / CC3.0-Azurfrog

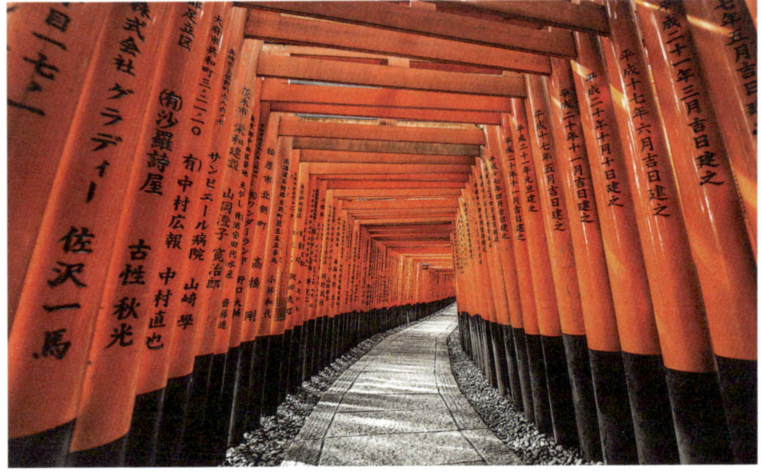

RIBBON CHAPEL, HIROSHIMA, JAPON. Ces deux escaliers en colimaçon entourant une chapelle, symbolisent l'union de deux vies qui se tordent et se tournent avant de fusionner.

RIBBON CHAPEL, HIROSHIMA, JAPAN. These two spiral staircases surround the chapel, symbolizing the union of two lives that twist and turn before merging.

HIROSHI NAKAMURA & NAP ARCHITECTS, 2013 © Koji Fujii/ Nacasa and Partners Inc.

AXE MAJEUR, CERGY-PONTOISE, FRANCE. L'Axe Majeur, qui relie la ville nouvelle à l'axe historique parisien à travers l'Oise et les étangs transformés en base de loisirs, s'inspire des grands tracés urbains de l'époque classique. Long de trois kilomètres, il impressionne par sa grâce et son élan entre la terre, le ciel et l'eau.

AXE MAJEUR, CERGY-PONTOISE, FRANCE. Inspired by the bigger great urban roads of the classical area, it links the new town to the historic Paris road across the Oise and the lakes, now a leisure area. Three kilometers in length, it is impressive in its grace and momentum between earth, sky and water.

ATELIER DANI KARAVAN © Superstock/Photononstop

À SOCIÉTÉ EN PARTIE NOUVELLE, LIEUX URBAINS EN PARTIE NOUVEAUX. UNE SOCIÉTÉ OÙ LES INDIVIDUS BOUGENT DANS TOUS LES SENS, À TOUTES HEURES DU JOUR ET DE LA NUIT, UNE SOCIÉTÉ HYPERTEXTE OÙ LES INDIVIDUS PASSENT RAPIDEMENT D'UN MILIEU SOCIAL À UN AUTRE, OÙ LES SÉQUENCES D'ACTIVITÉS SE CHEVAUCHENT ET S'ENTREMÊLENT, OÙ LES LIENS SOCIAUX SE CHOISISSENT, SE CONSTRUISENT, SE NOUENT MAIS AUSSI SE DÉNOUENT PLUS LIBREMENT. CETTE SOCIÉTÉ, HYPERMODERNE, ENGENDRE DE NOUVEAUX LIEUX : DES HYPER LIEUX.

FRANÇOIS ASCHER, "LE MOUVEMENT DANS LES SOCIÉTÉS HYPERMODERNES", 2006

PARTLY NEW URBAN SPACES FOR A PARTLY NEW SOCIETY. A SOCIETY WHERE INDIVIDUALS MOVE IN EVERY DIRECTION, AT EVERY HOUR OF THE DAY AND NIGHT, A HYPERTEXT SOCIETY WHERE INDIVIDUALS SHIFT RAPIDLY FROM ONE SOCIAL MILIEU TO ANOTHER, WHERE SEQUENCES OF ACTIVITIES OVERLAP AND INTERTWINE, WHERE SOCIAL BONDS ARE CHOSEN, ARE FORMED, ARE MADE MORE FREELY, BUT ALSO MORE FREELY UNMADE. THIS HYPER MODERN SOCIETY PRODUCES NEW PLACES – HYPER PLACES.

FRANÇOIS ASCHER, "LE MOUVEMENT DANS LES SOCIÉTÉS HYPERMODERNES", 2006

LUMING PARK, QUZHOU, CHINE.
LUMING PARK, QUZHOU, CHINA.
TURENSCAPE, 2015 © Turenscape

MOBILITY AND LIGHTNESS BY JEAN-PIERRE ORFEUIL

Walking, cycling, e-bikes, roller blades, scooters, segways, and... whatever invention comes next, constitute a family of forms of mobility that suit the modern yen for the light and agile, which we will refer to here as "light mobilities".
They reduce the cost to people (cheaper than the car) and to public authorities (lower funding requirements than public transit), make fewer demands on space (less than the car) and leave a smaller environmental footprint (no noise and pollution, low or zero CO_2 emissions). Are these advantages sufficient for such modes to play a bigger role? And what role? An awareness of the change in the representations of the city and of mobility, an assessment of the potential of these modes, and an identification of the difficulties encountered by everyday city users, can go some way to answering these questions.

MOBILITÉ ET LÉGERETÉ PAR JEAN-PIERRE ORFEUIL

Les déplacements à pied, en vélo, vélo électrique, rollers, trottinette, mono roues, tricycles, et... les inventions à venir constituent une famille de moyens de déplacement en phase avec l'imaginaire actuel de légèreté et d'agilité qu'on appellera ici « mobilités légères ». Leur usage allège le coût pour les gens (moins cher que la voiture) et pour les collectivités (moins de besoins de financement que les transports publics), mais aussi l'occupation de l'espace (moindre que pour la voiture) et l'empreinte environnementale (absence de bruit et de pollution, émissions de CO_2 faibles ou nulles). Ces vertus sont-elles suffisantes pour que ces modes trouvent toute leur place ? Et quelle place ? L'évolution des représentations de la ville et de la mobilité, des évaluations du potentiel de ces modes, le recensement des difficultés rencontrées par les passants dans leurs parcours aident à y répondre.

REPRESENTATIONS OF THE CITY: FROM THE CINEMATIC CITY TO THE ORCHESTRATION OF DIFFERENT SPEEDS

For a long time the city was a place where walking was for most people the dominant method of travel. Rapid urban growth in the nineteenth century made territorial expansion desirable for reasons of hygiene, congestion, and social harmony. Though still in a majority, pedestrians would no longer enjoy priority in a future dedicated to speed as a prerequisite of expansion. They would be disciplined by sidewalks, and then by protected (and compulsory) crossings. With new roads cut into the urban fabric, the continuity of the old network was ruptured. A new phase began with the emergence of mechanized mobility and heavy infrastructures. The railways reduced crossing opportunities. Streets became roads. Road networks came to be designed for the fastest forms of transport. In the suburbs, the ideal housing estate, with its "loop" design, would trap pedestrians in their immediate environment, like the big business parks.

The way we think about space today is still bound up with expansion: small towns aspire to merge into bigger structures, counties to be fused into regions, regions to join forces with other regions... The local has been reduced to a residue of the past. Yet more than half the journeys people make are less than 5km. The model of the "placeless and borderless urban space" cannot hide the fact that a significant proportion of day-to-day life remains anchored within walking or cycling distance of the home.

In a survey conducted by IVM with young people from developed and emerging countries, the main aspiration is for cities designed like a collection of villages, where public space is suited to lightweight mobility, and connections are provided by mass transit systems. Today, road management policies have become fully prepared to challenge the primacy of speed.

LES REPRÉSENTATIONS DE LA VILLE : DE LA VILLE CINÉMATIQUE À L'ORCHESTRATION DE VITESSES DIFFÉRENCIÉES

La ville s'est longtemps accommodée, avec de fortes densités, de la marche comme mode ultra-majoritaire de déplacement. La croissance urbaine rapide au 19e siècle a rendu souhaitable l'extension territoriale pour des raisons d'hygiène, de congestion et de paix sociale. Le piéton, encore majoritaire, ne sera plus prioritaire dans un avenir dévolu à l'accueil de la vitesse, indispensable à l'extension. Il sera discipliné par des trottoirs, puis des passages protégés (et obligés). Les percées hiérarchiseront les voies et disloqueront la continuité du réseau hérité. Une nouvelle étape sera franchie avec l'apparition de la mobilité mécanisée et des infrastructures lourdes. Les chemins de fer réduiront les capacités de franchissement. Des rues deviendront des routes. Les réseaux seront pensés pour les mobiles les plus rapides. En périphérie, le lotissement idéal, conçu « en raquette », piégera le piéton dans son environnement immédiat, comme les grandes zones d'activités.

La pensée sur l'espace est encore aujourd'hui celle d'une expansion : l'horizon de la commune est la fusion intercommunale, celui du département est la dissolution dans la région, celui des régions est le mariage avec les voisines... La proximité est réduite à une scorie du passé. Pourtant, plus de la moitié des déplacements font moins de 5 kilomètres. Le modèle d'un « urbain sans lieu ni borne » ne peut pas faire oublier qu'une part notable de la vie quotidienne reste ancrée à distance pédestre ou cycliste du domicile.

Dans une enquête menée par l'IVM auprès de jeunes de pays développés et émergents, l'aspiration principale est celle d'une ville conçue comme une réunion de villages où l'espace public est adapté aux mobilités légères, avec des connections assurées par des transports collectifs lourds. Les politiques de gestion des voiries n'hésitent plus à remettre en cause le primat accordé à la vitesse.

REPRESENTATIONS OF MOBILITY: FROM A TO B TO THE EXPERIENCE OF TRAVEL

Initially, transportation engineers used models based on an approach in which travel is a jump between an origin and a destination. Gradually, they were obliged to include elements that took account of the experience of travel.

These models consist of a first step, the choice of destination. The choice of the place (shopping, leisure...) depends on the appeal of what can be done there, and conversely on the separation between where one is and where the activity takes place. The distance as the crow flies is often used as an indicator of this gap. However, the presence of buildings or busy roads imposes diversions or makes walking or cycling uncomfortable and crossings difficult. The degree of interchange between districts separated by these obstacles is less than between better connected districts, especially for light transport modes. This is the barrier effect. Whatever is "on the other side" ceases to be a potential destination.

Moreover, the idea that places come first, and that infrastructure plans will not change how people arrange their activities, is no longer tenable. For example, a network of local shops in a neighborhood runs into trouble when an infrastructure places a shopping centre a few minutes away by car. The slow city requires a tight mesh of functions, the fast city favors a loose mesh. Space is not something that is just there to be serviced, speed transforms it. The goal of ever better access is now legitimately open to debate. The appeal of active modes is stimulating interest in design that considers the relation between network and territory and includes the experience of the person moving through them.

A similar change is taking place in the understanding of modal choice. Traditionally, this choice was based on the comparison of travel times and costs. In the past, a minute gained or lost had the same value regardless of mode—all that mattered was physical time. This view is now being challenged. In public transit, time is broken down into the time taken to access the stations, time spent waiting for a vehicle to arrive, and the journey time in the vehicle. In

LES REPRÉSENTATIONS DE LA MOBILITÉ : DU DÉPLACEMENT FONCTIONNEL À L'EXPÉRIENCE DU VOYAGE

Les modèles des ingénieurs de transport se fondaient au départ sur une approche où le déplacement est un saut entre une origine et une destination. Ils ont dû intégrer progressivement des éléments caractéristiques du voyage et de son vécu.

Ces modèles comportent une première étape, le choix de la destination. Le choix du lieu (achats, loisirs...) se fait en fonction de l'intérêt de ce qui peut y être réalisé et en fonction inverse de la séparation entre l'endroit où l'on est et celui où l'on réalisera l'activité. La distance à vol d'oiseau a souvent joué le rôle d'indice de séparation. Pourtant, l'emprise de certains bâtiments ou des routes très chargées obligent à des détours ou rendent inconfortables les parcours en modes légers et dissuadent les traversées. Le niveau d'échange entre quartiers séparés par ces obstacles est plus faible qu'entre quartiers mieux reliés, surtout pour les modes légers. C'est l'effet de coupure. Ce qui est « de l'autre côté » s'efface des destinations potentielles.

Par ailleurs, l'hypothèse que les lieux sont premiers, et que les infrastructures projetées ne changeront pas l'agencement des activités n'est plus recevable. Ainsi, le maillage d'un quartier par des commerces de proximité résiste mal lorsqu'une infrastructure met un centre commercial à quelques minutes en voiture. La ville lente impose un maillage fin des fonctions, la ville rapide est au service des grandes mailles. L'espace n'est pas un déjà-là qu'il convient de desservir au mieux, la vitesse le transforme. Améliorer toujours et encore l'accessibilité devient un objectif dont il est légitime de débattre. L'intérêt pour les modes actifs stimule l'intérêt pour un design attentionné de la relation entre réseau et territoire intégrant l'expérience du passant.

Une évolution parallèle s'observe dans l'appréhension du choix modal. Classiquement, ce choix reposait sur la comparaison des durées et coûts du déplacement. Au départ, une minute gagnée ou perdue avait la même va-

the car, time spent looking for a parking space is experienced differently from journey time. The irritation of traffic jams is not confined to their impact on journey time. The analytical framework has shifted from trip to travel, from clock time to felt time.

ACTIVE MODES, MOTORIZED MODES: LONG-TERM COST TRENDS THAT DISADVANTAGED ACTIVE MODES, MORE ENCOURAGING IN RECENT YEARS

The unit cost (per mile) of motorized modes fell substantially in the course of the 20th century. This is true of the monetary cost (today, it only takes 8 minutes of minimum wage work to buy 1 liter of fuel, down from 30 minutes in 1960), the time costs (because of the proliferation of expressways), and the fatigue costs (withdrawal from active modes, increasing vehicle comfort). The cost of non-motorized modes increased, because of the need for caution associated with motor traffic.

The distances traveled increased fivefold in half a century, for the same travel time, with motorized modes accounting for more than 90%. The local is no longer a constraint, it is an option. The size of the majority of the population's ecological territory is no longer compatible with the exclusive use of non-motorized modes. Outside the most active hubs, shops and services have been reorganized into a looser fabric. Accessibility takes precedence over proximity.

Nevertheless, promising signs for active modes have emerged since the beginning of the century: sidewalks have been reclaimed, cycle lanes created. Pedestrian routes and "shared spaces" are being designed, some eco-neighborhoods offer car storage around their fringes. A street code is developing. The self-service bicycle is becoming an urban icon. Strange modes are appearing (segways) or reappearing (scooters) in electric versions. Local shops are returning.

For their part, motorized modes are showing signs of fatigue. Cars are no longer always welcome in the city, indicated by speed reduction measures (20 mile zones, lane

leur dans tous les modes, seul le temps de la physique comptait. Cette hypothèse est remise en cause. Pour les transports publics, on distingue les durées pour accéder aux points d'arrêt, les durées passées à attendre un passage, et le temps de parcours dans le véhicule. Pour la voiture, les durées de recherche de stationnement sont vécues différemment des durées de parcours. L'embouteillage pénalise au-delà de sa contribution à l'allongement du temps de parcours. On change de cadre d'analyse, on passe du déplacement au voyage, du temps de l'horloge au temps vécu.

MODES ACTIFS, MODES MOTORISÉS : DES ÉVOLUTIONS DE COÛTS DÉFAVORABLES AUX MODES ACTIFS SUR LONGUE PÉRIODE, PLUS ENCOURAGEANTES DEPUIS QUELQUES ANNÉES

Le coût unitaire (pour faire un kilomètre) des modes motorisés a fortement baissé au cours du vingtième siècle. C'est vrai du coût monétaire (aujourd'hui, il ne faut plus que 8 minutes au SMIC pour acheter un litre de carburant contre plus de 30 minutes en 1960), des coûts temporels (grâce à la multiplication des réseaux rapides), des coûts en fatigue (régression des modes actifs, confort accru des véhicules). Le coût des modes non motorisés a augmenté, du fait du besoin de vigilance lié aux circulations motorisées.

Les distances parcourues ont été multipliées par cinq en un demi-siècle, à temps de parcours inchangé, les modes motorisés en assurent plus de 90 %. La proximité n'est plus une contrainte, c'est une option. La taille du territoire écologique de la majorité de la population n'est plus compatible avec l'usage exclusif de modes non motorisés. En dehors des centres les plus actifs, commerces et services

closures, road sharing). The rhetoric in favor of public transit has had to rein in its ambitions because of the scale of the funding required. Walking is regaining popularity. Cycling, although it requires skills that disappear with time, is making a comeback, and is no longer incompatible with the "suit and tie". Its use has doubled in 10 years.

So the future of mobility in cities should not be seen as business as usual. It has become more open.

LIGHT MOBILITIES: BIG POTENTIAL, BIG DIFFICULTIES

Bicycle use varies from one city to another and one country to another. It is very low in Spain, in France, in the United Kingdom, significant in Germany, high in Denmark, in Sweden, in the Netherlands. It can change rapidly. In the 1950s and 60s, the modal share of the bicycle fell by factors ranging from 2 to 3 in countries that are today icons of cycling, the Netherlands and Denmark. Living standards do little to explain these differences or changes, which depend on whether or not local policies offer good conditions for the use of these modes, and are linked with national policies, notably on the tax treatment of car ownership. Households choose between a mix of options (a family car and one or more bicycles) or multiple car ownership. The prospects for light mobilities can be assessed by two approaches. Evaluation of potential try to identify trips that can be covered by bicycle. Likely disincentives to bicycle use are identified so that obstacles can be removed.

THE POTENTIAL OF ACTIVE MODES: SEVERAL TIMES THE CURRENT NUMBERS, BUT NOT A FUTURE MAJORITY

In order to identify journeys that seem "feasible" by bicycle, one eliminates the longest trips, certain purposes (carrying people or loads) or certain groups (based on age or impaired

se sont réorganisés sur la base d'une maille plus lâche. L'accessibilité l'emporte sur la proximité.

Néanmoins, des signes prometteurs pour les modes actifs apparaissent à partir du début du siècle : la reconquête des trottoirs est réelle, des pistes cyclables sont créées. On conçoit des cheminements pédestres et des « zones de rencontre ». Quelques écoquartiers proposent le stockage des voitures à leur lisière. Un code de la rue se développe. Le vélo en libre-service devient une icône de l'urbanité. Des modes étranges apparaissent (mono roues) ou réapparaissent (trottinette) en version électrifiée. Des commerces de proximité reviennent.

Les modes motorisés donnent quant à eux des signes de fatigue. La voiture n'est plus toujours la bienvenue en ville, ce qu'on lui signifie par des dispositifs (zones 30, fermetures de voies, partage de la voirie) qui réduisent sa vitesse. La rhétorique en faveur des transports collectifs a vu ses ambitions limitées par l'ampleur des financements requis. La marche reprend des couleurs. Le vélo, bien que sa pratique suppose des compétences qui se perdent au fil du temps, revient en force et n'est plus incompatible avec le « costume cravate ». Son usage double en dix ans.

L'avenir de la mobilité dans les villes ne se lit donc pas dans la prolongation des tendances. Il est aujourd'hui plus ouvert.

MOBILITÉS LÉGÈRES : TRÈS FORTS POTENTIELS ET DIFFICULTÉS

L'usage du vélo varie d'une ville à l'autre et d'un pays à l'autre. Il est très faible en Espagne, en France, au Royaume-Uni, significatif en Allemagne, élevé au Danemark, en Suède, aux Pays-Bas. Il est susceptible d'évolutions rapides. Dans les années 50 et 60, chaque décennie a vu la part modale du vélo divisée par des facteurs allant de deux à trois dans des pays aujourd'hui iconiques du vélo, les Pays-Bas et le Danemark. Les niveaux de vie n'expliquent que peu ces écarts ou évolutions, qui sont liés à des politiques locales offrant ou non de bonnes conditions à l'usage de ces modes et à des politiques nationales, notamment à travers la fiscalité sur la détention de voitures. Les ménages font un choix entre un équipe-

mobility). In Greater London, TfL estimates that 35% of current motorized journeys could be done by bicycle, i.e. 4.3 million trips, as compared with 300,000 today. Two thirds would replace car use, one third from public transit. Almost half of these journeys would take place in Outer London, one third in Inner London; only 4% would be internal to Central London.

In Île-de-France, Driea considers two scenarios, one in which potential cyclists are assumed to possess the same capacities as existing cyclists, one in which the newcomers possess fewer capacities... Today, 650,000 journeys a day are made by bicycle. The higher assumption would bring 5.3 million additional trips, the lower assumption 2.2 million. In both cases, two thirds of the new journeys would replace the car, one third public transit. On the lower assumption, 12% of the population would cycle at least once a day, and this proportion would not change with distance from the city center. As in London, the rates of progress are higher in the suburbs than in the center.

Another study in Île-de-France (Massot, 2010) tests the possibilities of "getting people out of the car" by light modes (bicycle, e-bike, e-scooter) and seeks to answer three questions: What proportion of trips are technically doable in these modes? What proportion of trips would be best done in these modes? Can these modes produce a massive shift away from the car and therefore radically change the urban atmosphere?

Cycling could affect 24% of people, and eliminate 5% of the kilometers covered by car. Electric bicycles increase these respective proportions to 34% and 9%, and the electric scooter to 63% and 31%. The size of these potentials needs to be weighed against the increased travel time, which takes us to a second approach.

What proportion of switches would be advantageous to individuals on a generalized cost basis? With no change in car ownership levels, cycling for a few kilometers per day only saves a maximum of 1 liter of fuel, or 1.5 euros. The favorable cases are those where the bicycle is faster than the car, which can happen in dense areas, but rarely in suburban zones. Only if the difficulties or costs of parking are included does the assessment change. The diagnosis is different if a light vehicle replaces car ownership, because here it is the fixed costs of ownership, between 5 and 10 euros a day, which are avoided. In this scenario, the electric scooter emerges as the best solution.

ment diversifié (une voiture familiale et un ou des vélos) et un multi-équipement en automobile.

La prospective des mobilités légères peut être alimentée par deux approches. Les évaluations de potentiel tentent de repérer les déplacements qui pourraient être effectués à vélo. Le recensement des éléments qui en dissuadent l'usage identifie les obstacles à aplanir.

LE POTENTIEL DES MODES ACTIFS : PLUSIEURS FOIS LES CLIENTÈLES ACTUELLES, MAIS PAS DE VOCATION MAJORITAIRE

Pour isoler les déplacements qui paraissent « faisables » en vélo, on élimine les déplacements les plus longs, certains motifs (accompagnement, charges lourdes) ou certains publics (selon l'âge ou les difficultés motrices). Dans le Grand Londres, TfL estime que 35 % des déplacements motorisés pourraient être faits à vélo, soit 4,3 millions de déplacements, contre 300 000 aujourd'hui. Deux tiers viendraient de la voiture, un tiers des transports publics. Près de la moitié de ces déplacements se ferait dans « Outer London », un tiers dans « Inner London », 4 % seulement seraient internes au centre.

En Île-de-France, l'étude de la Driea envisage deux scénarios, selon que les cyclistes potentiels sont supposés être dotés des mêmes capacités que les cyclistes actuels, ou que les nouveaux venus auraient des capacités plus faibles. Aujourd'hui, 650 000 déplacements par jour sont effectués à vélo. L'hypothèse haute amènerait 5,3 millions de déplacements supplémentaires, l'hypothèse basse en amènerait 2,2 millions. Dans les deux cas, deux-tiers des déplacements viendraient de la voiture, un tiers des transports en commun. Dans l'hypothèse basse, 12 % de la population pratiquerait le vélo au moins une fois par jour, et ce taux ne varierait pas selon les couronnes. Comme à Londres, les marges de progrès sont plus élevées en périphérie qu'au centre.

Une autre étude en Île-de-France (Massot, 2010) teste

Finally, in current conditions, this category of modes can only eradicate one third of car journeys. To imagine a city free of cars at urban regional level is therefore utopian. On the other hand, to imagine a city where the car does not impose its rule on a potential majority of the population is desirable.

SIGNIFICANT OBSTACLES THAT REMAIN

The different ways of "moving lightly" have many things in common (human energy is involved, the body is in contact with the immediate environment...), but only studies of the bicycle (sometimes walking) tackle these questions, in the French case with the works of Frédéric Héran.

Cultural and institutional contexts play an important role. Decades without cycling policies, the dominance of motorized modes on the roads, helped to efface the cycling alternative from the mental universe of most city dwellers, and from the sphere of competence of road planners, making cyclists second-class users, whose accident risk was proportional to the rarity of the practice.

There are several reasons why someone might hesitate to get back on a bike. First, habit. The perception of cycling as dangerous. The weakness of the ecosystem associated with cycling: lack of repair shops, storage places, risks of damage; absence of showers and places to change on arrival; the sense of being treated badly on big interchanges, in poorly designed underpasses, or of being ignored when the GPS information only shows a dotted line for the bicycle itinerary. Mobility is not just a question of transportation...

The question of physical obstacles on the route can be tackled in terms of objectives, as happens in the Dutch cycle development manual: the cycle network must be "coherent and comprehensive", form a continuous sequence, offer the most direct possible connections, be safe and comfortable, attractive in its design and integrated into its environment,

The classification of obstacles identifies two types of barrier, at the micro and at the macro scale. At the "micro" scale, sidewalk edges, chicanes, damaged surfacing, lack of lighting, junctions not designed for cyclists, one-way streets... At the "macro" level, major roads without cycle lanes, big infrastructures without crossings, business zones and parks without

les possibilités de « sortir les gens de la voiture » par des modes légers (vélo, vélo électrique, cyclomoteur électrique, scooter électrique) et s'attache à répondre à trois questions : Quelle part des déplacements est techniquement réalisable dans ces modes ? Quelle part des déplacements les personnes auraient intérêt à réaliser dans ces modes ? Peut-on s'affranchir massivement de la voiture avec ces modes et donc changer radicalement l'ambiance urbaine ?

L'usage du vélo pourrait concerner 24 % des personnes et éliminer 5 % des kilomètres en voiture. Le vélo électrique fait monter ces taux à 34 % et 9 %, et le scooter à 63 % et 31 %. L'importance de ces potentiels doit être relativisée par la croissance des durées de déplacement, ce qui nous amène à la seconde approche.

Quelle serait la part des transferts auxquels les individus auraient intérêt, sur la base des coûts généralisés ? Sans changement dans le niveau de détention de voiture, l'usage du vélo pour quelques kilomètres par jour ne fait économiser qu'au plus un litre de carburant ou 1,5 euros. Les cas favorables sont ceux où le vélo est plus rapide que la voiture, ce qui peut se produire en zone dense, mais rarement en périphérie. Seule la prise en compte de difficultés ou de coûts de stationnement peut modifier la donne. Le diagnostic est différent si le véhicule léger permet d'éviter la détention d'une voiture, parce que ce sont alors des coûts fixes de détention situés entre 5 et 10 euros par jour qui sont évités. Dans ce cas, le scooter électrique se détache comme la meilleure solution.

Enfin, dans les conditions actuelles, cette famille de modes ne peut supprimer qu'un tiers des circulations en automobile. Imaginer une ville sans voiture au niveau de la région urbaine relève donc de l'utopie. En revanche, imaginer une ville où la voiture n'impose pas sa loi à une part de la population potentiellement majoritaire est souhaitable.

DES OBSTACLES IMPORTANTS QUI SUBSISTENT

Les différentes façons de « se déplacer léger » ont de nombreux points communs (l'énergie corporelle est sollicitée, le corps est au contact de l'environnement immédiat...), mais seuls les travaux sur le vélo (parfois la marche) abordent ces questions, et ceux de Frédéric Héran font référence en France.

cycle routes. They generate detours, delays, and changes of level.
Detours prevent people taking the shortest route. The causes include one-way streets, insufficiently frequent crossings in linear infrastructures, the impossibility of going through buildings or business zones...
Delays, linked with the requirement to stop at traffic lights designed for motorized traffic, result in time losses and break up the regularity of the ride. Four stops per kilometer requires an additional 25% to 30% (human) energy input, in addition to the time wasted.
Bridges and underground passages entail changes of level that are costly in human energy. A one meter rise is the equivalent of an additional thirteen meters for a pedestrian, fifty meters for a cyclist.

PUTTING URBANITY BACK INTO MOBILITY

The use of light mobilities falls very much short of its potential. It is progressing, and power assistance could give it a big boost. Advances have been made in some places to remove certain obstacles, both in legislation and in terms of practical road management. They are scattered and are not backed by any big narrative of transition, like that enjoyed by the tramways. Only the narrative of a more urban-friendly mobility could help to move light modes to the top of the agenda, to coordinate and unite the forces of urban planners, engineers, businesses, and citizens, in the hope that one day, a set of "small interventions that change everything"—a useful passage, a smooth track surface, practical storage spaces—may lay claim to the same media profile as a tramline.

JEAN-PIERRE ORFEUIL, Engineer and Doctor of Statistics, Emeritus Professor at Paris-East University, specialist in urban mobilities.

REFERENCES:
Driea d'Île-de-France, 2014, *Et si on utilisait le vélo ?*
Héran F., 2011, *La Ville Morcelée,* Économica.
Héran F., 2014, *Le Retour de la Bicyclette,* La Découverte.
Lipovetsky G., 2015, *De la Légèreté,* Grasset.
Massot M-H., Orfeuil J-P., Proulhac L, 2010, *Quels marchés pour quels véhicules urbains ?* Tec n°205.
Ministry of transport, public works and water management, 1999 The dutch bicycle masterplan.
Orfeuil J-P., 2012, *Réenchanter la ville par la nature et la convivialité,* Revue urbanisme n° 385, Dossier la fabrique du mouvement.
TfL, 2010 *Analysis of cycling potential,* Transport for London.

Les contextes culturels et institutionnels jouent un rôle important. L'absence de politiques cyclables pendant des décennies, la domination des voies par des modes motorisés, ont contribué à rayer l'alternative cycliste de l'univers mental de la majorité des citadins, et de la sphère de compétences des gestionnaires de voirie, faisant des cyclistes des usagers de seconde classe, avec un risque d'accident d'autant plus élevé que la pratique est rare.
Plusieurs raisons peuvent amener à hésiter à remonter sur un vélo. L'habitude d'abord. La perception d'un mode moins sûr. La faiblesse de l'écosystème associé à la pratique : manque de commerces de réparation, de lieux de stockage, risques de dégradation ; absence de douches, de lieux pour se changer à l'arrivée. Le sentiment d'être mal traité dans les grands ronds-points, dans les passages souterrains peu amènes, ou ignoré, quand l'information délivrée par les GPS décrit l'itinéraire piéton par quelques petits points. La mobilité n'est pas qu'une question de transport...
La question des obstacles physiques sur les parcours peut être appréhendée en termes d'objectifs, comme le fait le manuel des aménagements cyclables des Pays-Bas : le réseau cycliste doit être « cohérent et exhaustif », assurer une continuité des cheminements, assurer les connections les plus directes possible, être attractif par son design et son intégration à son environnement, être sûr et confortable.
Le recensement des obstacles distingue deux types de coupures, à micro échelle ou à macro échelle. À l'échelle « micro », les bordures de trottoir, les chicanes, les revêtements défectueux, l'absence d'éclairage, les carrefours ignorant les cyclistes, les sens interdits... Au niveau « macro », les artères sans aménagement cyclable, les grandes infrastructures infranchissables, les zones d'activités et grands parcs non traversables. Elles engendrent détours, délais et dénivelés.
Les détours empêchent d'emprunter le chemin le plus court, en raison de sens interdits, de franchissements trop peu fréquents d'infrastructures linéaires, d'impossibilités de traverser des bâtiments ou des zones d'activité...
Les délais, liés aux obligations de s'arrêter aux feux imposées par les normes de circulation motorisée, impliquent des pertes de temps, et cassent la régularité du parcours. Quatre arrêts par kilomètre, c'est 25 % à 30 % d'énergie (humaine) en plus à mobiliser, qui viennent s'ajouter aux pertes de temps.

Enfin, les passerelles et passages souterrains impliquent des dénivelés coûteux en énergie humaine. S'élever d'un mètre équivaut à parcourir treize mètres supplémentaires pour un piéton, cinquante mètres pour un cycliste.

RETROUVER L'URBANITÉ DE LA MOBILITÉ

La pratique des mobilités légères est très inférieure à leur potentiel. Elle est en progrès, et des assistances électriques pourraient lui faire accomplir un grand bond. Des avancées existent ici ou là pour lever certains obstacles, tant en termes législatifs qu'en termes de gestion concrète de la voirie. Elles sont dispersées et ne sont pas portées par un grand récit de la transition, comme ont pu en bénéficier les tramways. Seul un récit de l'urbanité retrouvée de la mobilité permettrait de porter les mobilités légères en haut de l'agenda, de coordonner et coaliser les forces des urbanistes, des ingénieurs, des industriels et des citoyens, et d'espérer qu'un jour, un ensemble de « petites interventions qui changent tout » – un passage devenu fréquentable, un revêtement de chaussée confortable, des emplacements de stockage pratiques... – puisse prétendre à la même visibilité médiatique qu'un tramway.

JEAN-PIERRE ORFEUIL, ingénieur des Mines et docteur en statistiques, professeur émérite à l'Université Paris-Est, spécialiste des mobilités urbaines.

RÉFÉRENCES : Driea d'Île-de-France, 2014, *Et si on utilisait le vélo ?*
Héran F., 2011, *La ville morcelée*, Economica.
Héran F., 2014, *Le retour de la bicyclette*, La Découverte.
Lipovetsky G., 2015, *De la légèreté*, Grasset.
Massot M-H., Orfeuil J-P., Proulhac L, 2010, *Quels marchés pour quels véhicules urbains ?* Tec n°205.
Ministry of transport, public works and water management, 1999 The dutch bicycle masterplan.
Orfeuil J-P., 2012, *Réenchanter la ville par la nature et la convivialité*, Revue urbanisme n° 385, Dossier la fabrique du mouvement.
TfL, 2010, *Analysis of cycling potential*, Transport for London.

“CE MOT D’ORIGINE FRANÇAISE, FUT UTILISÉ DÈS LE DÉBUT DU 18E SIÈCLE EN FRANCE POUR DÉSIGNER LES ÉTROITES RUES PRIVÉES QUI TRAVERSENT L’INTÉRIEUR DES GRANDS ÎLOTS

D'HABITATION. L'ÉTYMOLOGIE DU MOT REMONTE AU LATIN "PASSUS" QUI VEUT DIRE PAS ET RENVOIE AU MOUVEMENT, À L'ACTION DE TRAVERSER UN ESPACE."

JOHANN FRIEDRICH GEIST, "PASSAGEN, EIN BAUTYP DES 19. JAHRHUNDERTS", MUNICH, 1969.

"THIS ORIGINALLY FRENCH WORD BEGAN TO BE USED IN FRANCE IN THE EARLY 18TH CENTURY TO REFER TO THE NARROW PRIVATE STREETS THAT RAN THROUGH THE INTERIOR OF BIG RESIDENTIAL BLOCKS. THE WORD COMES FROM THE LATIN 'PASSUS', MEANING A STEP, AND RELATES TO MOVEMENT, TO THE ACTION OF CROSSING A SPACE."

JOHANN FRIEDRICH GEIST, "PASSAGEN, EIN BAUTYP DES 19. JAHRHUNDERTS," MUNICH, 1969.

PASSAGES: ACTIONS FOR THE METROPOLITAN CITY BY CARLES LLOP

TOWARDS AN INTERCONNECTED METROPOLITAN AREA: BARCELONA

Anyone who uses and lives in the city, anyone who travels and moves around it, encounters a multiplicity of barriers and dead ends. The legacy of self-built neighborhoods, of suburbanization or a city built in fits and starts (and with a lack of inter-municipal coordination), has been widespread fragmentation, discontinuity and sectorization. If we observe and analyze the metropolis with the aim of enhancing continuities, we realize that we have a great opportunity for the introduction of a portfolio of metropolitan projects. And this is one of the challenges that, in my view, has been taken on by Barcelona Metropolitan Area as a strategy for developing more effective

PASSAGES: DES ACTIONS POUR LA VILLE MÉTROPOLITAINE PAR CARLES LLOP

VERS UNE AIRE MÉTROPOLITAINE RÉTICULÉE : BARCELONE

Lorsque l'on profite de la ville dans laquelle on vit, que l'on y voyage et que l'on s'y déplace, on découvre un grand nombre de barrières et de culs-de-sac. L'héritage des quartiers construits par les habitants eux-mêmes, de la périurbanisation et des villes construites par à-coups (avec un manque de coordination intercommunale) a mené à une fragmentation, une discontinuité et une sectorisation importantes.

Si l'on observe et analyse la métropole du point de vue de l'amélioration des continuités, on réalise qu'elles constituent une excellente opportunité pour mettre en place un portefeuille de projets métropolitains. Il s'agit de l'un des défis qui, à mon sens, ont été lancés par l'Aire Métropolitaine de Barcelone dans une stratégie visant à améliorer l'efficacité des projets mis en œuvre pour accroître la qua-

© Jornet Llop Pastor arquitectes

LA RAMBLA DE LA MINA. Une nouvelle urbanité pour cet ancien quartier stigmatisé.
RAMBLA PROMENADE IN LA MINA. A new urban life in this formerly stigmatized district.

projects to boost quality of life in metropolitan territories.
“Metropolitan Passages” see page 186) represents the realization of a strategy for regenerating metropolitan space through the creation of ‘passages’. The aim is to re-establish lost continuities by remaking itineraries for people, from the local scale of neighborhoods to the overarching structures of municipalities and the great metropolitan routings.

PASSAGES IN THE DESIGN OF THE CONTEMPORARY TERRITORY AND THE BARCELONA METROPOLITAN AREA

The concept of the ‘passage’, which is both a physical and a sensory entity, encompasses the material space and the phenomenological conditions of sociability, the sense of safety, convenience, and information. Furthermore, the different activities conducted in passages offer a wide range of landscapes that enrich the diversity of our cities.
Against a backdrop of economic crisis, the cost of interventions in urban and territorial space is a huge challenge to the business of innovating and efficiently managing a metropolitan area. Although so-called ‘urban acupuncture’ interventions have demonstrated the value of ad-hoc actions, today we need to move beyond this metaphor and propose small-scale, low-cost actions that can contribute to the continuous structuring of metropolitan space as a whole, coordinated measures that range in focus from the specific site to the global structure of metropolitan networks.
Small-scale actions (based on the opening up of passages wherever there are barriers) form the basis of a revitalized regional project that seeks to foster urban containment, linkages between urban fragments, and the adjustment of different types of cities to a new organizational system, both physical and functional, following a ‘city-territorial mosaic’ model. When this model is applied to a city, all the parts need to be connected (neighborhoods, facilities, installations, open spaces, etc.). In other words, a structure needs to be built that is both morphological and environmental and fosters mutual ecological adaptation and the coevolution

lité de vie des habitants dans les territoires métropolitains. Le concours « Passages Métropolitains » (cf. page 186) correspond à l’application d’une stratégie de régénération de l’espace métropolitain en ouvrant des « passages ». Il vise à recréer les continuités perdues en reconstituant les itinéraires des habitants, depuis l’échelon local du quartier jusqu’à la structuration des municipalités et des grands itinéraires métropolitains.

DES PASSAGES DANS LA CONCEPTION DU TERRITOIRE CONTEMPORAIN ET L’AIRE MÉTROPOLITAINE DE BARCELONE

Lorsque l’on utilise le concept de « passage », qui désigne à la fois un endroit réel et sensoriel, on intègre l’espace et les conditions phénoménologiques de la sociabilité, du sentiment de sécurité, du confort et de l’information. Par ailleurs, l’ensemble des activités menées dans les passages offrent une grande diversité de paysages qui viennent enrichir la diversité de nos villes.
Dans un contexte de crise économique, le coût des interventions dans l’espace urbain et territorial représente un défi énorme lorsqu’il s’agit d’innover et d’être capable de gérer efficacement une zone métropolitaine. Si « l’acupuncture urbaine » a prouvé l’utilité des actions ponctuelles, on doit aujourd’hui dépasser cette métaphore en proposant des actions à petite échelle et à moindre coût, qui peuvent permettre de continuer de structurer l’espace métropolitain dans son ensemble ; des actions coordonnées qui vont de la simple perspective du site concerné à la structure générale des réseaux métropolitains.
Les actions à petite échelle (consistant à ouvrir des passages partout où il y a des barrières) constituent la base d’un projet régional contemporain qui encourage la maîtrise de l’étalement urbain, les relations entre les fragments urbains et l’intégration des différentes formes de villes dans un nouveau système organisationnel, à la fois physique et fonctionnel, en phase avec le modèle de « mosaïque urbaine et territoriale ». Si l’on veut appliquer ce nouveau modèle à une ville, il faut que toutes les parties qui la constituent soient reliées (quartiers, infrastructures, installations, espaces ouverts, etc.). En d’autres termes, on doit construire une structure à la fois morphologique et environnementale qui encourage l’adaptation écologique mutuelle et la coévolution d’écosystèmes urbains naturels en interaction. Ce nouveau modèle de ville doit reposer

of natural and interacting urban ecosystems. This new city model must be based on a connected mosaic of urban components and the biophysical matrix of an environmentally balanced territory. This can be achieved, first, by defining and constructing limits for cities, creating well-defined boundaries between what is urban and what is rural, and boosting the values of proximity between peoples' needs and urban devices that facilitate services: work, recreation, health, and culture.
What is more, we need to reuse: in other words, to refurbish and recycle obsolete or underused urban fabrics. As connectors between all these holistic actions, passages and their different resources constitute an exemplary device for a refreshed action strategy for metropolitan open spaces, as we can see in the set of territorial sites proposed for the IVM competitions in Barcelona.

A FEW REFERENCES

Some examples show us the great transformative capacity of opening up crossing points and making passages. In the case of the La Mina district of Barcelona, the building of a neighborhood based around a *rambla* Promenade has allowed this stigmatized 1970s district, long excluded from the city's dynamics, to develop urban continuity, with the emergence of new urban life in a public space with new housing, shops, services, etc.
With similar criteria and highly successful social effects, the Parc de la Solidaritat in Esplugues de Llobregat overcomes the barrier formed by the existing ring road, creating two broad flows that connect two historically separated neighborhoods and establish a new multifunctional space where people can linger and relax.
As an example of a better stabilized urban space, in the case of the center of Cornellà de Llobregat, sequential planning over time has led to the establishment of a large civic space that sutures neighborhoods together, and the introduction of a tramline has linked it with the greater metropolitan area. A project that pays close attention to improving local-scale crossing points and that reflects the municipality's clear structural vision.
These three examples show us how we can, at different scales, implement a refreshed form of social and environmental urban planning, which retains permanent places of very high environmental quality and fosters a layering of mixed uses and spaces. The aspiration of such places is to link the peripheries and, above all, to

© Tavisa

PARC DE LA SOLIDARITAT.
Au-delà du périphérique.
PARC DE LA SOLIDARITAT.
Over the ring road.

© Adrià Goula

CORNELLÀ DE LLOBREGAT.
Une « place-passage » qui reconnecte les quartiers.
CORNELLÀ DE LLOBREGAT. A "passage square" that reconnects neighborhoods.

sur une mosaïque connectée de composantes urbaines et une matrice biophysique d'un territoire équilibré sur le plan environnemental.
Cela passe tout d'abord par la définition et la construction des limites de la ville, en établissant des démarcations claires entre ce qui relève de l'urbain et du rural, ainsi que le renforcement des valeurs de proximité entre les besoins des habitants et les équipements urbains facilitant la mise en place de services : travail, loisirs, santé et culture.
Qui plus est, on doit recycler : en d'autres termes, rénover et recycler les matériaux obsolètes ou sous-utilisés. En faisant le lien entre ces actions globales, les passages et leurs différentes ressources constituent un outil exemplaire de la stratégie actualisée du programme d'action pour les espaces ouverts de la métropole, comme le montre l'ensemble des sites sur lesquels portent les concours de l'IVM à Barcelone.

QUELQUES RÉFÉRENCES

Certains projets montrent la grande capacité de transformation permise par l'ouverture de points de passage. Dans le cas de La Mina à Barcelone, la construction d'une zone autour de la rambla a permis d'ouvrir ce quartier stigmatisé et exclu des années 1970 à la continuité urbaine, avec l'émergence d'une nouvelle urbanité dans un espace public offrant de nouveaux logements, commerces, services, etc.
Avec des critères similaires et des répercussions sociales positives, le Parc de la Solidaritat à Esplugues de Llobregat surmonte l'obstacle que représente le périphérique existant, créant deux grands passages qui relient deux quartiers historiquement séparés et établissent un nouvel espace multifonctionnel où s'attarder et s'amuser.
Du point de vue des espaces urbains plus stables, dans le cas du centre de Cornellà de Llobregat, l'approche séquentielle au fil du temps a permis la création d'un grand espace civique qui rapproche et soude des quartiers, et l'implantation du tramway qui le relie à la grande ville métropolitaine. Un projet qui s'intéresse de près à l'amélioration des points de passage à l'échelle locale et qui prône une vision structurelle claire de la municipalité.
Ces trois exemples montrent comment on peut, à des échelles différentes, mettre en œuvre un urbanisme social et environnemental actualisé, qui suppose la préservation sine die d'espaces d'une extrême qualité environnemen-

make people the protagonists of public spaces, by facilitating their movement to, through, and within them. Creating passages as part of a suturing design logic requires proper planning and administration of urban transition areas, handling a rich biodiversity of high-quality sites that form part of existing mosaics in regional-scale territorial urban spaces, and reclaiming the quality of marginal zones in metropolitan edges and interstices.
The passages designed in the competition organized by the Barcelona Metropolitan Area show how the landscape can be a tool of social mediation for managing changes, since they suggest territorial transformations that open up new ways for people to make spaces their own. The "passages in metropolitan landscapes" project is, therefore, a tool, a form of cultural mediation that facilitates a critical vision of the need to transform regional barriers.
Reclaiming the neglected territories of metropolitan peripheries means creating a factory of landscapes which, in addition to new forms and spaces, permits the emergence of new ethical attitudes amongst local populations. Passages are, like the landscape we live in, a key factor in guaranteeing the quality of our metropolitan space.

CARLES LLOP, architect, urbanist (Jornet-Llop-Pastor architects), teacher and researcher at the Department of Urbanism and Spatial Planning and at the Vallès Higher Technical School of Architecture at Catalonia University of Technology.

tale et la promotion de la superposition d'usages et d'espaces mixtes, qui contribuent à relier les périphéries, mais qui doivent avant tout faire des habitants les protagonistes des espaces publics, facilitant ainsi leur déplacement, leur passage et, bien évidemment, leur installation.
La création de passages dans le cadre d'une logique de suture suppose une planification et une administration adéquates dans les zones de transition urbaine, qui passent par la gestion de la riche biodiversité présente dans les mosaïques de ces territoires urbains et par la réhabilitation de la qualité des abords des périmètres et interstices métropolitains.
Les passages imaginés dans le cadre du concours organisé par l'Aire Métropolitaine de Barcelone montrent comment le paysage peut devenir un outil de médiation sociale pour la gestion des transformations, dans la mesure où ils suggèrent des transformations territoriales qui ouvrent la voie à de nouvelles appropriations des espaces par leurs usagers.
Le projet de passages dans les paysages métropolitains est donc un outil, une forme de médiation culturelle qui facilite une vision critique du besoin de métamorphoser les barrières régionales.
Réhabiliter les territoires délaissés des périphéries métropolitaines suppose de créer une fabrique de paysages qui permet, outre celle de formes et d'espaces nouveaux, l'apparition de nouvelles attitudes éthiques chez les habitants. Les passages, tout comme les paysages, sont déterminants pour la qualité de notre aire métropolitaine.

CARLES LLOP, architecte, urbaniste (Jornet-Llop-Pastor architectes), enseignant et chercheur au département d'urbanisme et l'aménagement du territoire et à l'École Technique Supérieure d'Architecture del Vallès de l'Université polytechnique de Catalogne.

MUTATING MOBILITIES AND PASSAGES

PASSAGES ET MOBILITÉS EN MUTATION

MUTATING MOBILITIES AND PASSAGES

PASSAGES ET MOBILITÉS EN MUTATION

YESTERDAY'S CITY WAS INSPIRED BY A VISION OF MECHANISM AND SPEED. IT WAS A VISION OF HIERARCHIES AND FRAGMENTATION, RATHER THAN INTERCONNECTION. TRUE, IT OPENED UP POSSIBILITIES, BROUGHT DISTANT PLACES TOGETHER... BUT ALSO DROVE NEIGHBORING PLACES APART.

THE CITY OF TOMORROW WILL BE INSPIRED BY A VISION OF LIGHTNESS.

NEW CHALLENGES LEAVE NO CHOICE: CLIMATE CHANGE AND ENVIRONMENTAL PRESSURES; THE RISKS OF SEGREGATION ASSOCIATED WITH SPATIAL FRAGMENTATION; PUBLIC HEALTH CONCERNS AND LENGTHENING LIFESPANS.

LIVE BETTER IN THE HERE AND NOW! ALREADY, THIS VISION OF LIGHTNESS AND AGILITY, OF MINDFULNESS TO THE BODY AND TO SENSATION, IS INFILTRATING OUR SENSORY, AND CULTURAL SPACE, AND OUR TECHNOLOGIES. COMBATING CONGESTION, REGENERATING AND RECONNECTING THE URBAN FABRIC, MEANS RESPONDING TO THE DEMAND OF TODAY'S CITIZENS FOR ATTENTION TO EVERYDAY EXPERIENCE.

THE NEW MOBILITIES, MORE ACTIVE AND MORE CONNECTED, WILL BE “INTERMODAL”. NETWORKS OF PASSAGES WILL TRANSFORM ACCESS TO SYSTEMS OF EVERY KIND: TO LARGE TRANSIT INFRASTRUCTURES (SUBWAYS, TRAMWAYS, BUS ROUTES, AND CAR LANES); TO INTERMEDIATE INFRASTRUCTURES DEDICATED TO TAXIS, SHUTTLES, BICYCLES, AND CARPOOL VEHICLES; TO MORE VARIED AND BETTER CONNECTED PARKING SYSTEMS; AND FINALLY TO PEDESTRIAN SYSTEMS WITH TRAVELATORS, ESCALATORS, ELEVATORS.

PASSAGES WILL FORM A NETWORK DESIGNED FOR EVERYONE: PEDESTRIANS, CYCLISTS, SKATEBOARDERS, SCOOTERS...

La ville d'hier a été façonnée sur l'imaginaire de la mécanique et de la vitesse. Celui-ci a hiérarchisé les réseaux, fragmenté la ville, ignoré la capillarité. Certes il a ouvert des possibles, rapproché le lointain... mais il a aussi éloigné le proche.

La ville de demain sera façonnée sur l'imaginaire de la légèreté. De nouveaux défis y obligent : le changement climatique et les enjeux écologiques ; les risques de ségrégation liés à la fragmentation des espaces ; les préoccupations de santé publique et l'allongement de la durée de vie.

Vivre mieux ici et maintenant ! Déjà, cet imaginaire de légèreté et d'agilité, d'attention au corps et aux sensations, innerve notre monde sensible, culturel, et nos technologies. Lutter contre la congestion, régénérer et recoudre le tissu urbain imposent de tenir compte des exigences des citoyens d'aujourd'hui, plus que jamais en demande d'attention à leur vie quotidienne.

Les nouvelles mobilités, plus actives et plus connectées, seront « intermodales ». Le réseau des passages renouvellera l'accès à tous les systèmes : infrastructures lourdes des transports publics (métros, tramways, lignes de bus aménagées) et pour l'automobile (infrastructures intermédiaires dédiées aux taxis, navettes, cycles et voitures partagées, dispositifs de stationnement les plus variés et connectés), jusqu'aux trottoirs roulants, escalators, ascenseurs.

Le réseau des passages s'adressera à tous, piétons, cyclistes, skateurs et autres glisseurs.

MUTATING MOBILITIES
AND PASSAGES
PASSAGES
ET MOBILITÉS
EN MUTATION

LES PASSAGES SE NICHENT DANS LES POINTILLÉS

Généralement, les applications d'itinéraires sur smartphone indiquent en pointillés les parcours piétons entre les modes de transport motorisés, individuels ou collectifs. Il arrive qu'elles mettent en garde l'utilisateur sur le manque de données fiables liées à la nature du parcours à pied. Le passant connecté, à la fois producteur et utilisateur d'informations et d'expériences partagées sur ses itinéraires, serait en droit d'attendre que les pointillés définissent cette rupture et la qualité du passage.

PASSAGES HIDE BETWEEN THE DOTS

Generally, smartphone navigation apps use dotted lines to show pedestrian routes between motorized, individual or public transit modes.
The connected traveler, who is both producer and user of the information and experiences shared about these routes, has the right to expect the dotted lines to describe the nature of this connection and quality of the route.

PASSA
À L'A

TAKING
ACTION

PASSAGES ARE OFTEN NEGLECTED OR BADLY MAINTAINED, ON THE GROUNDS THAT SOME BIG SCHEME IS EXPECTED, BECAUSE THEY DON'T FIT INTO ANY EXISTING "BOX" OR DEPEND ON A LARGE NUMBER OF PUBLIC INSTITUTIONS OR PRIVATE OWNERS. NEVERTHELESS, THEY ARE THE MODEST GUARANTORS OF SAFETY AND FREEDOM OF MOVEMENT, OF A MORE EGALITARIAN SHARING OF THE CITY'S COMPONENTS. THEY THEREFORE CONTRIBUTE TO MAKING URBAN SPACE MORE DEMOCRATIC.

THESE PASSAGES ALSO REPRESENT NICHES OF INNOVATION IN TERMS OF SPATIAL QUALITY, BY MAINTAINING CONNECTION, INFORMATION, AND A DIVERSITY OF SOCIAL RELATIONS. THIS MEANS THAT SMALL-SCALE, LOW-COST INTERVENTIONS CAN POTENTIALLY HAVE AN IMPACT WELL BEYOND THEIR IMMEDIATE VICINITY.

SIGNS, LIGHTING, CLEANING, CONNECTED OBJECTS... A FEW RECENT EXAMPLES OFFER A FORETASTE OF THE FUTURE: NEW MULTIMODAL FACILITIES, URBAN AND LANDSCAPE ADJUSTMENTS, RECYCLING OF OBSOLETE TUNNELS AND BRIDGES, STREETS THAT CHANGE COLOR WHEN THE BUS ARRIVES, SENSORS THAT ADJUST THE DURATION AND ILLUMINATION ON PEDESTRIAN CROSSINGS... PROCESSES LIKE THIS CAN REVITALIZE OUR EXPERIENCE OF MOVEMENT AROUND THE CITY, GUARANTEE OUR SAFETY, MAKE THE CITY A FRIENDLIER PLACE.

THE SMALL SCALE THAT CHANGES EVERYTHING... OR ALMOST

LA PETITE ÉCHELLE QUI CHANGE TOUT... OU PRESQUE

Les passages sont souvent négligés ou mal entretenus au prétexte du grand projet mobilisateur à venir, parce qu'ils ne correspondent à aucune « case » existante ou dépendent d'un grand nombre d'acteurs publics ou de propriétaires privés.

Ils sont pourtant les modestes garants d'une liberté de mouvement sécurisée, d'un partage plus égalitaire des composantes de la ville, et de ce fait, participent de la démocratisation de l'espace urbain.

Ces passages constituent aussi des niches d'innovation en termes de qualité spatiale, de support de connexion, d'informations et de relations sociales diverses. Les interventions d'échelle réduite et de coût minimal ont ainsi, potentiellement, un impact qui dépasse largement leur seul territoire.

Signalétique, éclairage, propreté, objets connectés... Quelques exemples récents laissent pressentir des évolutions : nouvelles installations multimodales, aménagements urbains et paysagers, recyclages de tunnels et de viaducs obsolètes, voirie qui se colore à l'arrivée du bus, capteurs qui modulent la durée de la traversée du piéton ou illuminent son cheminement... Autant de procédés qui dynamisent la trame de nos déplacements, garantissent notre sécurité, restituent de la convivialité dans la ville.

EXEMPLES INTERNATIONAUX

INTERNATIONAL EXAMPLES

I. FRANCHIR LA BARRIÈRE, NATURELLE OU CRÉÉE

CROSSING BARRIERS, NATURAL OR MAN-MADE

Passages are a way to overcome natural barriers: watercourses, mountain chains, deserts, forests.
They also cross the manmade barriers created by large infrastructures in today's cities: railway lines, freeways or expressways, bus corridors... Finally, they overcome the barriers that bar the way to "undesirables": gated communities and the large impenetrable entities everywhere typical of urbanization.

Les passages aident à surmonter les barrières naturelles : cours d'eau, chaînes de montagnes, déserts, forêts sauvages.
Ils permettent aussi de traverser les barrières artificielles créées par les grandes infrastructures dans les villes contemporaines : chemins ferroviaires, autoroutes ou voies principales, bus en site propre... Enfin, ils surmontent les barrières qui empêchent l'accès aux « indésirables » : communautés surveillées, grandes entités infranchissables, caractéristiques de l'urbanisation universelle.

SURMONTER LA TOPOGRAPHIE SPANNING THE TOPOGRAPHY

PONT, RAMPES, ESCALIERS ET ASCENSEUR, GALTZARABORDA GIPUZKOA, ESPAGNE ; VAUMM ARCHITECTES
Lien entre les villes historique et nouvelle, entre le centre des sports et le centre médical, les rampes et le pont piéton, associés à deux ascenseurs urbains, permettent de franchir la forte différence topographique.

BRIDGE, RAMPS, STAIRCASES AND ELEVATOR, GALTZARABORDA GIPUZKOA, SPAIN; VAUMM ARCHITECTS
Linking the old and new towns, the sports center and the medical center, the combination of ramps and footbridge with two urban elevators, overcomes the sharp topographical differences.

FRANCHIR LE FLEUVE

CROSSING THE RIVER

© RO&AD Architekten

MOSES BRIDGE, BERGEN OP ZOOM, PAYS-BAS ; RO&AD ARCHITEKTEN
Un passage immergé relie les deux rives d'une ancienne ligne d'eau défensive.

MOSES BRIDGE, BERGEN OP ZOOM, NETHERLANDS; RO&AD ARCHITEKTEN
Immersed in the water, a crossing links the two banks of a former castle moat.

PASSERELLE SIMONE DE BEAUVOIR, PARIS, FRANCE ; DIETMAR FEICHTINGER ARCHITECTE
L'entrelacement de deux passerelles au-dessus de la Seine forme un passage reliant deux niveaux differents.

SIMONE DE BEAUVOIR FOOTBRIDGE, PARIS, FRANCE; DIETMAR FEICHTINGER ARCHITECT
Two interwoven footbridges over the Seine form a passage linking two different levels.

©Dietmar Feichtinger Architectes

CONCOURS IVM
IVM COMPETITIONS

© Julio de la Fuente, Natalia Gutiérrez, Zheng Jie, Dane Currey, Alvaro Guinea

SHANGHAI, BETTER CITY LIFE VOIR/SEE PAGE 194

Le site démonstrateur à Shanghai voisine une aire désaffectée de l'Expo 2010, sur la rive droite du fleuve Huangpu. Le bac ayant été abandonné, comment franchir cette barrière naturelle ? Le tunnel « suggéré » par le projet mentionné met l'accent sur la nécessité d'un désenclavement du nouveau quartier d'affaires et de sa reliance au reste de la ville au-delà du fleuve.

The demonstration site in Shanghai is near an abandoned area of Expo 2010 on the right bank of the Huangpu River. With the ferry abandoned, how can this natural barrier be crossed? The tunnel proposed in the runner-up project emphasizes the need to open up the new business district and reconnect it to the rest of the city beyond the river.

EXEMPLES
EXAMPLES

FRANCHIR LES INFRASTRUCTURES ET LES RÉSEAUX, RÉDUIRE LES SEUILS

CROSSING INFRASTRUCTURES AND NETWORKS, LOWERING THRESHOLDS

PASSAGE PIÉTON III, SÉOUL HANGANG, CORÉE ; YVES LION ARCHITECTE
L'accès à la rivière Han, difficile à cause de l'autoroute longeant ses berges, a été amélioré grâce à la réhabilitation de 38 tunnels transformés en passages quotidiens pour les Séoulites.

PEDESTRIAN PASSAGE III, SEOUL HANGANG, KOREA; YVES LION ARCHITECT
The access to the Han River, made difficult by the freeway that runs along the banks, has been improved by the refurbishment and conversion of 38 tunnels for use by Seoulites.

JARDIN VERTICAL, SEATTLE OLYMPIC PARK, ÉTATS-UNIS ; WEISS & MANFREDI ARCHITECTES

Un jardin-musée de plein air relie mer et centre-ville grâce à une promenade en pente douce qui traverse les voies ferroviaires longeant la côte.

VERTICAL GARDEN, SEATTLE OLYMPIC PARK, USA; WEISS & MANFREDI ARCHITECTS

An open-air garden-museum links sea and city center by a gently sloping walkway that crosses the coastal railway lines.

© Weiss & Manfredi Architectue

PARC DE LA SOLIDARITÉ AU-DESSUS DE LA RONDA NORD, ESPLUGUES DE LLOBREGAT/ESPAGNE ; SERGI GODIA I FRAN, XAVIER CASAS GALOFRE ARCHITECTES

Pour relier deux quartiers séparés par l'autoroute, au nord de Barcelone, un jardin chevauche la voirie et se connecte des deux côtés à la trame urbaine.

SOLIDARITY PARK, ABOVE RONDA NORD, ESPLUGUES DE LLOBREGAT/ SPAIN; SERGI GODIA I FRAN, XAVIER CASAS ALOFRE ARCHITECTS

In order to link two neighborhoods separated by the freeway north of Barcelona, a garden spans the road and connects to the urban fabric on both sides.

© Google Earth

© Sojin Lee

CONCOURS IVM
IVM COMPETITIONS

Avant - Before

Après - After

© Data Arquitectura i Enginyeria

BARCELONA BESÒS, PA(I)SSATGE VOIR/SEE PAGE 182

Autour du souterrain qui passe sous la voie ferrée à Sant Adrià del Besòs, les barrières se sont construites entre la côte et l'extension urbaine. Comment repenser un passage confortable ?
Le projet lauréat diminue l'impact des seuils successifs : la rue Sant Adrià est transformée en plateforme à vitesse limitée et la rambla prolongée en espace public jusqu'aux rampes d'accès. La longueur du tunnel est réduite, laissant pénétrer la lumière naturelle, et les rampes et les escaliers piétons sont intégrés dans un espace cohérent et planté.

Around the underground passage that runs below the railway line at Sant Adrià del Besòs, barriers have built up between the coast and the extended city. In quest of a new design for a convenient passage, the winning project reduces the impact of the successive thresholds: Sant Adrià Street becomes a speed limited platform and the rambla a public space running as far as the access ramps. The length of the tunnel is reduced, allowing natural light to enter, and the pedestrian ramps and staircases are integrated into a coherent space, enhanced with plantings.

© RMJM

CANTON ALLEY, SEATTLE, ÉTATS-UNIS ; OLSON KUNDING ARCHITECT
Seattle régénère ses « passage-alleys », raccourcis traversant des îlots historiques, en y injectant des contributions artistiques et du commerce, et en favorisant la vie de la communauté locale.

CANTON ALLEY, SEATTLE, USA; OLSON KUNDING ARCHITECT
Seattle is reactivating its "passage-alleys", shortcuts through old city blocks, by introducing artistic and retail activities, and stimulating local community life.

DES PASSAGES RENDENT PERMÉABLES DES ÎLOTS INFRANCHISSABLES

PASSAGES THAT PERMEATE THE IMPENETRABLE

HÔPITAL KHOO TECK PUAT, SINGAPOUR ; RMJM ASIA PACIFIC ARCHITECTES

L'hôpital est construit autour d'un jardin partagé qui relie les différents bâtiments ainsi que l'avenue centrale à l'étang.

KHOO TECK PUAT HOSPITAL, SINGAPORE; RMJM ASIA PACIFIC ARCHITECTS

The hospital is built around a shared garden that connects the different buildings and the central avenue to the pond.

© Trevor Dykstra Architect

CONCOURS IVM
IVM COMPETITIONS

© Betolaza & Co

MONTEVIDEO, BETOLAZA

VOIR/SEE PAGE 224

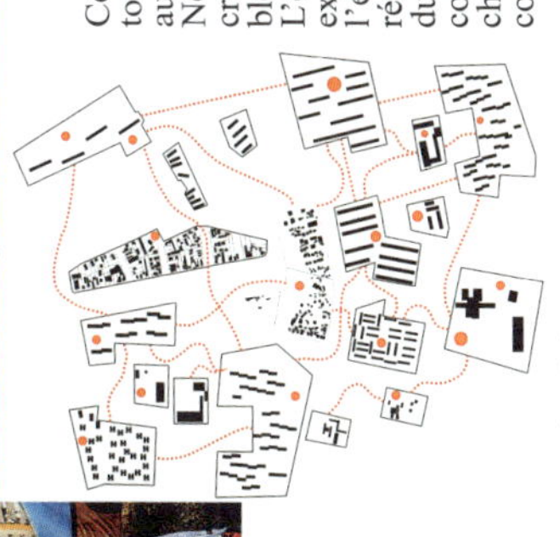

© Betolaza & Co

Composé d'habitat social juxtaposant blocs de tours, barres ou logements individuels, autonomes et peu perméables, le quartier Malvín Norte est jalonné de cheminements spontanés créés par les habitants. Comment désenclaver les blocs pour donner une urbanité au quartier ? L'équipe d'étudiants dirigée par Betolaza expérimente divers scénarii pour supprimer l'entrave que constituent les développements résidentiels fermés et garantir à tous les habitants du quartier un accès facile aux équipements collectifs. Les passages en forme de cheminements d'échelles différentes s'amorcent comme figures urbaines structurantes.

A social housing district of vertical and horizontal blocks or individual dwellings, all autonomous and largely impermeable, the Malvín Norte district is punctuated with informal paths made by its residents. How can the blocks be opened up to form a real urban neighborhood? The student team headed by Betolaza is testing different scenarios to circumvent the obstacle of the closed residential developments and to provide all the district's residents with easy access to public amenities. Passages, in the form of pathways and tracks on different scales, are proposed as a structuring urban framework.

II. ORDONNANCER LES ITINÉRAIRES ET METTRE EN RÉSEAUX

ORDERING ITINERARIES AND CREATING NETWORKS

The creation of a passage generates new flows, attracted by the—previously inaccessible—destinations on the other side of the barrier. The passage therefore has an impact well beyond these immediate endpoints.
It redistributes the movement of people and goods over a significantly wider area. It creates new routes and forms networks in which the passage acts as a trigger and connection point.

L'ouverture d'un passage entraîne un nouveau flux attiré par les destinations, auparavant inaccessibles, de l'autre côté de la barrière. L'effet du passage déborde donc bien au-delà de ces aboutissements immédiats. Il produit la redistribution des mouvements de personnes et de marchandises sur un territoire sensiblement plus grand. Il crée de nouveaux itinéraires et constitue des réseaux dans lequel le passage fonctionne comme déclencheur et point d'articulation.

EXEMPLES
EXAMPLES

© ZJA

ÉCODUC DE BORKLED, RIJSSEN, PAYS-BAS ; ZWARTS & JANSMA ARCHITECTES
Pour rétablir le continuum écologique malgré divers obstacles le passage des animaux se fait par des écoducs différenciés : crapauduc ou batrachoduc dans les canalisations, passe à poisson dans les torrents artificiels, passerelles végétalisées pour grande et petite faune.

BORKLED ECODUCT, RIJSSEN, NETHERLANDS; ZWARTS & JANSMA ARCHITECTS
A range of ecoducts re-establishes the ecological continuum despite different obstacles: passages for frogs and toads in the pipes, fish channels in the artificial streams, planted corridors for fauna large and small.

BAYOU PARC, HOUSTON, ÉTATS-UNIS ; SWA LANDSCAPE ARCHITECTURE
Pour remédier aux inondations, le parc, réalisé comme une « vallée » paysagère suivant le cours de la rivière Bayou, crée des continuités naturelles sous les autoroutes.

BAYOU PARC, HOUSTON, USA; SWA LANDSCAPE ARCHITECTURE
In order to manage flooding, the park—landscaped as a "valley" that follows the course of the Bayou River—creates natural continuities under the freeways.

CRÉER UNE MAILLE VERTE QUI OUVRE DES PASSAGES JUDICIEUX

CREATING A GREEN GRID WITH WELL-PLACED PASSAGES

© F. Carter Smith

CONCOURS IVM
IVM COMPETITIONS

SANT CUGAT DEL VALLES, ANELL VERD VOIR/SEE PAGE 191

Dans un site à topographie variée et au passé rural, fragmenté par de grandes infrastructures, le projet lauréat propose de (r)ouvrir trois passages à des endroits judicieux sous l'autoroute, (r)établissant la continuité de cheminements en reliant les deux rivières. Il crée ainsi un enchainement de paysages naturels et met à profit les corridors écologiques existants pour tisser une maille verte qui organise le territoire, en particulier pour les déplacements de mobilité douce.

In a topographically marked and formerly rural site broken up by large infrastructures, the winning project proposes (re)opening three passages at carefully placed locations under the freeway, (re)establishing continuity by linking the two rivers. In this way, it creates a sequence of natural landscapes and uses the existing ecological corridors to form a green grid that structures the area, in particular for cyclists and walkers.

© Enrich Giménez, Capó Quetglas, de Castro Català

FACILITER LE PASSAGE EN REVISITANT LE RÉSEAU DE TRANSPORT PUBLIC

PROVIDING PASSAGE BY REMODELING THE PUBLIC TRANSPORT SYSTEM

ENTRÉE DU TRAMWAY, LA HAYE, PAYS-BAS ; OMA ARCHITECTES
Le passage qui mène de la rue centrale de La Haye aux deux lignes de trams en sous-sol, crée un lien visuel et lumineux entre la rue, les parkings, et les quais.

ENTRANCE TO THE TRAMLINE, DEN HAAG, NETHERLANDS; OMA ARCHITECTS
The passage that leads from the central street in Den Haag to the two underground tramlines, creates a visual and luminous link between the street, the car parks, and the docks.

© JGEIS

PONT MIRADOR, MEDELLIN, COLOMBIE

Au-dessus de la Herrera, le pont relie deux quartiers séparés par une vallée. Un escalier le connecte au creux habité. Ce passage multi-niveaux facilite l'accès de tous au métrocâble.

MIRADOR BRIDGE, MEDELLIN, COLOMBIA

The bridge, above the Herrera, links two districts separated by a valley. It is connected to the inhabited areas in the valley by a staircase. This multilevel passage provides access to the metrocable for everyone.

© OMA

CONCOURS IVM
IVM COMPETITIONS

SHANGHAI, SUN + GATE VOIR/SEE PAGE 196

Alors qu'une ligne de tramway prévue le long du fleuve risque de renforcer l'effet de coupure de la voirie entre les parcs au bord de l'eau et le nouveau quartier d'affaires, le projet lauréat rend possible, autour de la station de métro, le passage entre un quartier résidentiel, la création d'une place, la traversée de l'aire de bureaux et l'accès au bord du fleuve. Le passage constitue ainsi un raccourci depuis la ligne du transport collectif.

While a planned tramline along the river threatens to reinforce the division in the street network between the waterside parks and the new business district, the winning project, based around the subway station, provides a passage from a residential neighborhood, a newly created square, a route across the office district and access to the riverbank. In this way, the passage provides a shortcut from the public transport line.

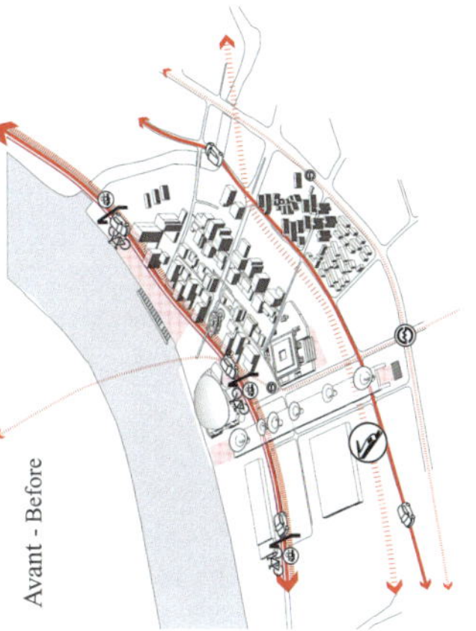

Avant - Before

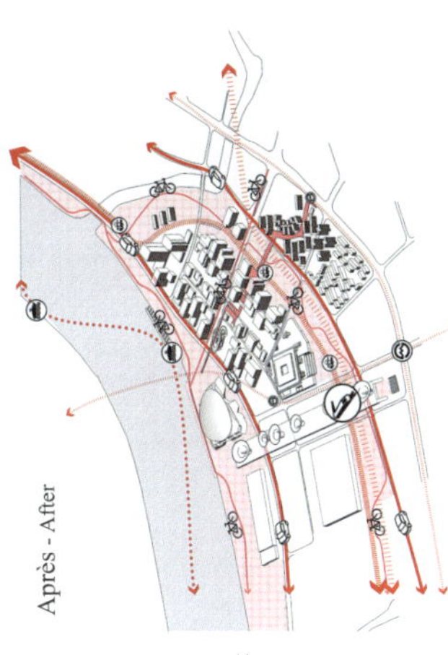

Après - After

© Pierre-Marie Auffret, Vincent Hertenberger, Agathe Lavielle

RELIER LE LOCAL ET LE TERRITOIRE : LE PASSAGE COMME CONNEXION DE DEUX ÉCHELLES

LOCAL / TERRITORIAL: THE PASSAGE AS A LINK BETWEEN TWO SCALES

TRAMWAY URBAIN, STRASBOURG, FRANCE ; ALFRED PETER PAYSAGISTE
Le projet paysager pour les lignes A et B du tramway de Strasbourg, prend en compte un plus vaste espace public que l'arrêt lui-même. Il raccourcit psychologiquement la distance entre la station et les lieux desservis.

URBAN TRAMLINE, STRASBOURG, FRANCE; ALFRED PETER LANDSCAPE ARCHITECT
The landscape project for lines A and B of the Strasbourg tram system encompasses a larger public space than the stop itself. Psychologically, it shortens the distance between the station and the tram destinations.

© AFP

ESCALATOR COMMUNA 13, MEDELLIN, COLOMBIE
Des escalators urbains facilitent l'accès, autrefois difficile du fait d'escaliers épuisants, de la favela au métrocâble. Le quartier est dorénavant connecté aux réseaux de transport public.

ESCALATOR COMMUNA 13, MEDELLIN, COLOMBIA
Urban escalators have replaced the steep staircases providing access from the *favela* to the metrocable. The district is now connected to the public transit networks.

© Alfred Peter Paysagiste / Stoa

CONCOURS IVM
IVM COMPETITIONS

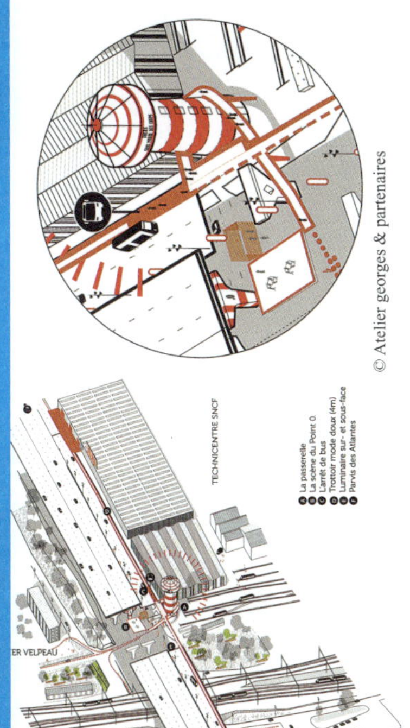

© Atelier georges & partenaires

TOURS / SAINT-PIERRE-DES-CORPS, POINT ZÉRO PLUS VOIR/SEE PAGE 202

Le projet mentionné fait du passage sous l'A10, relié à l'avenue Georges Pompidou, une liaison entre le local et le territoire. Cette voirie de transit entre autoroute et ville s'adapte alors à une circulation à 50km/h, donne place à un large trottoir et accueille une « vélo-route ». Le château d'eau devient le support d'une passerelle reliant le haut (l'avenue) et le bas (le passage).

The runner-up project proposes a passage under the A10 linking to Avenue Georges Pompidou as a connection between the local and the territorial. With a new speed limit of 50 km/h, the avenue - transition between motorway and town - gives way to a wide sidewalk, complete with cycle track. The water tower becomes the plinth for a walkway linking the avenue above and the passage below.

III. PENSER LES PASSAGES COMME PRODUCTEURS D'USAGES

PASSAGES TO PRODUCE USES

Passages concentrate the flows passing on either side of the barrier. They form places where people mass together and movements are amplified. This critical mass can give life to amenities which, without it, would suffer from insufficient use.
In this way, passages become places that can revitalize existing uses or introduce new ones. This intensification may be temporary or permanent, inspired by a new connection between passerby and user.

Les passages rassemblent les flux passant de part et d'autre de la barrière. Ils forment des lieux où les gens se concentrent et les mouvements s'amplifient. Cette masse critique permet de faire vivre des équipements qui, sans cela, souffriraient d'une carence d'usagers.
Les passages deviennent ainsi des lieux privilégiés pour intensifier des usages obsolètes ou en installer de nouveaux. Cette intensification de l'activité peut être éphémère ou pérenne, inspirée par un rapport renouvelé entre passant et usager.

EXEMPLES
EXAMPLES

UN MARCHÉ SUR LES RAILS, MAEKONG, INDONÉSIE

Les passages informels font souvent l'objet d'une occupation spontanée, au moins temporaire, le terrain n'appartenant à personne.
Le spectaculaire marché de fruits et légumes implanté le long de la voie ferrée, à Maeklong, en est l'illustration.

A MARKET ON THE RAILS, MAEKONG, INDONESIA

Informal passages are often occupied spontaneously, or at least temporarily, since the land belongs to no one.
This spectacular fruit and vegetable market located alongside the railway line in Maeklong, is one example.

RALAMBSHOVSPARKEN, STOCKHOLM, SUÈDE

Dans ce parc, le passage créé entre la station de bus et les stations de métro a permis d'intégrer un skatepark sous le plus élevé des deux viaducs routiers.

RALAMBSHOVSPARKEN, STOCKHOLM, SWEDEN

In this park, the passage created between the bus station and the subway stations has been used to build a skatepark under the highest of the two elevated roadways.

© Len Theivendra

INTENSIFIER LES USAGES EN DIVERSIFIANT LES LIEUX DE PASSAGE

GENERATING INTENSITY OF USES THROUGH DIVERSITY OF PASSAGES

HIGH LINE, NEW YORK, ÉTATS-UNIS ; DILLER SCOFIDIO + RENFRO ARCHITECTS
Un autre type d'opération populaire consiste à réinvestir les anciens passages industriels, souvent ferroviaires, et à les réutiliser comme promenade. Un exemple : la High Line à New York.

HIGH LINE, NEW YORK, USA; DILLER SCOFIDIO + RENFRO ARCHITECTS
Another type of popular operation is to reclaim former industrial passages, often railway lines, for use as footpaths. One example: the High Line in New York.

© Iwan Baan

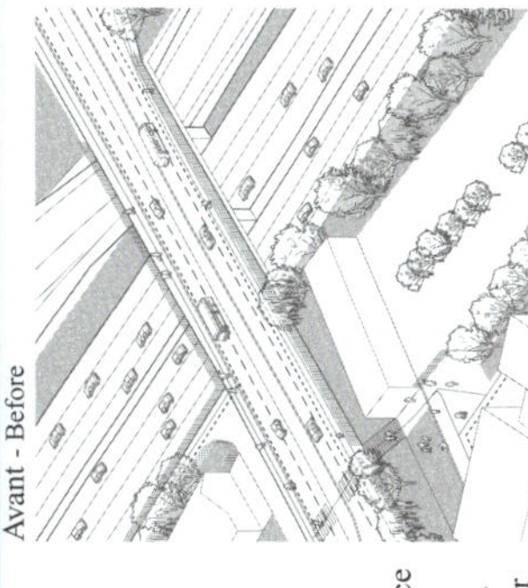

© Collectif Bau 15

TOURS / SAINT-PIERRE-DES-CORPS, MICRO-POROS VOIR/SEE PAGE 204

Parmi les multiples microporosités proposées par le projet lauréat, le « Passage Wagner » est un lieu d'intermodalités qui met à la disposition des usagers divers services (location de vélos, borne de voiture électrique, co-voiturage, restaurants, boutiques) et leur permet de faire leurs courses dans le centre commercial rendu accessible en bus ou en vélo.

Among the various small porous spaces proposed by the winning project, "Passage Wagner" is an intermodal space which offers users a range of services (bicycle hire, electric car charging, car sharing, restaurants, shops), so that they can access the shopping center by bus or bicycle.

EXEMPLES
EXAMPLES

LE PONT DE GALATA, ISTANBUL, TURQUIE
Le passage se transforme parfois en lieu de séjour temporaire. Ainsi, le pont de Galata sur la Corne du Bosphore, superpose des restaurants aménagés dans ses arches, les pêcheurs occupant son tablier.

GALATA BRIDGE, ISTANBUL, TURKEY
Sometimes, the passage can become a place for a temporary stay.
For example, Galata Bridge on the Bosphorus accommodates restaurants within its arches, while anglers fish from the roadway.

DES PASSAGES QUI INSPIRENT DE NOUVEAUX USAGES

PASSAGES THAT INSPIRE NEW USES

© Michael Jenninge

AMÉNAGEMENT SOUS L'AUTOROUTE A8, ZAANSTAD, PAYS-BAS ; NL ARCHITECTS

À Zaanstad, le passage sous l'autoroute A8 est devenue une destination très attractive pour les citadins, depuis l'implantation de commerces (fleuriste, superette) et d'équipements (salle de sports, skatepark, jeux d'eau...).

ADAPTATION UNDER THE A8 EXPRESSWAY, ZAANSTAD, NETHERLANDS; NL ARCHITECTS

In Zaanstad, the passage under the A8 has become a very attractive destination for city dwellers, through the establishment of shops (florist, mini supermarket) and amenities (sports hall, skatepark, water games...).

© NL Architects

CONCOURS IVM
IVM COMPETITIONS

TORONTO, ON THE WAY TO SHEPPARD PARKWAY VOIR/SEE PAGE 200

Autour d'une ligne de tranport public implantée dans la périphérie, quels passages dynamiques créer pour relier les immeubles résidentiels au transport public ? À partir d'un catalogue de micro-équipements liés aux désirs des usagers, l'équipe lauréate propose une déclinaison de parcours paysagés ponctués de nouvelles activités. L'aménageur pourra les combiner pour réaliser des passages attractifs.

Around a public transit line in the city outskirts, what dynamic new passages could link the residential buildings to the transit system? Drawing on a catalog of micro-amenities based on user choices, the winning team proposes a range of landscaped routes punctuated with new activities. The developer will be able to combine them to build attractive passages.

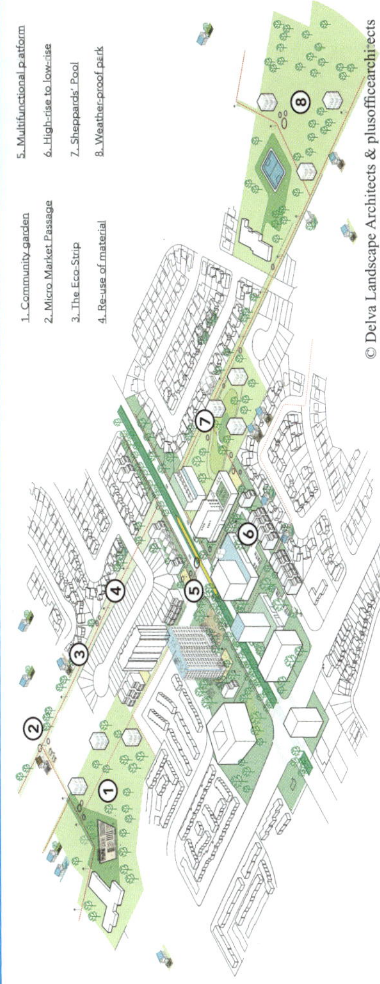

© Delva Landscape Architects & plusofficearchitects

© Li Xiaodong

CHEZ ALBERT, AUBERVILLIERS, FRANCE. À l'invitation de la Semeuse – Les Laboratoires d'Aubervilliers – le collectif Yes We Camp, avec les habitants, associations et usagers du quartier, ont conçu un programme d'occupation d'un terrain vague qui relie deux avenues de la banlieue parisienne. Ils ont animé pendant dix semaines des activités de partage et d'échange basées sur des actions simples : marcher, construire, jardiner, se reposer, manger, accueillir, être accueillis. L'objectif de cette action : activer durablement de nouveaux usages et pratiques de ce « passage-jardin ».

© Lisa George

MODELER LES PASSAGES À PARTIR DES USAGES DES CITADINS

MODELING PASSAGES ON USER PRACTICES

PONT-ÉCOLE, XISASHA, CHINE ; LI XIAODONG ARCHITECTE

La liaison entre deux villages est l'occasion de créer, au-dessus d'un ruisseau, une école commune qui s'ouvre de chaque côté sur une place. Une passerelle suspendue sous la structure, offre un second moyen de traverser le ruisseau.

SCHOOL-BRIDGE, XISASHA, CHINA; LI XIAODONG ARCHITECT

The link between two villages is an opportunity to create a community school above a stream, opening into a square on both sides. A footbridge suspended under its structure provides a second means of crossing the stream.

CHEZ ALBERT, AUBERVILLIERS, FRANCE.

At the invitation of La Semeuse—Arts Centre in Aubervilliers—the Yes We Camp collective, with residents, voluntary sector bodies, and users of the neighborhood, have designed a program to revitalize a wasteland linking two avenues in the Paris suburbs. For 10 weeks, they led sharing and exchange activities based around simple actions—walking, building, gardening, resting, eating, welcoming, and being welcomed. The objective of this action: to activate sustainable new usages and practices in this "garden-passage".

CONCOURS IVM
IVM COMPETITIONS

© Matthew Springett Associates

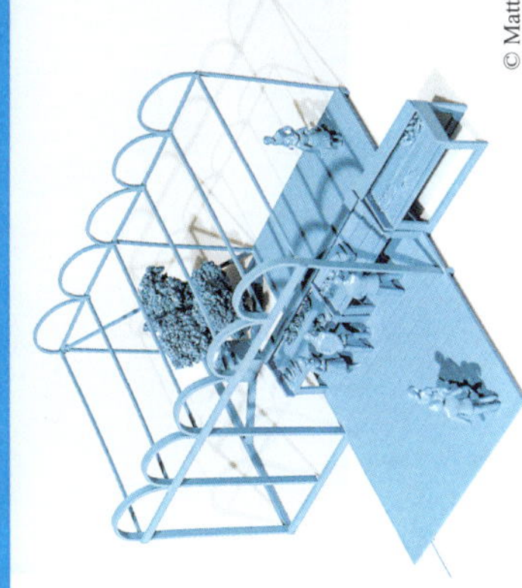

Taking a participatory approach through small events that initiate the dialogue with residents, the architects build attractive models that depict a range of possible new uses. These models stimulate reactions and represent a halfway house to real-world projects.

TORONTO, HOLISTIC CITY VOIR/SEE PAGE 198

Dans une démarche participative, à partir de petits événements qui initient le dialogue avec les habitants, l'équipe finaliste produit des maquettes attractives qui symbolisent un panel de nouveaux usages possibles.
Ces maquettes stimulent la réactivité et constituent une transition vers des projets réels.

IV. VIVRE LE PASSAGE COMME SENSATION ET EXPÉRIENCE

THE PASSAGE AS A SENSORY EXPERIENCE

During any journey, the passage marks a memorable moment along the route, the crossing of a barrier and the transition between two different worlds.
This sensation can be intensified by giving the traveler a personal experience: if the crossing is in the open air, the sensation will be linked with a more intense perception of the environment on either side; for tunnel passages, it is more about deploying artificial sound and light effects and bringing artistic elements into play.

Au cours du voyage, le passage marque un moment mémorable de l'itinéraire accompli. On y traverse la barrière et transite entre deux mondes différents.
On peut intensifier cette sensation en faisant vivre au passant une expérience personnelle : si cette traversée est en plein air, la sensation sera liée à une intensification de la perception de l'environnement par lequel on passe ; pour les passages en tunnel, il s'agira plutôt de jouer avec les effets artificiels de son et de lumière, et de faire appel à des interventions artistiques.

AGRÉMENTER LE PASSAGE PAR L'EXPÉRIENCE SENSORIELLE

ENHANCING THE PASSAGE BY STIMULATING SENSORY EXPERIENCE

© Atelier Skertz

© Steve Speller

TUNNEL DE LA CROIX-ROUSSE, LYON, FRANCE ; ATELIER SKERTZO, HÉLÈNE RICHARD ET JEAN MICHEL QUESNE
Pour alléger la traversée des trous noirs que représentent les tunnels, des projections sur les parois accompagnent le passant tout au long de sa traversée.

TUNNEL DE LA CROIX-ROUSSE, LYON, FRANCE; ATELIER SKERTZO, HÉLÈNE RICHARD AND JEAN MICHEL QUESNE
In order to make the tunnels less like black holes to travel through, images are projected on the walls throughout the length of the passage.

THE ROLLING BRIDGE, LONDRES, ROYAUME-UNI ; HEATHERWICK STUDIO
Le « Rolling Bridge » est un pont piéton qui peut s'enrouler sur lui-même jusqu'à ce que ses deux extrémités se touchent, ce qui crée une sculpture/ événement au bord du bassin de Paddington.

THE ROLLING BRIDGE, LONDON, UK; HEATHERWICK STUDIO
The "Rolling Bridge" is a footbridge that can be rolled up until its two ends touch, creating a sculpture installation on the edge of Paddington Basin.

CONCOURS IVM
IVM COMPETITIONS

SHANGHAI, LITTLE HAPPINESS VOIR/SEE PAGE 194

Le site de l'Expo 2010 de Shanghai, par sa taille et la diversité des fragments qui le composent, offre de multiples possibilités de passages. Le projet mentionné propose une série de petits événements, d'ambiances urbaines pour différents types de parcours personnalisés, des passages à la carte. Les usagers deviennent ainsi créateurs de leur propre expérience spatiale vécue.

Because of its size and range of different components, the Expo 2010 site in Shanghai offers multiple possibilities for passages. The runner-up project proposes a series of small events, urban ambiences for different types of personalized itinerary, a menu of passages. In this way, the users become creators of their own spatial experience.

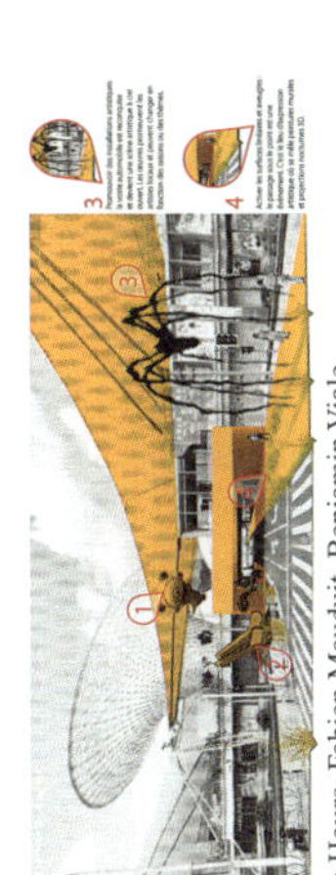

BUENOS AIRES VOIR/SEE PAGE 222

L'enjeu est d'améliorer le passage au-dessus de la voie ferrée et de l'autoroute pour relier le site au bord du fleuve, où est implantée une partie de l'Université.
Le projet lauréat joue sur l'expérience sonore du froissement des lamelles d'aluminium qui servent de couverture au passage, et sur l'expérience visuelle grâce à la création d'une ambiance par un jeu de lumières.

The challenge is to improve the route over the railroad track and expressway to link the site to the riverbank, where part of the University is located.
The winning project plays on the acoustic experience of the rustling of the aluminum strips that cover the passage and on the visual experience created by lighting effects.

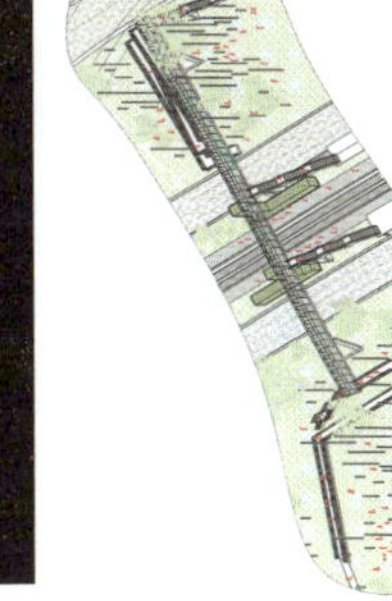

STIMULER L'EXPÉRIENCE EN EXALTANT LES PANORAMAS

STIMULATING EXPERIENCE BY HIGHLIGHTING PANORAMAS

PASSAGE DE LA LIRA, RIPOLL, ESPAGNE ; RCR ARANDA PIGEM VILALTA ET JOAN PUIGCORBÉ ARCHITECTES
La toiture au-dessus du passage-place cadre la vue sur la montagne et offre des perspectives changeantes permettant au visiteur de s'orienter.

PASSAGE DE LA LIRA, RIPOLL, SPAIN; RCR ARANDA PIGEM VILALTA AND JOAN PUIGCORBÉ ARCHITECTS
The roof above the passage - square frames the view over the mountains and offers changing perspectives to help visitors find their way.

© Marc Checinski

© FG+SG photography

PONT PIÉTON DE RIBEIRA DE CARPINTEIRA, COVILHA, PORTUGAL ; JLCG ARCHITECTES
Le passage de plein air offre des vues sur le paysage parcouru. Ici, la passerelle prolongée au-dessus de la vallée escarpée, dévoile des panoramas insoupçonnés qui transforment la traversée en une succession de moments intenses.

RIBEIRA DE CARPINTEIRA FOOTBRIDGE, COVILHA, PORTUGAL; JLCG ARCHITECTS
The open air passage provides views over the surrounding landscape. Here, the footbridge extends above the steep sided valley and reveals unsuspected panoramas that turn the crossing into a succession of intense moments.

CONCOURS IVM
IVM COMPETITIONS

TOURS / SAINT-PIERRE-DES-CORPS, DESIRE LINES VOIR/SEE PAGE 202

L'interstice entre l'autoroute et l'avenue permet à l'équipe finaliste de mettre en place un arrêt de bus sur le futur boulevard Pompidou, et de relier le dessus et le dessous par une structure en résille métallique qui fait signe depuis l'autoroute, symbolisant une porte d'entrée sur les deux villes tout en éveillant la curiosité des conducteurs sur l'agitation du dessous.

In the gap between the freeway and the avenue, the finalist project inserts a bus stop on the future Boulevard Pompidou, and a metal filigree linking these spaces above and below which, visible from the highway, symbolizes an entry to the two towns while at the same time arousing the curiosity of motorists about the vibrancy below.

© Atelier Gama, Mu Architecture, Yasuhiro Kaneda

EXEMPLES
EXAMPLES

MÉTRO DE STOCKHOLM, SUÈDE
Les 90 stations du métro de Stockholm, qui déploient dans leurs couloirs des expositions permanentes et temporaires de quelques 140 artistes, constituent certainement la plus grande galerie d'art du monde.

STOCKHOLM METRO, SWEDEN
The corridors of the Stockholm Metro's 90 stations are home to permanent and temporary exhibitions encompassing some 140 artists, making it probably the world's biggest art gallery.

© AFP

LE PASSAGE COMME GALERIE D'ART

THE PASSAGE AS ART GALLERY

TUNNEL FASHION FAIR, BERLIN, ALLEMAGNE ; TAMSCHICK MEDIA + SPACE GMBH
Six tunnels se transforment en passages immersifs dans des mondes parallèles, via la projection d'images. Poétiques moments de rêverie esthétique, ils font de ces courts chemins, de lointains et spectaculaires voyages durant la Foire de la mode, à Berlin.

FASHION FAIR TUNNEL, TAMSCHICK MEDIA + SPACE GMBH, BERLIN, GERMANY
Six tunnels at the Berlin Fashion Fair are transformed into immersive passages in parallel worlds, through the projection of images of distant places. Poetic moments of esthetic contemplation, they turn these short trips into journeys to remote and spectacular destinations.

© Tamschick Media

BARCELONE BESÒS, PROCESSOS D'INTERCANVI

VOIR/SEE PAGE 182

Le projet finaliste s'appuie sur les graffitis colorés existants sur le site et aux alentours pour faire du passage une galerie de tags sur fond blanc. Un mur est ainsi traité comme une toile qui permet aux jeunes de peindre de nouveaux tags. À chaque changement de saison, il redevient blanc et le jeu recommence.

The finalist project draws on the colorful graffiti already on and around the site to turn the passage into a gallery of tags on a white background. In this way, a wall is treated as a canvas on which taggers can paint new works. With each new season, it is repainted white and the game begins again.

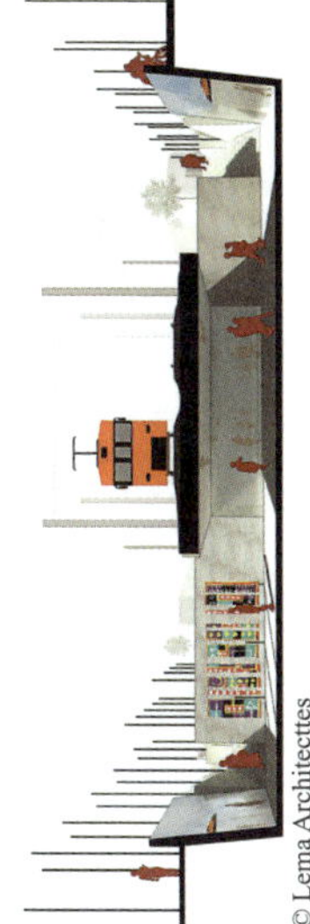
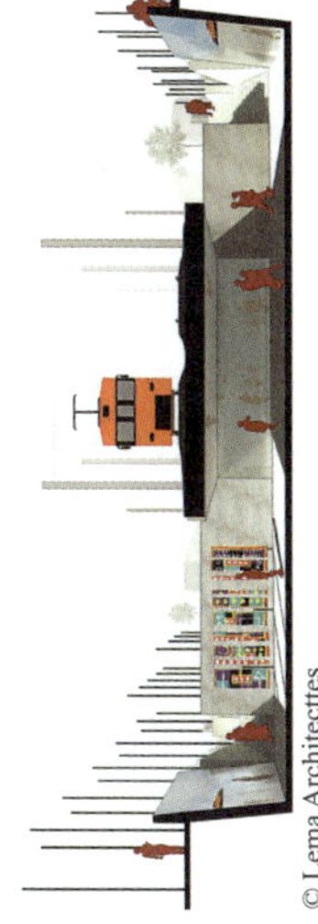
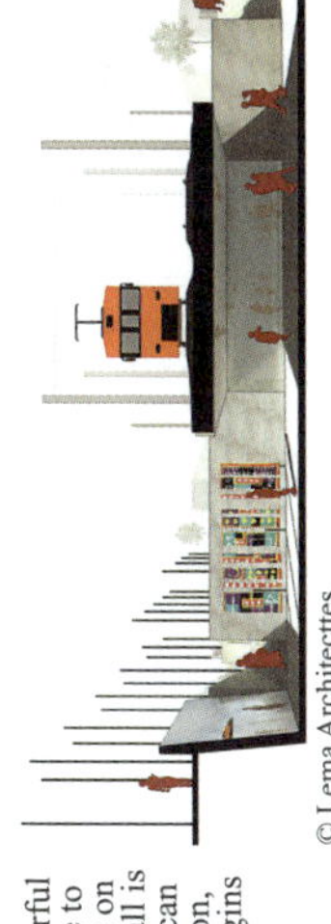

© Lema Architectettes

V. S'APPROPRIER LES PASSAGES COMME ESPACES PUBLICS

ADOPTING PASSAGES AS PUBLIC SPACES

Generally, passages are spaces where movement concentrates. In this sense, these places have a community role, even though access to them is not always open to all.
Specifically, the expansion points near the passage, from which one can observe the movement without taking part or being affected, generate communal areas or new activities addressed to people using the passage.

Généralement, les passages sont des espaces de concentration du mouvement. En ce sens, ces lieux sont à vocation collective, même si leur accès n'est pas toujours ouvert à tout le monde.
Spécifiquement, les endroits de dilatation, à l'écart du passage, d'où l'on peut observer le mouvement sans y prendre part ou en être affecté, donnent lieu à des rassemblements ou à l'installation d'activités au profit des passants.

EXEMPLES
EXAMPLES

© Clément Guillaume

PLACE DE LA RÉPUBLIQUE, PARIS, FRANCE ; TVK ARCHITECTES
Autrefois encerclée par les voitures, aujourd'hui libérée de la circulation sur deux de ses côtés, la place est devenue une plateforme urbaine qui autorise des passages multiples (vélos, bus, piétons) et des modes d'appropriation changeants.

PLACE DE LA RÉPUBLIQUE, PARIS, FRANCE; TVK ARCHITECTS
Previously encircled by cars, but now free of traffic on two of its sides, the square has become an urban platform providing passage for multiple users (bicycles, buses, pedestrians) and characterized by changing forms of appropriation.

© TVK

PASSERELLE PIÉTONNE, CHARLEROI, BELGIQUE ; L'ESCAUT ARCHITECTES
Une « placerelle » (place + passerelle) forme un passage entre les deux rives de l'Escaut, relie le centre ville à la gare, et trouve son prolongement dans le réaménagement des quais en espace public.

FOOTBRIDGE, CHARLEROI, BELGIUM; L'ESCAUT ARCHITECTS
A "placerelle" (square + footbridge) forms a passage between the two banks of the River Escaut, links the town center to the station, and extends to the docks, which are converted into public space.

LES ARCHES DU VIADUC, ZURICH, SUISSE ; EM2N ARCHITECTES
Si la partie supérieure est réservée aux mobilités – au rail s'est adjoint une piste cyclable – au niveau du sol, les arches accueillent un passage, des boutiques et des restaurants, transformant le viaduc en un espace public animé.

THE ARCHES OF THE VIADUCT, ZURICH, SWITZERLAND; EM2N ARCHITECTS
While the upper part is dedicated to mobility, with a cycle track as well as the railway line, at ground level the arches house an arcade passage, shops, and restaurants, turning the viaduct into an animated public space.

© Jiakun Architects

PASSAGE PLACE

PASSAGE SQUARE

WEST VILLAGE, CHENGDU, CHINE ; JIAKUN ARCHITECTS

Ce complexe intègre, à l'échelle d'un îlot, de multiples programmes : trois grands stades professionnels sont situés au centre, tandis qu'une passerelle, entrelacée dans le bâtiment, accueille des loisirs et des activités culturelles, artistiques et sportives. La porosité de cet énorme « bâtiment passage » et ses nombreux espaces collectifs revitalisent la vie publique des communautés environnantes.

WEST VILLAGE, CHENGDU, CHINA; JIAKUN ARCHITECTS

This complex includes multiple programs within a single block: three big professional stadiums are located in the center, while a walkway woven into the building provides a venue for leisure and cultural, artistic, and sports activities. The permeability of this enormous "passage building" and the multiplicity of its collective spaces revitalize public life in the surrounding communities.

© Toshimi Ogasawara

CONCOURS IVM
IVM COMPETITIONS

SHANGHAI, SUN + GATE VOIR/SEE PAGE 196

Des passages qui s'élargissent et se rétrécissent, où la fièvre du mouvement alterne avec la quiétude des espaces dilatés, ouvrent systématiquement l'option de places de rassemblement reliées entre elles par des cheminements clairement définis.

Passages that widen and narrow, where feverish movement alternates with the serenity of wider spaces, invariably generate the option of community squares linked together by clearly defined pathways.

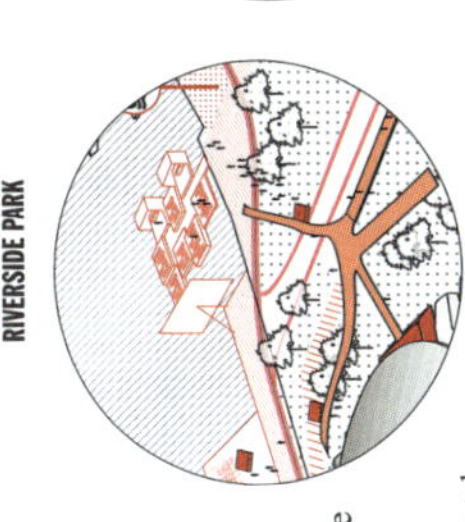

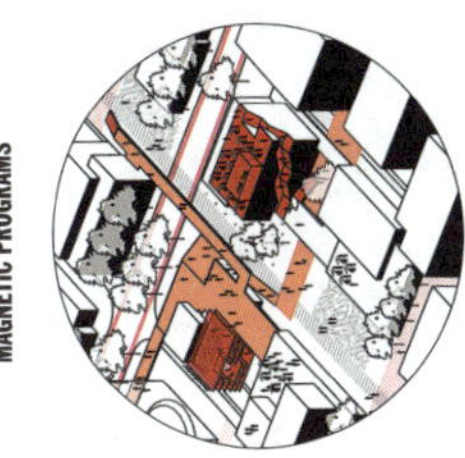

THE LANE

© Pierre-Marie Auffret, Vincent Hertenberger, Agathe Lavielle

© Gerald Botha / *in Working in Warwick: Including Street Traders in Urban Plans*

WARWICK TRIANGLE, DURBAN, AFRIQUE DU SUD ; DESIGNWORKSHOP (ANDREW MAKIN) & ASIYE ETAFULENI

Plus grand hub intermodal de Durban, lieu d'arrivée quotidienne des travailleurs de toute la région vers la ville, Warwick Junction était une zone très dangereuse. Traversé par des infrastructures délabrées, surplombé par une bretelle d'autoroute inachevée, il abritait de nombreuses activités commerciales, souvent illicites, et des marchés spontanés.

WARWICK TRIANGLE, DURBAN, SOUTH AFRICA; DESIGNWORKSHOP (ANDREW MAKIN) & ASIYE ETAFULENI

Durban's biggest intermodal hub, the daily arrival point in the city for workers from the entire region, Warwick Junction was a very dangerous area. Crisscrossed by dilapidated infrastructures, overhung by an uncompleted freeway access ramp, it was a place of buying and selling of all kinds, some illegal, and for spontaneous markets.

© Gerald Botha / *in Working in Warwick: Including Street Traders in Urban Plans*

Depuis 1995, avec le soutien du gouvernement de la ville, l'ONG Asiye eTafuleni a animé un dispositif de concertation avec les habitants, les vendeurs de rue, la police, pour renouveler le lieu en profondeur. Avec l'agence Designworkshop, ils ont comblé les brèches, ajouté des escaliers et des passerelles pour rétablir des circulations et des connexions interrompues et sortir le quartier de sa situation d'impasse. Les activités autrefois reléguées et interdites sont aujourd'hui valorisées et structurées dans tous les lieux de passage, de sorte que la visite du marché de Warwick est aujourd'hui une véritable expérience pour les sens : Pont de la Musique, Marché de la Médecine Traditionnelle, marché de légumes, de livres, barbiers...

Since 1995, with the support of the municipal government, the NGO Asiye eTafuleni has headed a consultation process with local residents, street traders, and the police, to give the area a complete overhaul. With the Designworkshop Office, they have filled in the gaps, and added staircases and walkways in order to re-establish the interrupted itineraries and connections and open up the neighborhood to its surroundings. Previously excluded and forbidden activities are now valued and structured at all points of passage, to the extent that visiting Warwick Market has become a feast for the senses: Music Bridge Market, Traditional Herb and Medicine Market, vegetable market, book market, barbers...

CHAQUE JOUR, AU TRIANGLE WARWICK :

460 000 PIÉTONS

300 BUS

1 550 TAXIS COLLECTIFS

166 000 UTILISATEURS DES TRANSPORTS PUBLICS

38 000 VÉHICULES

8 000 VENDEURS INFORMELS

WARWICK JUNCTION, DAILY:

460,000 PEDESTRIANS

300 BUSES

1,550 MINIBUS TAXIS

166,000 PUBLIC TRANSIT PASSENGERS

38,000 VEHICLES

8,000 STREET TRADERS

PASSER DU PLUS DANGEREUX AU PLUS AGRÉABLE

FROM DANGER TO PLEASURE

Les dessous de l'infrastructure permettent aujourd'hui la coexistence des piétons, des flâneurs, avec les véhicules (voitures, bus, minibus, taxis...). Warwick Triangle est un passage au sens propre comme au figuré qui relie la ville constituée, blanche, mondialisée à la ville informelle et traditionnelle.

The undersides of the infrastructure have been arranged so that pedestrians and strollers can coexist with motorized vehicles (cars, buses, minibuses, taxis...). Warwick Triangle represents a passage—both literal and figurative—linking the white, globalized, structured city to the informal and traditional city.

© Dennis Gilbert / Designworkshop

© Ramiro Chiriotti Alvarez, Carla Compte, David Fontanils

CONCOURS IVM
IVM COMPETITIONS

MONTCADA I REIXAC, ESPAI CONTINUM, ACTITVITAT DIVERSUM VOIR/SEE PAGE 189

Le projet lauréat transforme un délaissé en un espace d'opportunité spectaculaire qui accueille des activités de loisirs et de récréation. L'intervention, minimale, vise à nettoyer, ordonner le stationnement illicite, à dessiner un espace graphique et visuel, à poser des boîtes thématiques colorées (café, librairie, informations...). L'infrastructure devient une destination plaisante et un espace de promenade.

The winning project converts a wasteland into a spectacular opportunity space which is home to leisure and recreational activities. The intervention is minimal: a cleanup, regulation of illegal parking, the design of a graphic and visual space, the introduction of themed and coloured boxes (cafe, bookshop, information...). The infrastructure becomes a pleasant destination and a strolling area.

VI. INVENTER DE NOUVEAUX PROCESSUS ET MODES DE GOUVERNANCE

DEVISING NEW PROCESSES AND GOVERNANCE MODELS

Operations on passages are often dependent on a complex interplay of actors whose immediate interests can be opposed to the positive longer term effects for citizens. If the passage is to be implemented, it requires both commitment by users and the development of an appropriate form of governance.
It is therefore essential to devise tailored and phased processes within which the implementation of passages is founded on shared objectives and initiatives.

Les interventions sur les passages sont souvent tributaires d'un jeu complexe d'acteurs dont les intérêts immédiats peuvent s'opposer aux effets positifs à plus long terme pour les citadins. Rendre possible la réalisation du passage nécessite autant l'adhésion des usagers au projet, que le développement d'une forme de gouvernance adéquate.
Inventer des processus sur mesure et séquencés dans le temps, afin de permettre la réalisation des passages autour d'objectifs et d'actions partagés, s'avère indispensable.

UNE MULTIPLICITÉ D'ACTEURS

À Rotterdam, les habitants du quartier Hofplein, enclavé entre la voie rapide et la voie ferrée qui l'entourent, réclamaient une passerelle que la municipalité leur refusait, faute d'argent.

Une mobilisation unique des habitants, des associations et des entreprises locales autour des architectes de l'agence Zone Urbaine Sensible a permis de réaliser, entre 2011 et 2015, d'une passerelle aérienne de 400 mètres de long reliant trois quartiers, un incubateur de nouvelles entreprises, un parc, une aire de jeux, un jardin potager, des espaces publics accueillant des manifestations culturelles... Cette initiative citoyenne autour d'un véritable laboratoire urbain illustre les possibilités de concevoir, financer et gérer la ville autrement.

MULTIPLE ACTORS

In Rotterdam, the inhabitants of the Hofplein district, an area trapped in isolation between the expressway and the railway line, were requesting a bridge from the municipality, but were turned down on financial grounds.

In response, residents, citizen groups, and local companies joined forces with architects from the firm Zone Urbaine Sensible to build a 400 m long overhead walkway linking three neighborhoods, a new business incubator, a park, a play area, a vegetable garden, and public spaces for cultural events... This citizen initiative—a kind of urban laboratory—illustrates the potential of different ways to design, finance and manage the city.

© Ossip van Duivenbode

© Ossip van Duivenbode

LE PASSAGE LUCHTSINGEL, ROTTERDAM, PAYS-BAS, ZUS PAYSAGISTES.
LUCHTSINGEL PASSAGE, ROTTERDAM, NETHERLANDS, ZUS LANDSCAPE ARCHITECTS

CONCOURS IVM
IVM COMPETITIONS

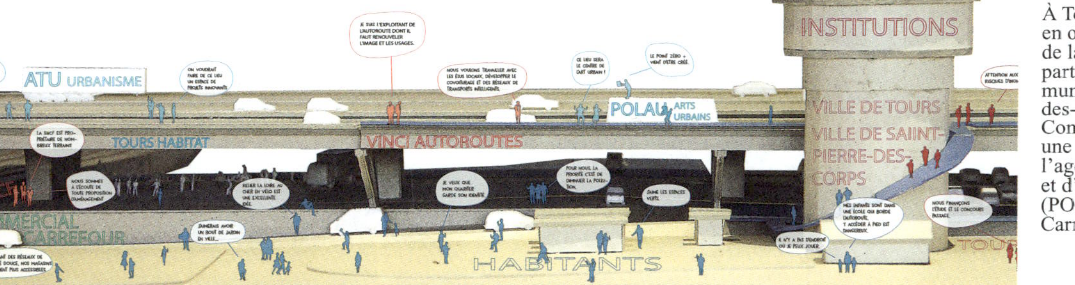

© IVM, à partir de la maquette de BAU 15 - IVM, based on BAU 15 model

TOURS / SAINT-PIERRE-DES-CORPS, MICRO-POROS VOIR/SEE PAGE 204

À Tours & Saint-Pierre-des-Corps, la mise en œuvre du projet lauréat rassemble autour de la maîtrise d'œuvre une quinzaine de partenaires et usagers du site : la SNCF, les municipalités de Tours et de Saint-Pierre-des-Corps, VINCI Autoroutes, le centre Commercial, des associations de riverains, une école, la communauté d'agglomération, l'agence d'urbanisme, le centre de recherche et d'expérimentation sur les Arts Urbains (POLAU), l'Etat déconcentré, IKEA, Carrefour, les associations de cyclistes...

In Tours & Saint-Pierre-des-Corps, the project management for the implementation of the winning project involves some fifteen partners and site users: the SNCF railway company, Tours and Saint-Pierre-des-Corps municipalities, VINCI Autoroutes, the Shopping Centre, local residents associations, a school, the district, the urban planning agency, the Urban Arts Research and Experiment Centre (POLAU), central government outreach, IKEA, Carrefour, cycling associations...

© Ossip van Duivenbode

© Ossip van Duivenbode

IMPLIQUER TOUS LES USAGERS …JUSQU'AU FINANCEMENT PARTICIPATIF

Pour la première partie de la passerelle en 2011, la campagne de financement participatif « I make Rotterdam » a été lancée. À partir de 25 euros, toute personne désireuse de contribuer au projet pouvait acheter une planche de bois marquée de son nom. En 2012, la notoriété de Luchtsingel, lauréat de plusieurs prix, a finalement convaincu les autorités qui ont financé le développement du projet. Plus de 8000 planches ont été vendues.

INVOLVING ALL USERS …UP TO CROWDFUNDING

The first part of the bridge began in 2011 with the launch of the "I make Rotterdam" crowdfunding campaign. Starting from 25 euros, anyone wishing to contribute to the project could buy a wooden plank with their name on it. In 2012, the fame of the Luchtsingel Bridge, winner of several prizes, finally convinced the authorities, who funded the development of the project. In all, more than 8000 planks were sold.

CONCOURS IVM
IVM COMPETITIONS

TOURS / SAINT-PIERRE-DES-CORPS, POINT ZÉRO PLUS VOIR/SEE PAGE 202

Trois temps pour la réalisation fondée sur une stratégie de gouvernance impliquant tous les acteurs locaux à chaque étape de la réalisation et de la gestion (villes, associations sportives et culturelles, entreprises, usagers).

Three steps for an implementation founded on a governance strategy that involves all the local players at each stage of implementation and operation (municipalities, sports and cultural organizations, businesses, users).

t1 • RECYCLER LA LEVEE
faire du risque un acte culturel

LES ACTEURS

© atelier georges & partenaires

t2 • POMPIDOU DEVIENT PASSAGE
activer la surface et faire signal

t3 • LE PARC FERROVIAIRE
une infrastructure urbaine

TORONTO, ON THE WAY TO SHEPPARD PARKWAY VOIR/SEE PAGE 200

L'équipe lauréate liste des recommandations pour la Municipalité et Metrolinx afin que ce quartier périphérique devienne un modèle d'accessibilité aux systèmes de transport. Elle propose une multitude de petites interventions, d'initiatives de co-création et de projets d'urbanisme intelligents autour de la nouvelle ligne de train urbain, avec notamment un réseau de parcours aménagés et éclairés. Ce paysage de mobilités et de passages est baptisé « Promenade Sheppard ».

The winning team gives a list of recommendations for the Municipality and Metrolinx to make this peripheral district a model of transit system accessibility. It proposes a host of small interventions, codesign initiatives, and smart urbanism projects around the new urban train line, notably with a structured network of well lit paths. This landscape of mobilities and passages is named "Sheppard Promenade."

DIX RECOMMANDATIONS
À LA MUNICIPALITÉ ET À METROLINX

> Commencez par placer les arrêts du LRT au milieu du quartier afin de mieux relier les passages
> Élaborez un programme relatif à l'eau (infiltration et rétention)
> Donnez une identité visuelle au LRT en intégrant des arbres
> Là où le LRT traverse un ravin, ouvrez une perspective sur le vaste paysage urbain
> Variez les ambiances lumineuses pour offrir une expérience attractive et harmonieuse
> Complétez le LRT par une politique cyclable (vélopartage, etc.)
> Faites appel à des entreprises de petite et moyenne taille
> Élaborez un programme social pour accompagner la mise en place du LRT
> Établissez un programme de durabilité (eau, énergie, matériaux, etc.)
> Ne négligez pas les espaces ouverts et les terrains péri-urbains inexploités dans votre projet d'aménagement
> À travers cette multitude de petites interventions, d'initiatives de co-création et de projets d'urbanisme intelligents, ce quartier péri-urbain pourrait devenir un quartier modèle, pourvu de logements attractifs dans un paysage accessible et opérationnel, baptisé promenade de Sheppard.

TEN RECOMMENDATIONS
FOR THE CITY AND METROLINX

> Start with midblock stops that better connect with neighborhood passages
> You need to have a water agenda of infiltration and retention
> Room for trees in the profile build the identity of your LRT
> When LRT passes the ravines, open up to that city wide landscape
> Use variation in light ambience as attraction, experience and rhythm
> Complement the LRT with a bicycle agenda (bikeshare...)
> Engage with small and medium size developers/development
> Set up a social program that flanks the LRT implementation
> Raise the sustainability agenda (H2O, energy, materials...)
> Open space and underused land in the suburbs can be part of the development idea
> Through such multitude of small operations, cocreation initiatives and intelligent urban design and planning this suburbian neighborhood could be on the way to becoming an example district, well served with attractive housing in an accessible and operational landscape, hence Sheppard Parkway.

© Delva Landscape Architects & plusoffice architects

PASSAGES À L'ACTE
TAKING ACTION

CONCOURS PROFESSIONN DE L'IVM

IVM'S PROFESS COMPETITIONS

ELS

ONAL

PASSAGES EN PROJETS : LES CONCOURS PROFESSIONNELS

PASSAGES IN PRACTICE: THE PROFESSIONAL COMPETITIONS

As part of its international Passages program, City on the Move launched, between October 2014 and July 2015, a series of professional architecture and urban design competitions in six municipalities in Sant Adrià del Besòs east of Barcelona, Barcelona Metropolitan Area, Shanghai, Toronto, and Tours / Saint-Pierre-des-Corps.
Located on specific sites, these competitions inspired innovative procedures: selection of initial ideas from entry submissions, production workshops with local players in Shanghai, Tours and Toronto; presentation sessions prior to the international jury meeting, then the selection of winners.
These competitions attracted 270 multidisciplinary teams made up of architects, urbanists, landscape architects, designers, scenographers, engineers, philosophers and sociologists—some 1000 professionals from some 40 different nationalities.
Starting with standout situations, with local partners and a network of international experts, new ways of doing things were developed, based on surveys of practices, in situ workshops and collaborations with young designers, with the aim of designing low-cost projects for implementation.
The solutions proposed, sometimes architectural or landscape related, sometimes organizational, show that with greater involvement from the different protagonists, and their awareness of all their varying responsibilities, it is possible to devise specific responses for each situation.

Dans le cadre du programme international Passages, l'Institut pour la ville en mouvement a lancé, entre octobre 2014 et juillet 2015, une série de concours professionnels d'architecture et d'urbanisme à Sant Adrià del Besòs à l'est de Barcelone, dans six communes de l'Aire Métropolitaine de Barcelone, à Shanghai, Toronto et Tours / Saint-Pierre-des-Corps.
Localisés sur des sites précis, ces concours ont donné lieu à des procédures originales : sélection sur dossier d'une première intention, ateliers de production (workshops) sur place avec les acteurs locaux à Shanghai, Tours et Toronto ; séances de présentation intermédiaire au jury international puis sélection des lauréats.
270 équipes interdisciplinaires, réunissant architectes, urbanistes, scénographes, ingénieurs, paysagistes, artistes, designers, philosophes, sociologues, soit environ 1000 professionnels d'une quarantaine de nationalités, ont participé à ces consultations.
Partant de situations emblématiques, ont ainsi été élaborées, avec des partenaires locaux et tout un réseau d'experts internationaux, de nouvelles manières de faire, fondées sur des enquêtes d'usage, des ateliers in situ, des appels aux jeunes concepteurs pour déboucher sur des projets réalisables à moindre coût.
Les solutions proposées, tantôt architecturales ou paysagères, tantôt organisationnelles, démontrent qu'en associant plus largement les différents protagonistes, qu'avec une prise de conscience des responsabilités de chacun et de tous, il est possible de concevoir des réponses spécifiques à chaque situation.

CONCOURS IVM
IVM COMPETITIONS

BARCELONA 1

ORGANIZERS Consorcí del Besòs with Col·legi d'Arquitectes de Catalunya

FROM CITY TO SEA, SANT ADRIÀ DEL BESÒS

A situation that recurs all along the Catalan coast and everywhere in the world: how to convert a passage under the coastal railway into a welcoming public space through which the local people can easily access the seafront?

THE CHALLENGES To revive the link between sea, city, and river; to cross the railway; to design the passage as a key element, a pivotal point in the planned renovation of the area, an international micro-hub.

Two-phase international competition open to all professionals in architecture, urbanism or design.
29 proposals. 5 finalists. 1 winner.

BARCELONE 1

ORGANISATEURS Consorcí del Besòs avec le Col·legi d'Arquitectes de Catalunya

DE LA VILLE À LA MER, SANT ADRIÀ DEL BESÒS

Une situation qui se répète sur toute la côte catalane et partout dans le monde : comment transformer un espace public accueillant qui facilite l'accès des habitants au littoral ?

LE DÉFI Renouer le lien mer-ville-fleuve ; franchir la voie ferrée ; penser le passage comme un élément clé, point d'étape de la rénovation prévue de la zone ; le concevoir comme un micro-hub international.

Concours international en 2 phases, ouvert à toutes personnes majeures professionnelles de l'architecture, de l'urbanisme ou du design.
29 propositions. 5 finalistes. 1 lauréat.

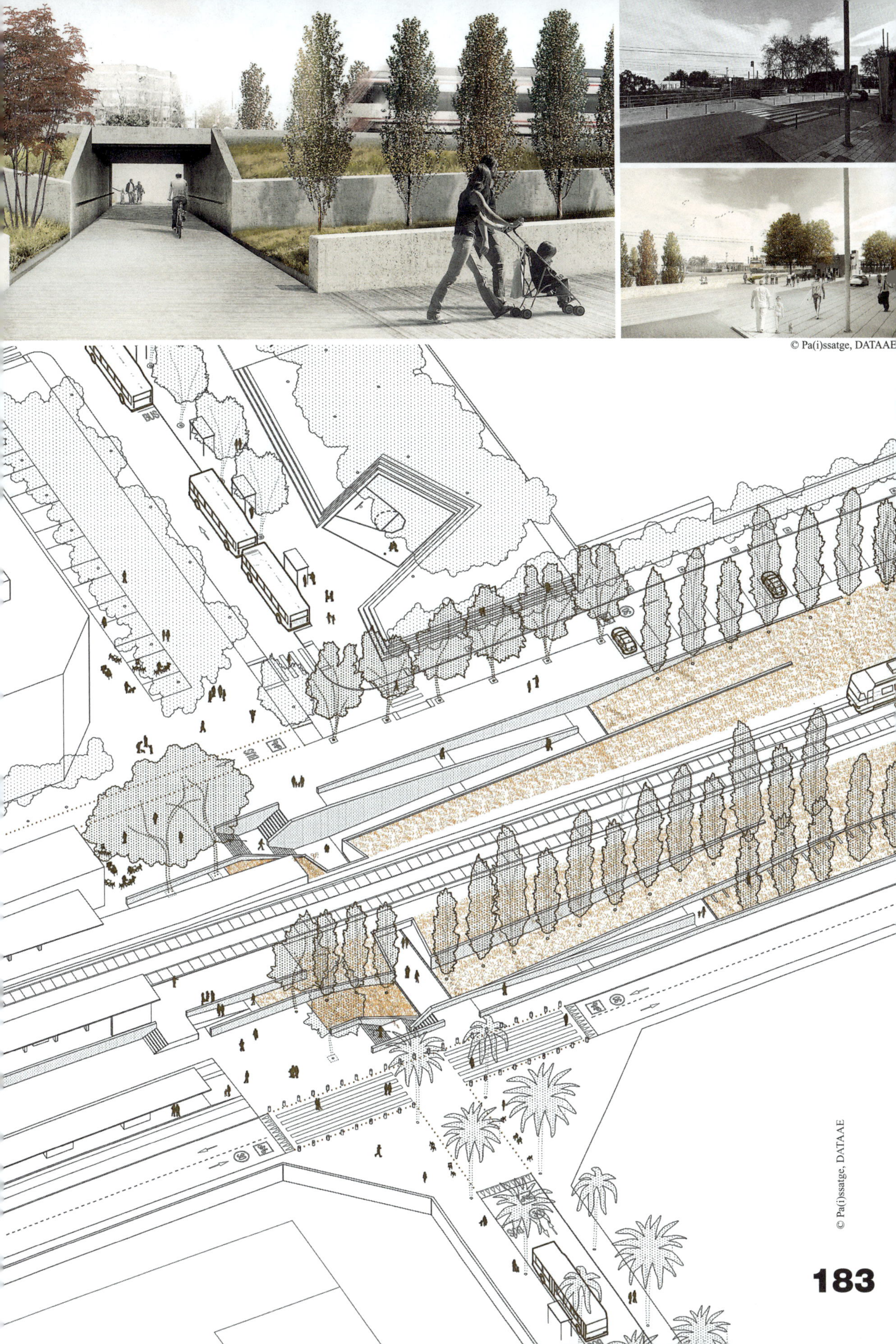

© Pa(i)ssatge, DATAAE

CONCOURS IVM
IVM COMPETITIONS

BARCELONE 1
BARCELONA 1

LES LAURÉATS THE WINNERS

PA(I)SSATGE
DATA ARQUITECTURA I ENGINYERIA S.L.P. (ES)

L'idée principale de la proposition est une non-intervention qui permettra non seulement de renforcer la continuité visuelle entre la mer et les montagnes mais aussi d'améliorer l'accès public au système de tramway le long du littoral. Au lieu de réaliser de nouvelles structures qui consolideraient le passage actuel, il s'agit de reconfigurer ses éléments de manière à améliorer leur valeur paysagère.
Le projet développe trois stratégies principales :

PAYSAGE Démolition partielle des parois transversales situées à l'extrémité des rampes pour amplifier l'espace, ajouter de la lumière et ouvrir de nouvelles perspectives visuelles.

VILLE L'espace rénové fonctionnera comme une place centrale agréable, pacifiée, donnant la priorité aux piétons et notamment un meilleur accès à tous les moyens de transport public : train, tram et bus.

DÉVELOPPEMENT DURABLE Le matériau issu de la démolition est recyclé pour former de nouveaux murs.

The main idea in the proposal is a non-intervention that will not only have the effect of reinforcing the visual continuity between the sea and the mountains but will also improve public access to the coastal tram system: instead of building new structures that would consolidate the existing passage, the idea is to reconfigure its components in order to improve their landscape quality.
The project develops three primary strategies:

LANDSCAPE Partial demolition of the transversal barriers situated at the end of the ramps to enlarge the space, admit more light and open up new visual perspectives.

CITY The renovated space will act as a pleasant and peaceful central square, giving priority to pedestrians and in particular better access to all the transit resources: train, tram, and bus.

SUSTAINABILITY The rubble from demolition is recycled to form new walls.

© Consorci del Besòs

© Pa(i)ssatge, DATAAE

2016
Les propositions des équipes lauréates se concrétisent : l'équipe DATAAE réalise une première mission d'avant-projet pour l'aménagement des accès au tunnel sous la voie ferrée.

2016
The winning teams' proposals are becoming a reality. The DATAAE team has completed a first pre-project commission for the design of the accesses to the tunnel under the railway line.

4 ÉQUIPES FINALISTES
4 FINALISTS

ATTESA, Lacomba setoain arquitectos asociados SLP, Eduard Bru Bistuer (ES)

EL PASSATGE DE LA LUM, Sensual City Studio (FR)

PROCESSOS D'INTERCANVI, Estudi arquitectura Toni Gironès (ES)

SUBSOL-SOL-VOL, UTE Franc Fernández, Antonio Ravalli, Xavier Vancells (ES)

BARCELONA 2

ORGANISERS Àrea Metropolitana de Barcelona with Col·legi d'Arquitectes de Catalunya

6 METROPOLITAN PASSAGES IN THE BARCELONA AREA

Between the Besòs and Llobregat Rivers, in the municipalities of Badalona, Montcada and Reixac, between Ripollet and Cerdanyola, Sant Cugat del Vallès, between Molins de Rei and Sant Vicenç dels Horts and Hospitalet de Llobregat: passages to be reopened, converted, and created under infrastructures, on highways, between parks and railway lines...

BARCELONE 2

ORGANISATEURS Àrea Metropolitana de Barcelona avec le Col·legi d'Arquitectes de Catalunya

6 PASSAGES MÉTROPOLITAINS DANS L'AIRE DE BARCELONE

Entre les fleuves du Besòs et du Llobregat, dans les municipalités de Badalona, Montcada et Reixac, entre Ripollet et Cerdanyola, Sant Cugat del Vallès, entre Molins de Rei et Sant Vicenç dels Horts et Hospitalet de Llobregat : des passages à rouvrir, transformer, inventer sous les infrastructures, sur les autoroutes, entre les parcs et les voies ferrées...

1A
BADALONA
À TRAVERS LA C31
THROUGH THE C31

1B
MONTCADA I REIXAC
PASSAGE ARTICULATEUR
ARTICULATING PASSAGE

2C
CERDANYOLA DEL VALLÈS, RIPOLLET
AXE CIVIQUE
CIVIC AXIS

2D
SANT CUGAT DEL VALLÈS
PASSAGE INTERURBAIN
INTERURBAN PASSAGE

3E
MOLINS DE REI, SANT VINCENÇ DELS HORTS
NŒUD DE CENTRALITÉ
CENTRALITY NODE

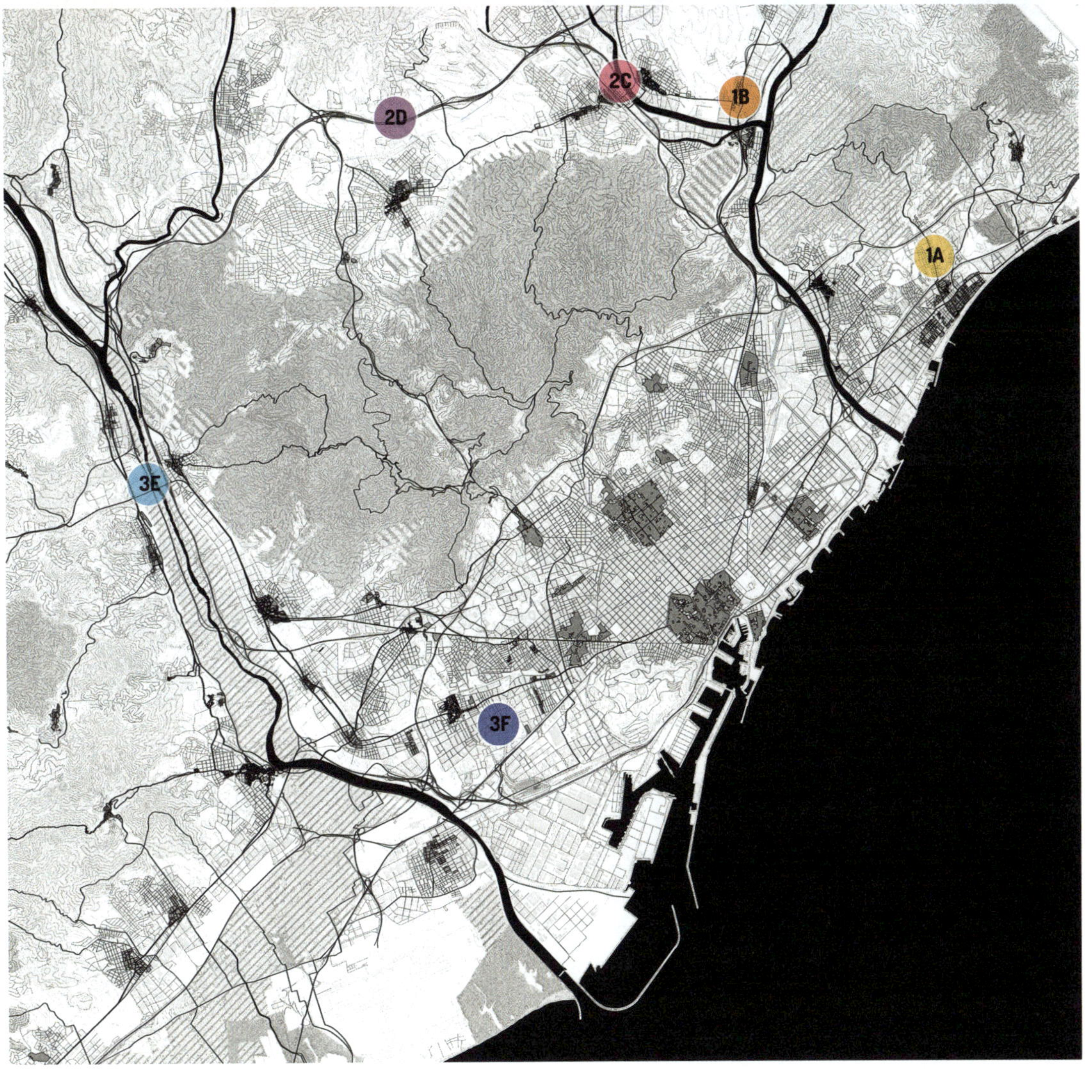

© AMB

LES DÉFIS Lire le territoire métropolitain à partir d'une analyse des barrières ; penser des petites interventions immédiates et stratégiques afin de connecter des territoires métropolitains.

Trois appels à concours nationaux consécutifs, ouverts et anonymes, pour des équipes pluridisciplinaires.
50 propositions, 6 équipes lauréates, 10 mentionnées.

THE CHALLENGES To interpret the metropolitan area through an analysis of its barriers; to devise small, immediate, and strategic interventions that will connect metropolitan areas.

Three consecutive national calls for open and anonymous competition entries, for multidisciplinary teams.
50 proposals, 6 winning teams, 10 runners-up.

CONCOURS IVM
IVM COMPETITIONS

BARCELONE 2
.../ BARCELONA 2

© AMB

1A BADALONA

UN PASSAGE À TRAVERS LA C-31
A PASSAGE ACROSS THE C-31

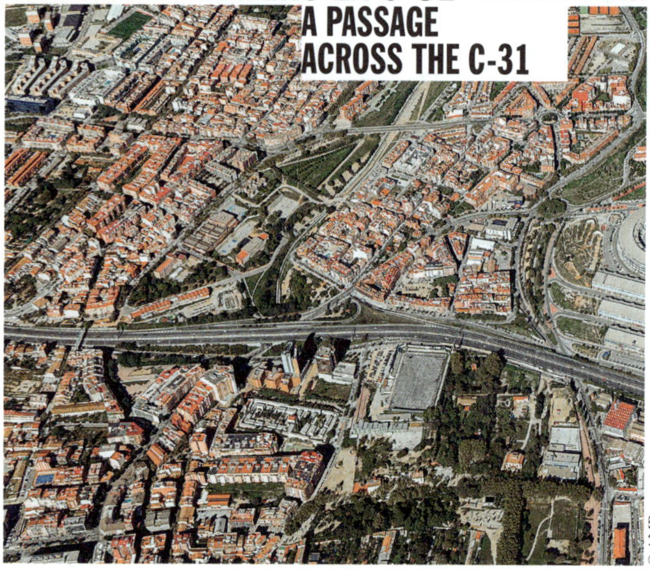

© AMB

PROJETS MENTIONNÉS
RUNNERS-UP

PAISATGE INFRAESTRUCTURAL, Gerardo Pérez de Amezaga Tomas, Pablo Villalonga Munar

ARQUA, Natalia Alesina

UNBREAKING BADALONA, Javier Hernani, Antonio Ferrari, Marc Marín, Laia Bellver, Sergio Azpiroz, Rakel Vázquez

LES ENJEUX Amélioration des abords de la rivière Torrent de la Font, qui constitue une coulée verte perpendiculaire à la côte et à la Sierra de Marin, et intégration de l'autoroute urbaine dans un espace fragmenté par les voies expresses.

THE OBJECTIVES To improve the surroundings of the Torrent de la Font River, a green strip perpendicular to the coast and Sierra de Marina, and to integrate the urban freeway in a territory fragmented by the expressways.

1B MONTCADA I REIXAC

UN PASSAGE ARTICULÉ

AN ARTICULATED PASSAGE

© AMB

© Adrià Goula

LES ENJEUX Améliorer les articulations sur un territoire situé entre la gare centrale de Montcada i Reixac et celle de Montcada Ripollet dans le quartier de Mas Rampinyo, alors que les deux voies ferrées, le fleuve Ripoll et le viaduc de la C-33 entravent la continuité et l'accessibilité du tissu urbain.

THE OBJECTIVES To improve connections in an area situated between Montcada i Reixac station in the center of Montcada, and Montcada Ripollet Station in the Mas Rampinyo district, whereas the two railway lines, the Ripoll River and the C-33 road viaduct interrupt the continuity and accessibility of the urban fabric.

DEUX LAURÉATS
TWO WINNING PROJECTS

BY PASS

MÒNICA BEGUER JORNET, JAVIER MATILLA, CRISTÓBAL MORENO, MARÍA BENI, ELIA HERNANDO

Montcada i Reixac est constituée de différents quartiers à forte identité, auxquels les habitants sont attachés. Le passage, élément de connexion entre ces quartiers, devra tenir compte des traces existantes.

Montcada i Reixac is a town of different neighborhoods, each with a strong identity to which the residents are attached. The passage—an element linking the neighborhoods—needs to recognize the existing traces.

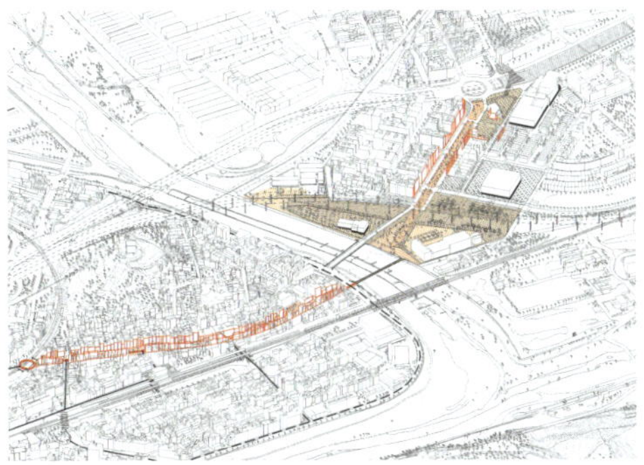

ESPAI "CONTINUM", ACTIVITAT "DIVERSUM"

RAMIRO CHIRIOTTI ALVAREZ, CARLA COMPTE, DAVID FONTANILS

Dans l'aire métropolitaine de Barcelone, sur le vaste terrain plat formé par la vallée sous le viaduc autoroutier, la boîte à outils proposée par l'équipe lauréate prend la forme de containers préfabriqués à utilisations variées, qui offrent des moments de repos et de passage dans la promenade entre les deux quartiers situés sur les versants du vallon.

In the Barcelona Metropolitan Area, on the extensive flat land formed by the valley under the elevated freeway, the toolbox proposed by the winning team takes the form of prefabricated containers with different uses, which offer opportunities for a break along the hike that connects the two districts on either side of the valley.

…/ BARCELONE 2
BARCELONA 2

CONCOURS IVM
IVM COMPETITIONS

2C
CERDANYOLA DEL VALLÈS, RIPOLLET

UN PASSAGE COMME AXE CIVIQUE
A PASSAGE AS CIVIC LINK

© AMB

© AMB

LES ENJEUX Améliorer l'axe piéton entre Cerdanyola del Vallès et Ripollet, qui relie la gare de chemin de fer et le centre-ville de Ripollet et développer un axe métropolitain intermodal.

THE OBJECTIVES
To improve the pedestrian link between Cerdanyola del Vallès and Ripollet, which connects Cerdanyola-Ripollet rail station and Ripollet city center, and to provide an intermodal metropolitan axis.

LES LAURÉATS THE WINNERS
CB45PT
ADRIÀ ORRIOLS CAMPS, JOAN MASSAGUÉ SÁNCHEZ

Le projet propose un nouveau rythme urbain, lié aux parcours des usagers, via l'insertion d'une série d'objets architecturaux, comme autant d'éléments abstraits, indépendants les uns des autres et différents selon leur environnement.

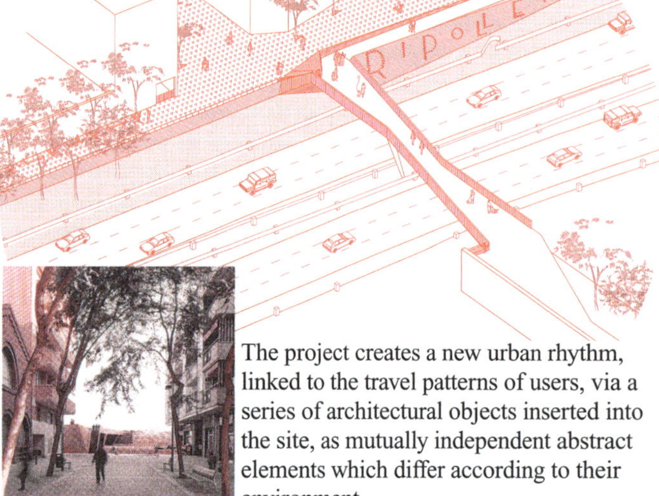

The project creates a new urban rhythm, linked to the travel patterns of users, via a series of architectural objects inserted into the site, as mutually independent abstract elements which differ according to their environment.

PROJETS MENTIONNÉS
RUNNERS-UP

DE CAJÓN, Javier Hernani López, Marc Marin Webb, Laia Bellver, Rakel Vázquez Gómez, Miguel López Atarés

1, 2, 3, Laura Coma Fusté, Alex Alesina Donada, Joana Descals Martín, Helena Arnaste Pérez, Sandra Alcázar Torrecillas

2D
SANT CUGAT DEL VALLÈS 2D

UN PASSAGE INTERURBAIN
AN INTERURBAN PASSAGE

© AMB

© AMB

LES ENJEUX Développer une continuité urbaine à l'échelle métropolitaine qui conjugue les différentes mobilités et donne sa place aux mobilités douces, dans un parc naturel suburbain traversé par des rivières et à la topographie variée.

THE OBJECTIVES To develop an urban continuity at metropolitan level that combines different forms of mobility and leaves room for walkers and cyclists in a natural suburban park characterized by rivers and a varied topography.

LES LAURÉATS THE WINNERS
ANELL VERD
CARLES ENRICH GIMÉNEZ, RAFEL CAPÓ, ANNA DE CASTRO CATALÀ

Le projet propose de (r)ouvrir trois passages à des endroits judicieux sous l'autoroute, (r)établissant la continuité de cheminements en reliant les deux rivières. Il crée ainsi un enchainement de paysages naturels et met à profit les corridors écologiques existants pour tisser une maille verte qui organise le territoire, en particulier pour les déplacements de mobilité douce.

The project proposes (re)opening three passages at carefully placed locations under the freeway, (re-)establishing continuity by linking the two rivers. In this way, it creates a sequence of natural landscapes and uses the existing ecological corridors to form a green grid that structures the area, in particular for cyclists and walkers.

CONCOURS IVM
IVM COMPETITIONS

3E
MOLINS DE REI, SANT VICENÇ DELS HORTS

UN PASSAGE COMME NŒUD DE CENTRALITÉ
A PASSAGE AS NODAL HUB

© AMB

LES ENJEUX Améliorer les relations interurbaines entre les usagers et des espaces à valeur écologique paysagère, dans le Cervello et le parc agricole du Llobregat, à la jonction entre la N-340 sur la rivière du Llobregat et les deux municipalités.

THE OBJECTIVES To improve interurban relations between users and areas of high environmental and landscape value, in the Cervello and Llobregat agricultural park, at the junction between the N-340 on the Llobregat river and the edges of the two municipalities.

LES LAURÉATS THE WINNERS

PASSATGE A LA IDENTITAT

FERRAN VILADOMAT SERRAT, CARLES ESQUERRA JULIÀ

Deux passages sur le pont et au bord du ruisseau relient les municipalités de San Vicente dels Horts et de Molins de Rei via, et forment une promenade qui connecte les parcelles agricoles du lit de la rivière. Le pont, autrefois abandonné, redevient un axe vert et un élément de franchissement.

Two passages on the bridge and by the river banks link San Vicente dels Horts and Molins de Rei municipalities and offer a footpath which connects the farming plots located in the riverbed. The previously abandoned bridge now becomes a green axis and a crossing point.

PROJETS MENTIONNÉS
RUNNERS-UP

FILAR PRIM, Laura Coma Fusté, Alex Alesina Donada, Helena Arnaste Pérez, Joana Descals Martín, Sandra Alcázar Torrecillas

RECICLAR EL PAISAJE TECNOCRÁTICO, Alessandra Caprini, Oscar Arroyo, Valentina Molinari

© AMB

FÒRUM KMO, Catalina Salvà Matas, Héctor Ortín Isern

3F L'HOSPITALET DE LLOBREGAT

UN PASSAGE COMME INTERCHANGEUR MÉTROPOLITAIN

A PASSAGE AS METROPOLITAN INTERCHANGER

© AMB

LES ENJEUX À l'intersection d'une rue, d'une ancienne voie ferrée, de deux gares et du quartier de Bellvitge Gornal : que connecter ? Pour qui, comment et pourquoi?

THE OBJECTIVES At the intersection of a street, a former railway track, two stations, and the district of Bellvitge Gornal: what are we connecting? Who for, how and why?

LES LAURÉATS THE WINNERS

LES VIDES DEL PONT

ADRIÀ GUARDIET LLOTGE, PERE BUIL CASTELLS, TONI RIBA GALÍ, SANDRA TORRES MOLINA.

Une passerelle pour les piétons et les mobilités douces permettra dans un premier temps de relier, par une intervention simple, les deux quartiers. Ce passage constitue le point de départ d'une transformation urbaine, l'enjeu étant à terme la couverture des voies routières et ferrées dans leur intégralité.

A footbridge, also accessible to cyclists and other users of green modes, will initially provide a simple way of linking the two neighborhoods. This passage constitutes the starting point for an urban transformation, encompassing all the roads and railways.

© AMB

PROJETS MENTIONNÉS RUNNERS-UP

ON TOT POT PASSAR, Mikko Liski

VINCLE, Hèctor Nevot Lloret, Israel Raluy Samitier

© IVM Chine

SHANGHAI

ORGANIZERS Tongji University, Expo Shanghai Group, IVM China, with the support of the Eastern China Architecture Design Institute and Shanghai Urban Planning Institute

ON THE FORMER EXPO 2010 SITE, USING PASSAGES TO CREATE URBAN VITALITY

How do you generate a genuine and lively urban district in a business center under construction in the eastern part of the Expo 2010 site? How do you facilitate mobilities from metropolitan scale down to walking and cycling scales? How can passages connect the site to its residential neighborhoods and the river?

SHANGHAI

ORGANISATEURS L'Université de Tongji, Expo Shanghai Group, IVM Chine et le soutien d'Eastern China Architecture Design Institute et Shanghai Urban Planning Institute

SUR L'ANCIEN SITE DE L'EXPO 2010, CRÉER DE L'URBANITÉ PAR LES PASSAGES

Dans un centre d'affaires en construction sur la zone Est du site de l'Expo 2010, comment générer un réel quartier urbain et vivant ? Comment faciliter les mobilités, de l'échelle métropolitaine aux déplacements doux ? Comment connecter le site aux quartiers d'habitat et au fleuve ?

LES DÉFIS Identifier des points stratégiques dans une zone en cours de développement et proposer la réalisation de passages de typologies diverses. Générer grâce aux passages un réel quartier urbain, vivant et relié aux quartiers environnants.

Concours international en 2 phases, ouvert à des équipes multidisciplinaires âgées de moins de 40 ans et comprenant des professionnels de la création architecturale et urbaine.

Réponses et résultats : 51 propositions. 8 équipes pour un workshop. 1 équipe lauréate, 2 mentionnées.

THE CHALLENGES To identify strategic points in an area under development and propose different types of passage for implementation. To use passages to generate a genuine, lively urban district, linked to the surrounding districts, on the former Expo 2010 site in Shanghai, now a CBD.

A two-stage international competition, open to multidisciplinary teams under the age of 40, and including architectural and urban design professionals.

Responses and results: 51 proposals; 8 teams for a workshop; 1 winning team, 2 runners-up.

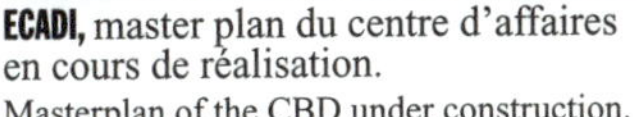

ECADI, master plan du centre d'affaires en cours de réalisation.
Masterplan of the CBD under construction.

CONCOURS IVM
IVM COMPETITIONS

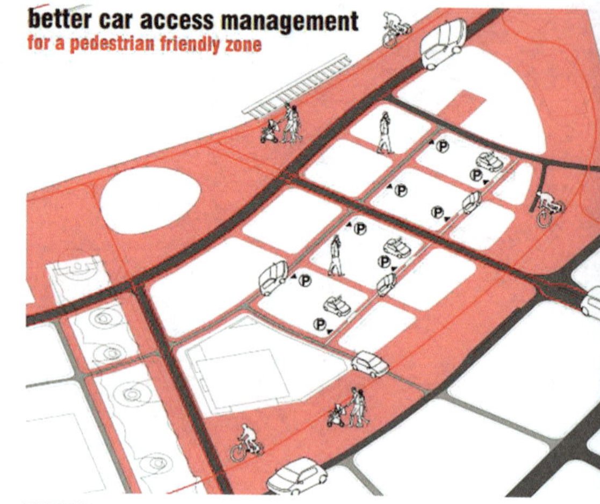

RE-ROUTING

LES LAURÉATS THE WINNERS

SUN + GATE

PIERRE-MARIE AUFFRET,
VINCENT HERTENBERGER, AGATHE LAVIELLE (FR/CN)

Le projet repose sur deux actions principales afin de créer des passages sur l'ancien site de l'Expo 2010 : reconsidérer l'espace public par le déplacement des limites, « re-gating », et adapter les mobilités pour constituer des aimants qui activent l'espace public qui les entoure, « re-routing ».

Un passage vers le fleuve est créé, espace public longitudinal dynamique qui traverse des enclaves monofonctionnelles. Peu à peu, le quartier d'habitat fermé devient le support d'une microéconomie qui réinterprète la figure historique de l'allée, le quartier des affaires s'anime au-delà des heures de bureau et les berges du fleuve sont plus qu'un lieu de destination pour les loisirs, mais aussi une nouvelle entrée pour le site avec la réouverture du terminal de ferry.

Le tramway, autre acteur de cette stratégie transversale, est dérouté le long du parc, déplaçant ainsi le centre de gravité du site de l'Expo et créant un nouveau « soleil entre les portes ».

RE-GATING

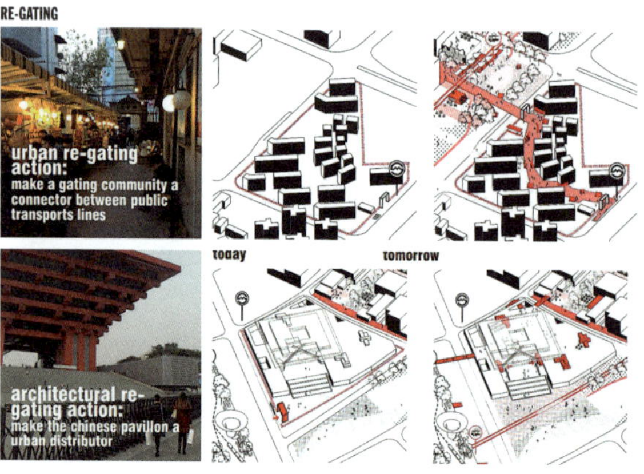

The project is based on two main approaches to the creation of passages on the former Expo 2010 site: remodeling the public space by shifting the boundaries ('re-gating') and adapting mobilities to form lines of attraction that activate the surrounding public space ('rerouting').
The project creates a passage to the river, a dynamic, longitudinal public space that runs through the monofunctional enclaves. Little by little, the gated community becomes the foundation of a micro-economy, a variation on the traditional type of the alleyway, the business district becomes animated outside office hours, and the riverbanks become more than a leisure destination, but also a new entrance to the site with the reopening of the ferry terminal.
The tramline, another contributor to this transversal strategy, is rerouted along the park, thereby shifting the center of gravity of the Expo site and creating a new "sun between the gates".

PROJETS MENTIONNÉS
RUNNERS-UP

BETTER CITY LIFE, Julio de la Fuente, Natalia Gutiérrez, Dane Currey, Zheng Jie, Álvaro Guinea

LITTLE HAPPINESS, Véronique Hours, Fabien Mauduit, Benjamin Viale

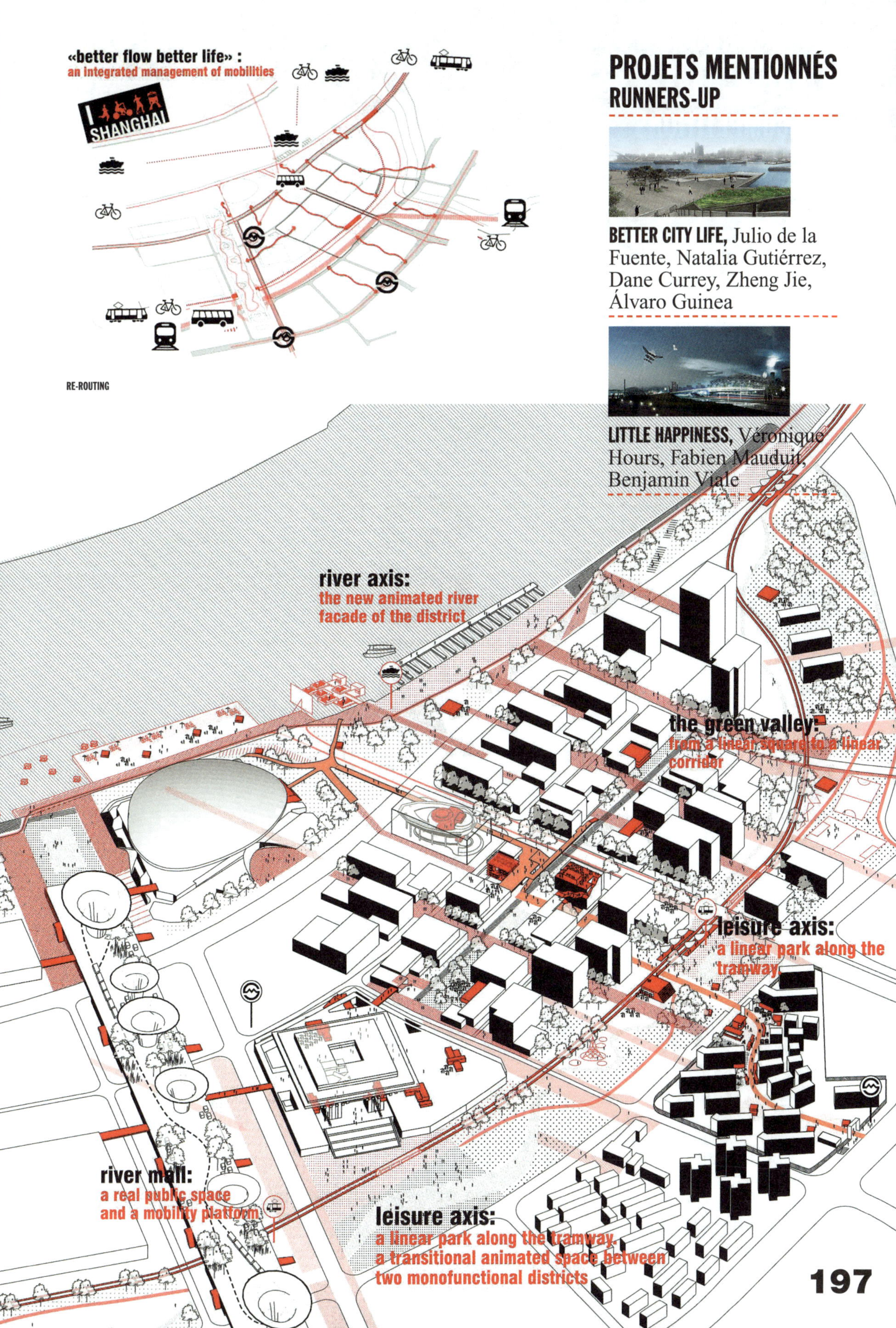

CONCOURS IVM
IVM COMPETITIONS

© Katherine H. Childs

TORONTO

ORGANIZERS Metrolinx and the University of Toronto's John H. Daniels Faculty of Architecture, Landscape and Design, in partnership with the French Institute and Toronto Municipality.

TORONTO

ORGANISATEURS Metrolinx et la Faculté d'architecture, de paysagisme et de design John Daniels de l'Université de Toronto, en partenariat avec l'Institut Français et la Municipalité de Toronto

MIDDLE CITY PASSAGES

In this horizontal "middle city", the forthcoming construction of a rapid transit line (East Sheppard) offers an opportunity to think about its integration into the urban environment: from big infrastructure to small interventions that ensure continuity.

LES PASSAGES DE LA VILLE SUBURBAINE

Dans cette « middle city » horizontale, la prochaine réalisation d'une ligne de transport rapide (East Sheppard) offre l'opportunité de penser son intégration urbaine : de la grande infrastructure vers les petites interventions pour garantir une continuité.

LES DÉFIS Intégrer des espaces de mobilité activateurs d'urbanité dans les zones périphériques de Toronto ; concevoir l'interaction entre deux nouvelles gares sur une ligne de train de banlieue en construction – Palmdale Drive et Agincourt Drive – et les accessibilités de proximité.

Concours international en deux phases, ouvert aux jeunes professionnels et aux pratiques émergentes de la conception architecturale et urbaine.

Réponses et résultats : 45 propositions.
1 workshop pour 6 équipes finalistes, 1 lauréat, 1 mentionné.

THE CHALLENGES To integrate into Toronto's peripheral areas mobility spaces that will generate urban vitality; to design the interaction and provide local access between 2 new stations—Palmdale Drive and Agincourt Drive—on a suburban train line under construction.

Two-phase international competition, open to young professionals and emerging architectural and urban design practices.

Responses and results: 45 proposals;
1 workshop for 6 shortlisted teams,
1 winner, 1 runner-up.

CONCOURS IVM
IVM COMPETITIONS

AGINCOURT

LES LAURÉATS THE WINNERS

ON THE WAY TO SHEPPARD PARK

DELVA LANDSCAPE ARCHITECTS & PLUSOFFICEARCHITECTS (B/NL)

Dans ce quartier périurbain dépourvu en services sociaux et culturels et d'accès limité aux transports publics, l'équipe lauréate propose une série d'interventions modestes liées aux désirs des usagers que les aménageurs – Métrolinx et la Municipalité – pourront combiner pour réaliser des parcours paysagés ponctués de nouvelles activités et créer à terme le quartier de « Sheppard Park ».

In this suburban district, with its deficiency of social and cultural services and limited access to public transportation, the winning team proposes a series of modest interventions reflecting the wishes of users, which the developers—Metrolinx and the Municipality—can combine to build landscaped trails punctuated with new activities, and ultimately to create the "Sheppard Park" district.

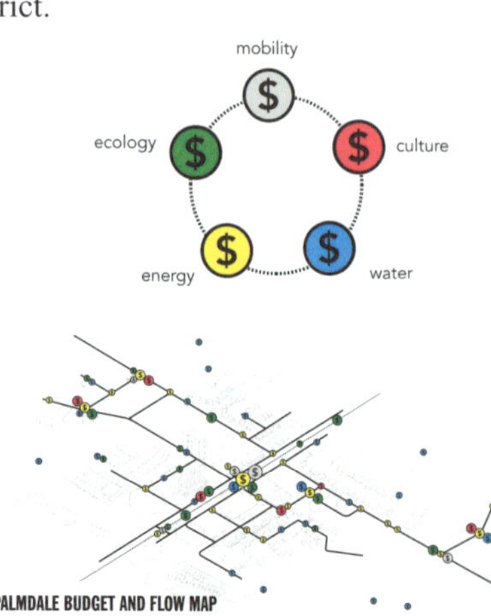

PALMDALE BUDGET AND FLOW MAP

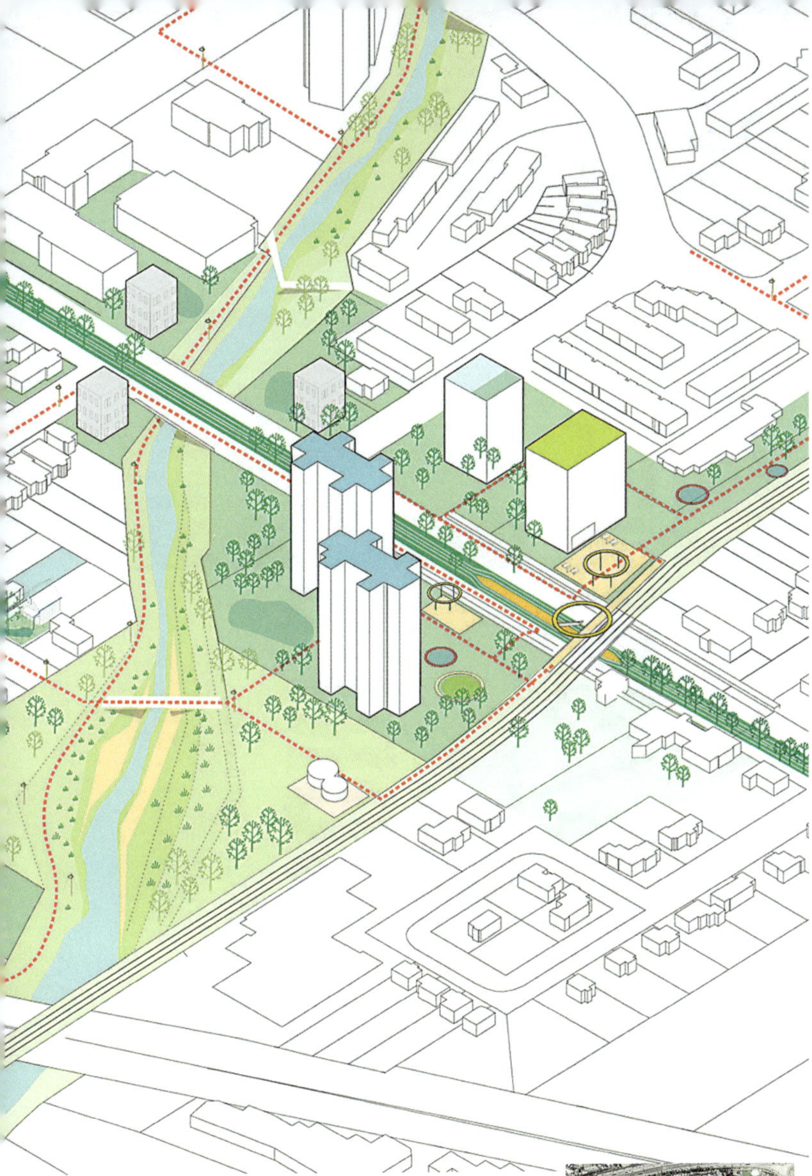

nity garden

2. Micro Market Passage

3. The Eco-Strip

unctional platform

6. High-rise to low-rise

7. Sheppards' Pool

8. Weather-proof park

PALMDALE

2016

Metrolinx, autorité organisatrice du transport du Grand Toronto, confie à l'équipe Plusoffice-Delva une mission de stratégie globale du hub intermodal Eglinton Go Mobility, qui relie la nouvelle ligne de LRT aux réseaux régional de chemin de fer et local de bus et bicyclettes. Plusoffice-Delva enrichit le plan d'aménagement d'un programme stratégique social et écologique favorable aux déplacements piétons et qui intègre des bureaux de coworking, des équipements éducatifs et des industries alternatives.

2016

Metrolinx, the Greater Toronto Transportation Authority, commissioned the team Plusoffice-Delva to develop a design strategy for the Eglinton Go Mobility hub. The trans-modal hub links the new Light Rail Transit line to the regional rail system and local bus and bicycle networks. Plusoffice-Delva adds a strategic social and ecological agenda to the redevelopment plan, and proposes to include a workstation, educational facilities and alternative productivity in the new pedestrian oriented improvement plan.

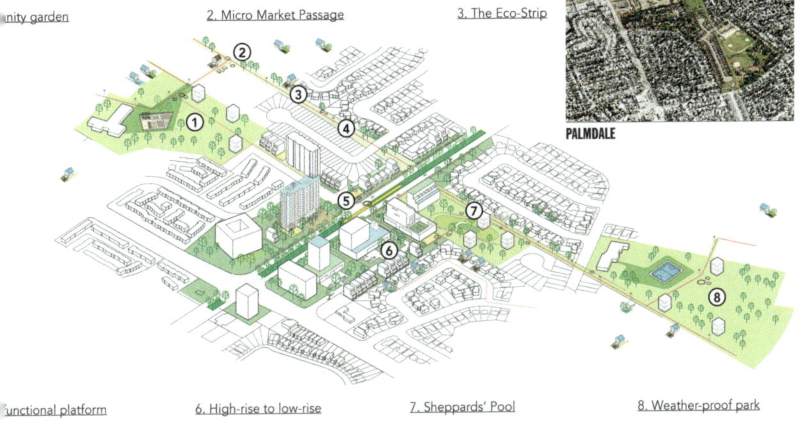

PROJET MENTIONNÉ
RUNNER-UP

KNUCKLES AND JOGS, Michael Piper, Ultan Byrne, Roberto Damiani, Wes Michaels, Frank Ruchala

PASSAGES À L'ACTE
ACTION
TAKING

CONCOURS IVM
IVM COMPETITIONS

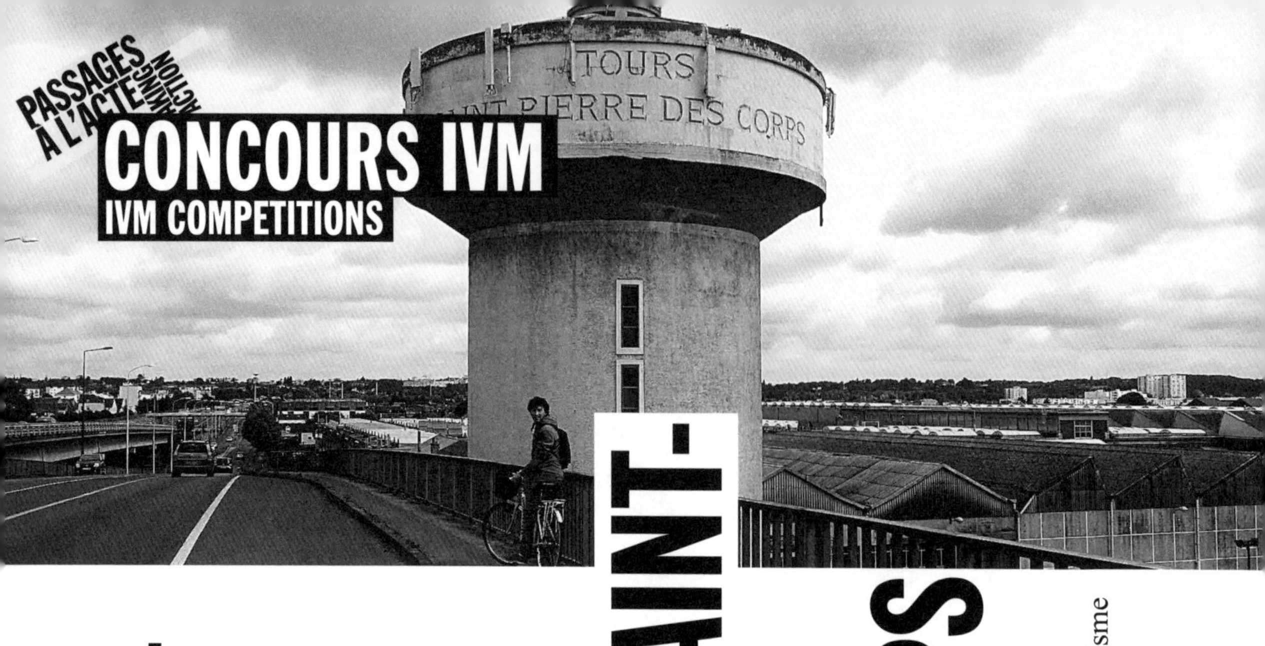

TOURS/SAINT-PIERRE-DES-CORPS

ORGANIZERS Tour(s) plus and District and VINCI Autoroutes, managed by the ATU Urban Planning Agency.

WHAT IF THE A10 FREEWAY OPENED UP THE URBAN PASSAGE(S)?

Running through the Tours conurbation are the partly elevated A10 freeway, a railroad line, two waterways, and a secondary street network. The question is how to improve the connection between the two towns (Tours and Saint–Pierre–des–Corps), to establish links between the residential neighborhoods and between those neighborhoods and the metropolitan shopping, and business area.

TOURS/SAINT-PIERRÉ-DES-CORPS

ORGANISATEURS La communauté d'agglomération Tour(s) plus et VINCI Autoroutes, piloté par l'Agence d'urbanisme ATU.

ET SI L'AUTOROUTE A10 OUVRAIT LE(S) PASSAGE(S) URBAIN(S) ?

L'agglomération de Tours est traversée par l'autoroute A10 pour une partie en viaduc, une voie de chemin de fer, deux cours d'eau et une voierie secondaire. Comment améliorer la relation entre les deux villes (Tours et Saint-Pierre-des-Corps), permettre la connexion entre les quartiers résidentiels, entre ceux-ci et la zone commerciale et d'activités métropolitaine ?

LES DÉFIS Redynamiser les connexions à l'échelle de l'agglomération entre Tours et St-Pierre-des-Corps tout en maintenant la fonctionnalité de l'autoroute A10.
Identifier les passages stratégiques et faire des propositions situées et détaillées qui considèrent les niveaux inférieurs et supérieurs.

Concours international en deux phases, ouvert à des équipes pluridisciplinaires âgées de moins de 40 ans, comprenant au moins un professionnel de la conception architecturale et urbaine.

Réponses et résultats : 50 propositions, 1 workshop pour 7 équipes. 1 lauréat, 1 mentionné.

THE CHALLENGE To revitalize the connections across the conurbation between Tours and St-Pierre-des-Corps while keeping the A10 freeway operational.
To identify strategic passages and make situated and detailed proposals that consider both the upper and lower levels.

A two-stage international competition, open to multidisciplinary teams under the age of 40, including at least one architectural and urban design professional.

Responses and results: 50 proposals, 1 workshop for 7 teams; 1 winner, 1 runner-up.

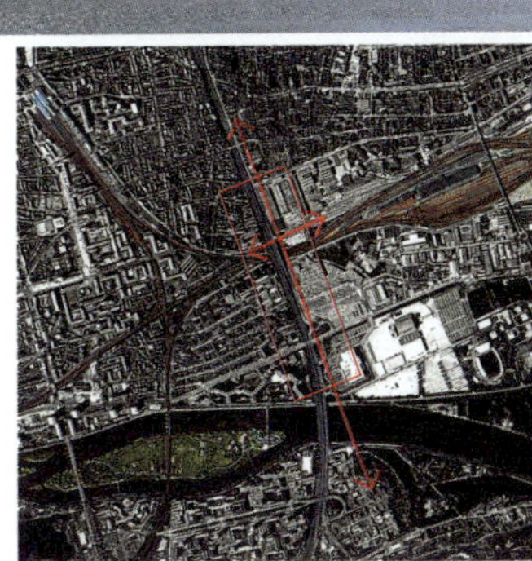

Photos © ATU

…/TOURS

CONCOURS IVM

IVM COMPETITIONS

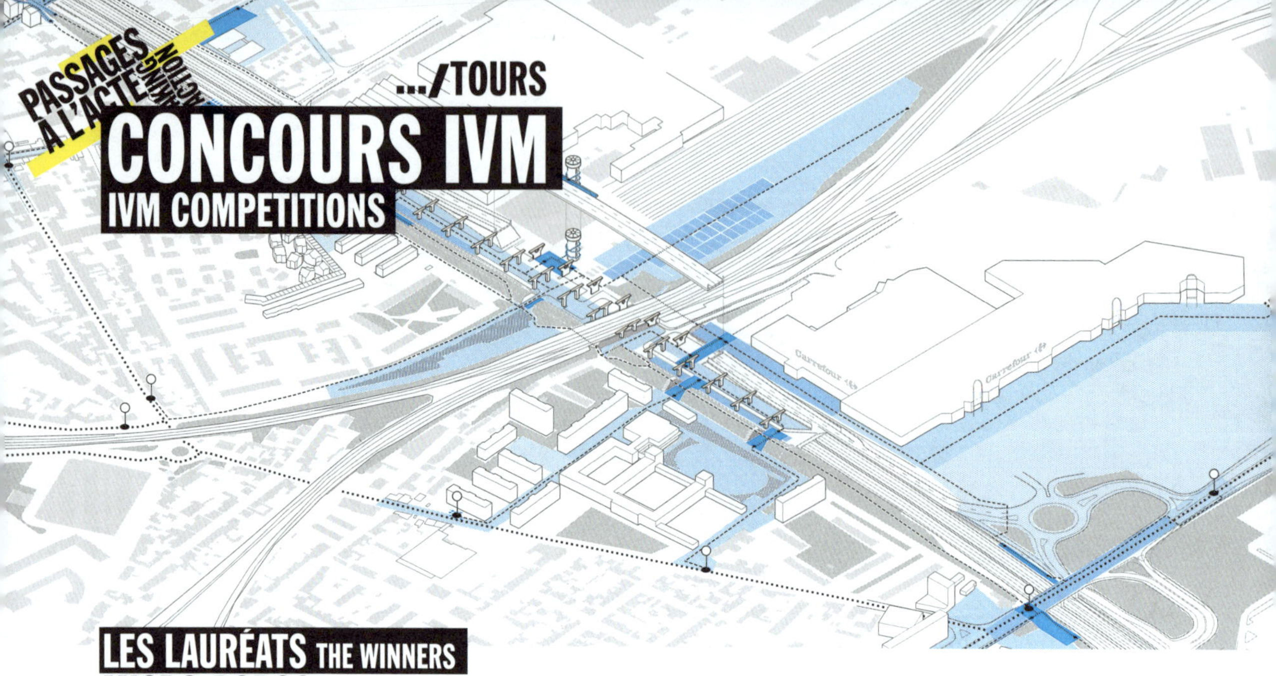

LES LAURÉATS THE WINNERS

MICRO-POROS

MARC-ANTOINE DURAND, JORDAN AUCANT, STÉPHANE BONZANI (FR)

La stratégie du projet consiste à apporter des microporosités sur des points clés situés à l'intersection de lignes de rupture et de lignes d'usage dessus, dessous et aux abords de l'autoroute. Il s'agit d'identifier ces points névralgiques, d'en activer les ressources latentes à la fois pour dénouer une situation très locale, pour offrir des solutions d'intermodalité et de multimodalité, qui contribuent à un processus de transformation majeure, d'appropriation urbaine de l'autoroute dans le tissu tourangeau. Ces micro-interventions sont conçues comme des tapis urbains thématiques, chacun de ces thèmes contenant en lui-même le presque rien à partir duquel une régénération est possible.

L'idée que les potentiels de la ville de demain se situent sur ces territoires de la dissociation apparaît comme un des grands traits des stratégies contemporaines de l'urbanisme. En ce sens, l'intervention architecturale ou urbaine, toujours spectaculaire, est peut-être moins importante que les ressources qu'elle aura permis de mettre en jeu, que les forces qu'elle aura rendu visibles et sensibles. À l'horizon de ces micro-interventions se dessine une métropole où les milieux réels, imaginaires et symboliques sont à nouveau inter-reliés et où les tourangeaux, à nouveau, se rencontrent.

The project's strategy is to insert porous micro-spaces at key points where the spatial breaks intersect with lines of use above, below, and around the freeway. The objective is to identify these nerve centers and activate their latent resources in order both to resolve a very local situation and to offer intermodal and multimodal solutions that contribute to a major process of transformation that will absorb the freeway into the urban fabric of Tours. These micro-interventions are conceived as urban mats, each with a theme that contains within itself the seed of a possible regeneration. The idea that the potentials of tomorrow's city are located within these divided territories appears to be one of the major features of contemporary urban design strategies. In this sense, architectural or urban intervention, spectacular as it can be, is perhaps less important than the resources that it brings into play, the forces that it makes visible and palpable. These micro-interventions hint at the emergence of a metropolis where real, imaginary, and symbolic milieus are once again interlinked and where the people of Tours once again interact.

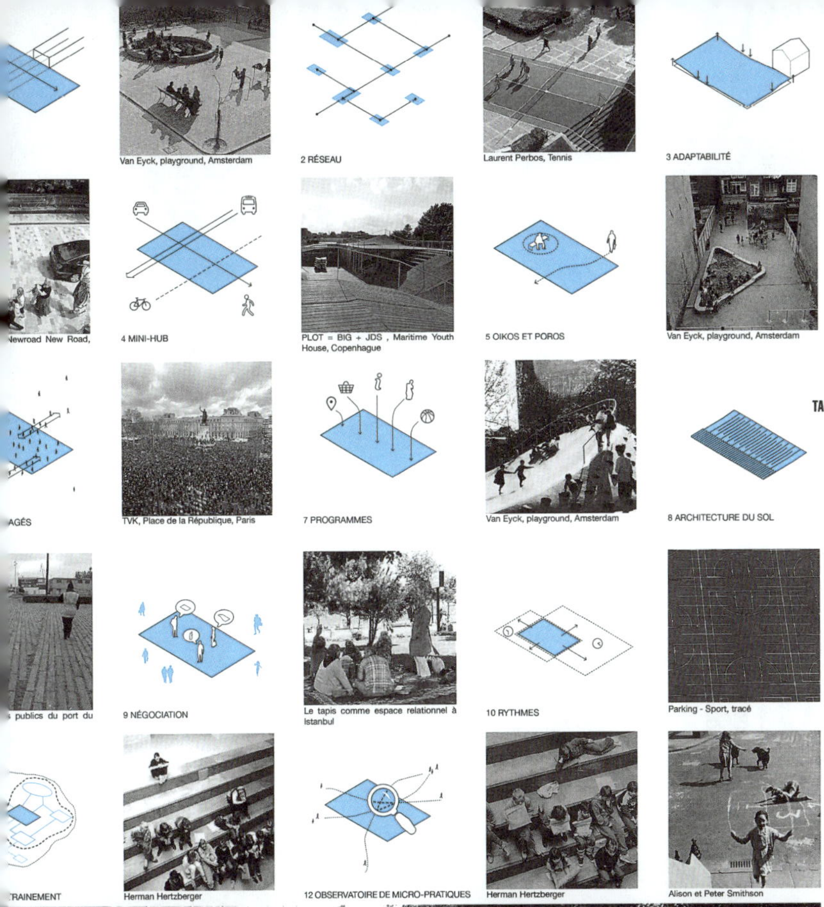

Van Eyck, playground, Amsterdam

2 RÉSEAU

Laurent Perbos, Tennis

3 ADAPTABILITÉ

TAPIS WAGNER

ewroad New Road,

4 MINI-HUB

PLOT = BIG + JDS , Maritime Youth House, Copenhague

5 OIKOS ET POROS

Van Eyck, playground, Amsterdam

AGÉS

TVK, Place de la République, Paris

7 PROGRAMMES

Van Eyck, playground, Amsterdam

8 ARCHITECTURE DU SOL

s publics du port du

9 NÉGOCIATION

Le tapis comme espace relationnel à Istanbul

10 RYTHMES

Parking - Sport, tracé

RAINEMENT

Herman Hertzberger

12 OBSERVATOIRE DE MICRO-PRATIQUES

Herman Hertzberger

Alison et Peter Smithson

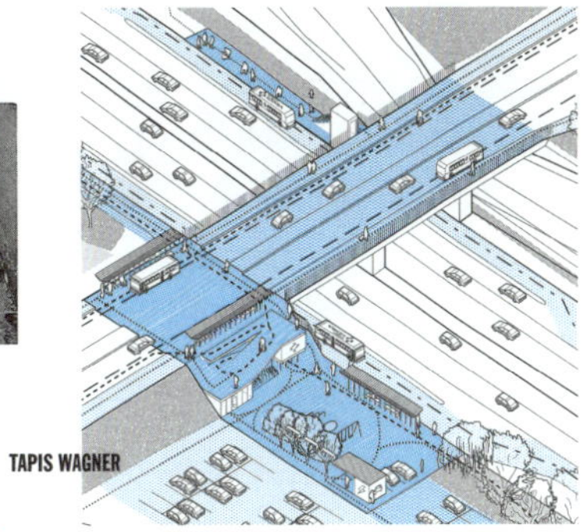

TAPIS JANUS

TAPIS MARCHE

TAPIS DES SPORTS

2016

Les propositions des équipes lauréates se concrétisent : un premier tapis urbain sous l'autoroute, entre la ville résidentielle et l'autre rive productive, devrait être aménagé en 2017 par le collectif franco-allemand Bau 15.

2016

The winning teams' proposals are becoming a reality: a first urban section under the freeway between the residential city and the industrial area on the other side should be completed in 2017 by the Franco German collective Bau 15.

PROJET MENTIONNÉ
RUNNER-UP

POINT ZÉRO PLUS, atelier georges & partenaires, Thibault Barbier, Adèle Sorge, Claire Aquilina, Gabrielle Richard, Laurent Barelier

© XI Wenlei, in *Shanghai Shikumen*

BETTER PASSAGES, BETTER CITY, CHINA PAR / BY MIREILLE APEL-MULLER

© XI Wenlei, in Shanghai Shikumen

LILONG

Lilong in Shanghai, Hutong in Beijing, a web of narrow alleyways forms a capillary network running into and through the housing blocks, and provides shortcuts for moving from one main avenue to the next.
These urban passages, essential to the permeability of these huge blocks, are home to a multitude of activities, from the most intimate (public toilets, outdoor extension to private kitchens, morning sports activities) to the most social (children's playgrounds, card tables, stores, workshops of various kinds).
Cultural and social vestiges of the old urban structure, often dilapidated, they have largely been destroyed and replaced by closed and impermeable high-rise housing estates.
Moreover, the increasing motorization of China's cities has helped to exacerbate the exclusion of the pedestrian and the passerby from the urban surface. An exclusively technical and functional approach to street planning has led to a separation of flows and speeds, rather than a sharing of space. As a result, pedestrians move around through a network of overhead walkways, which impose isolation in the guise of protection.
Today, giving new meaning to the old typologies is on the agenda of a new generation of architects and urban designers, who draw inspiration from the former richness of uses and spatial organization to devise contemporary solutions. The landscape perspectives of Turenscape (see page 78), a big urban block dedicated to sport designed as a network of vertical passages in Chengdu (Jiakun Architects, see page 169), the school bridge of Xisasha (Li Xiaodong architects, see page 157) are all examples of this reinterpretation of the past.
Drawing on the same tradition of passages and the gateways that lead into them, the winners of IVM's competition in Shanghai developed their proposal "Sun + Gate" for a new business district on the former site of the universal exhibition (see page 196).

MIREILLE APEL-MULLER, chief executive of City on the Move Institute / VEDECOM.

REFERENCES: Based on the IVM seminars organized with Tongji University in 2013, with the contributions of Prof. PAN Haixiao, Prof. WU Jiang and Prof. YU Hai.

© Ri xi/Imaginechina/AFP

PASSERELLE DE CHUNHUA, Shenzhen, Chine, 2012.
CHUNHUA FOOTBRIDGE, Shenzhen, 2012.

Lilong à Shanghai, Hutong à Pékin, des ruelles étroites forment en capillarité un réseau d'accès aux blocs d'habitat, traversent les grands îlots et offrent des raccourcis pour passer d'une grande avenue à une autre.
Ces passages urbains, indispensables à la porosité de ces vastes blocs, abritent une multitude d'activités, de la plus intime (toilettes publiques, extension en plein air de la cuisine privée, activités sportives matinales) aux plus sociales (terrain de jeu pour les enfants, pour les joueurs de cartes, commerces, ateliers divers).
Vestiges culturels et sociaux de l'ancienne structure urbaine, souvent dégradés, ils ont été largement détruits au profit de quartiers résidentiels fermés, intraversables, d'immeubles de grande hauteur.
Par ailleurs, la motorisation croissante des villes chinoises a contribué à aggraver l'exclusion du piéton et du passant des sols urbains. Une approche exclusivement technique et fonctionnelle de la voirie a conduit à séparer les flux et les vitesses plutôt que de partager l'espace. Ainsi, le passant parcourt un réseau de passerelles aériennes, qui sous prétexte de le protéger, l'isolent.
Aujourd'hui, redonner une nouvelle signification aux anciennes typologies est à l'ordre du jour d'une nouvelle génération d'architectes et d'urbanistes, qui s'inspirent de cette richesse d'usages et d'organisation spatiale pour inventer des aménagements contemporains. Les approches paysagères de Turenscape (cf. page 78), la réalisation d'un grand bloc urbain dédié au sport conçu comme un réseau de passages verticaux à Chengdu (Jiakun Architects, cf. page 169), le pont école de Xisasha (Li Xiaodong architectes, cf. page 157) en témoignent.
C'est aussi inspirés par cette tradition des passages et des portes qui leur ouvrent l'accès, que les lauréats du concours de l'IVM à Shanghai ont développé leur proposition « Sun + Gate » pour un nouveau quartier d'affaires dans l'ancien site de l'exposition universelle (cf. page 196).

MIREILLE APEL-MULLER, directrice de l'Institut pour la ville en mouvement / VEDECOM.

RÉFÉRENCES : D'après les séminaires IVM organisés en partenariat avec l'Université de Tongji en 2013, avec les contributions de Prof. PAN Haixiao, Prof. WU Jiang et Prof. YU Hai.

PASSAGES, FACILITATORS OF URBAN PRACTICES BY DIDIER REBOIS

Creating passages to facilitate movement is the *leitmotif* of the City on the Move Institute's work on passages. In a contemporary city fractured by infrastructures and standalone blocks, the challenge is to render the city permeable by means of passages that slip below or above, through or around obstacles. In today's sprawling and increasingly global cities, the role passages play is to enable people to reclaim the city at the close-grained scale, to revitalize the local. The goal of shortcuts, transitional spaces, and special routes is to facilitate universal access to the city.

AT THE INTERSECTION OF MULTIPLE AND INTERCONNECTED NETWORKS, PASSAGES GENERATE PARTICULAR PRACTICES

By facilitating urban movement, passages can help to improve the complex logic of multiple flows, with the aim of encouraging multimodality, i.e. the coexistence of pedestrians, cyclists, skateboarders, rollerbladers, cars, and public transit.

LES PASSAGES, FACILITATEURS DE PRATIQUES URBAINES PAR DIDIER REBOIS

Créer le passage pour faciliter le mouvement est le leitmotiv du travail de l'Institut pour la ville en mouvement sur les passages. Dans une ville contemporaine aux multiples coupures, provoquées par les infrastructures et les logiques insulaires, l'enjeu est de créer une nouvelle porosité urbaine par les passages qui se glissent au-dessous ou au-dessus, à travers ou autour de ces obstacles. Dans les villes extensives, et de plus en plus globales, ils doivent permettre aux citadins de se réapproprier la ville à l'échelle de proximité, de redynamiser le local. Raccourcis, espaces de transition, parcours privilégiés, ont comme enjeu de faciliter l'accès de tous à la ville.

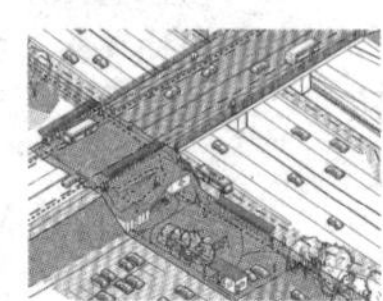

TOURS / SAINT-PIERRE-DES-CORPS, MICRO-POROS. "Tapis Wagner".
VOIR/SEE PAGE 204

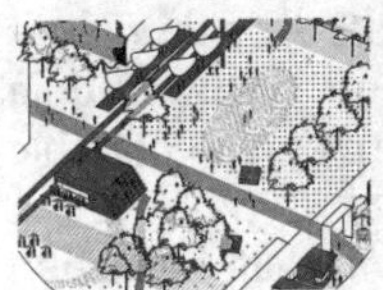

SHANGAI, SUN + GATE.
"Re-routing".
VOIR/SEE PAGE 196

BARCELONA 2, ANELL VERD.
VOIR/SEE PAGE 191

LES PASSAGES AU CROISEMENT DES RÉSEAUX MULTIPLES ET INTERCONNECTÉS GÉNÈRENT DES PRATIQUES SPÉCIFIQUES

Les passages, en facilitant le mouvement urbain, peuvent contribuer à améliorer la logique complexe des flux diversifiés, avec comme objectif de favoriser la multimodalité : faire coexister piétons, cyclistes, rollers, skates, voitures, transport public. Mais en pensant dans des points névralgiques l'articulation de ces modes de déplacement – l'intermodalité – ils deviennent des lieux de « reliance », au sens d'Edgar Morin dans *La Méthode*, des micro-territoires en action grâce à ces connexions.

Au-delà de la logique des transports, ce travail de branchements, de contacts, de croisements, d'assemblages, d'orientations nouvelles, peut générer une plus-value d'usages, donner sens à des pratiques citadines pour beaucoup spécifiques au passage. L'équation passages = flux interconnectés permet d'organiser de multiples espaces adaptés aux pratiques des usagers, et quelquefois à leur initiative.

Passer du bus à la marche autour d'une « station-passage » peut donner lieu à l'émergence d'un marché ouvert ou d'un espace commercial. Joindre à un parking un garage à vélos en passant sous une autoroute peut permettre de créer un lieu sportif ou événementiel... L'enjeu est de multiplier les possibilités de pratiques sociales, quelquefois à des échelles différentes, modestes ou plus ambitieuses, de manière planifiée ou plus spontanée, mais toujours vivantes. Les passages connectent ainsi non seulement des espaces, mais surtout des gens entre eux.

Dans les concours organisés par l'IVM avec ses partenaires dans plusieurs villes dans le monde, on trouve plusieurs exemples de ces usages greffés sur les passages à partir de la reprise de la structure des mobilités.

Par exemple à Tours, le projet lauréat « Microporos » articule un pont, au-dessus de l'autoroute A10, à une accroche au centre commercial en contrebas. Le « Tapis Wagner » devient un passage qui relie le global au local, en proposant un lieu d'accès aux commerces depuis toute la ville, mais pensé comme un espace d'intermodalité associé à de nombreux services. Les usagers se voient offrir des possibilités d'utiliser différents modes de transport alternatifs à la voiture pour faire leurs courses : vélos en location, borne de voiture électrique, point de rendez-vous de covoiturage, et bien sûr station de bus. Mais s'y adjoignent des lieux de l'entre-deux, pour se restaurer, faire des emplettes... Les promeneurs, en particulier ceux de l'itinéraire « la Loire à vélo », croisent ce tapis et profitent des événements créés dans la topographie.

However, by forming nerve centers at the connection—the intermodality—between these forms of mobility, they become places of "connectedness" (*reliance* to use the French term coined by Edgar Morin in *La Méthode*), micro-territories in action.

Beyond its impact on transportation, this process of connection, of contact, of intersection, of assembly, of new orientation, can generate gains in usages, give meaning to practices of urban life that in many cases are specific to the passage. The equation passages = interconnected flows is a way of organizing multiple spaces adapted to users' practices, and sometimes initiated by them.

The switch from the bus to foot traffic around a "bus stop-passage" can give rise to the emergence of an open market or a shopping area. Linking a cycle garage to a car park underneath a freeway can create a place for sport or events... The objective is to multiply the possibilities of social practices, sometimes at different scales, sometimes modest, sometimes ambitious, planned or spontaneous, but always lively. Passages connect not only spaces, but also people.

In the competition organized by IVM with its partners in several cities around the world, we find several examples of these practices grafted onto passages through the recycling of mobility infrastructures.

In Tours, for example, the winning project "Microporos" links a bridge over the A10 freeway to the shopping center below. "Tapis Wagner" becomes a passage that links the global to the local by providing access to the shops from all over the city, an intermodal space linked to numerous services. Users have the possibility of modes of transportation other than the car to do their shopping: rental bikes, charging terminals, rideshare pickup point, and of course a bus station. Attached, however, are in-between spaces, where people can relax, do some shopping... Walkers and cyclists, particularly those on the "Loire by Bike" route, pass through this space and can enjoy events created in the topography.

In Shanghai, the winning project "Sun + Gate" proposes an alternative route for an already planned tramline, linking it to the subway station and creating the conditions for a big, dynamic square connected to an existing shopping mall. The tram station becomes a way of passing

TORONTO, ON THE WAY TO SHEPPARD PARKWAY.
VOIR/SEE PAGE 200

through the urban fabric, but at the same time a point of intensity in the trajectory that runs between the residential areas and the river, passing through a business district.

THE PASSAGE CAN PROMPT THE CREATION OF NEW ECOLOGICAL PRACTICES

By generating connections that maintain continuities of landscape, passages can be a source of practices that regenerate inhabited environments. They help to make the city a place of hybridization between fabric and nature. They are often the missing links of green networks in the city, preserving the life of flora and fauna but also places of leisure in movement: walking, jogging and cycling, like parallel circuits far from the polluting and aggressive infrastructures.
The "Anell Verd" project, winner of one of the six competitions organized by Barcelona Metropolitan Area and IVM, proposes opening passages at appropriate places under the freeway in order to re-establish the continuity of the footways on either side of this fracture, and in the process to create a sequence of natural or agricultural landscapes linked to the existing ecological corridors, and to provide a green web through which local people can stroll.
Around these footpaths, like fragments of nature in the city, temporary stores, lightweight and reversible urban services can in some cases be grafted. The objective of the competition in Toronto was to create "green passages" between the residential buildings to provide access to the new public transit infrastructure situated a few hundred meters away. The winning project "On the way to Sheppard parkway" proposes a toolbox of new uses, a catalog of micro-amenities. Indoor or open air, they punctuate the spontaneous tracks created across the fields, paths of desire created by the users through the landscape.
The passage can also be envisaged not as a line but as a series of active points following their own itinerary and their choice of activities across the map: people make their own passage. The "Little Happiness" project, runner-up in Shanghai, suggests distributing a series of interventions on the site corresponding to different types of activity, a random sequence that creates the opportunity for personal itineraries, an accumulation of urban

À Shanghai, le projet lauréat « Sun + Gate », en proposant un itinéraire alternatif pour une ligne de tramway déjà programmée, le relie à la station de métro et rend possible l'aménagement d'une grande place dynamique à l'articulation avec un mall commercial existant. La station du tramway permet de traverser les espaces urbains tout en devenant un point intense du parcours qu'offre le passage entre des quartiers d'habitations et le fleuve, via le nouveau quartier d'affaires.

LE PASSAGE PEUT INDUIRE LA CRÉATION DE NOUVELLES PRATIQUES ÉCOLOGIQUES

En inventant des connexions qui autorisent des continuités paysagères, les passages peuvent être source de pratiques régénératrices des milieux habités. Ils contribuent à faire de la ville un lieu d'hybridité entre ville et nature. Ils sont souvent les chaînons manquants des grilles vertes dans la ville, nécessaires à la vie de la flore et de la faune mais aussi lieux de loisirs en mouvement : la promenade, le jogging, le vélo, comme des circuits parallèles loin des réseaux polluants et agressifs.
Le projet « Anell Verd », lauréat de l'un des six concours organisés par l'Aire Métropolitaine de Barcelone et l'IVM, propose d'ouvrir des passages à des endroits pertinents sous l'autoroute pour rétablir la continuité des cheminements de part et d'autre de cette voirie clivante, et par là même créer un enchaînement de paysages naturels ou agricoles reliés aux corridors écologiques existants, et tisser une maille verte qui offre des parcours aux habitants.
Autour de ces déplacements piétons, comme des morceaux de nature en ville, on peut dans certains cas greffer des commerces éphémères, des services urbains légers réversibles. L'enjeu du concours à Toronto était de créer des « passages verts » entre les immeubles résidentiels qui permettent d'accéder depuis les logements au nouveau transport public situé à quelques centaines de mètres. Le projet lauréat "On the way to Sheppard parkway" propose une boîte à outils de nouveaux usages, un catalogue de micro-équipements. Couverts ou en plein air, ces derniers jalonnent ainsi, sur les traces de voies spontanées créées à travers champs, des itinéraires paysagers qui répondent aux désirs des usagers. On peut aussi envisager le passage non comme une ligne mais une série de points actifs qui se parcourent à la carte suivant son propre itinéraire et ses choix d'activités : chacun fabrique son passage.

SHANGHAI, LITTLE HAPPINESS.
VOIR/SEE PAGE 161

PASSAGE-PLACE, XIASHI, CHINE.
PASSAGE SQUARE, XIASHI, CHINA.
VOIR/SEE PAGE 157

PASSAGE SOUS L'AUTOROUTE, ZAANSTAD, PAYS-BAS.
PASSAGE UNDER THE MOTORWAY, ZAANSTAD, NETHERLANDS.
VOIR/SEE PAGE 155

ambiences, and a range of *à la carte* passages. "Let the passages match your mood" is the slogan proposed by the winning architects. Users become creators of their own spatial experience.

MORE LONG-TERM USES MAKE PASSAGES INTO PUBLIC SPACES

If located in strategic places, passages can—alongside their transitional role—become in-between spaces where stable practices emerge.
They can become focal points for new and permanent functions: a sports facility, cultural amenity, even housing. More sedentary practices settle into the passage and give it a strong identity, a combination of flows and urban stability.
In Xiashi in China, the architect Li Xiadong creates a bridge linking two traditional villages separated by a river. He generates a "passage-square", home to a community school for children from both sides of the waterway. The result is a place of beauty that is both a bridge and an educational space.
In these cases—through the unification of places linked with practices that reflect the specific urban context—the passage becomes not just a place of transition, but a destination.
Along the same lines, at Zaanstad in the Netherlands, NL Architects has transformed the passage under the A8 freeway into a destination in its own right. People go under the bridge to meet at the café, do their shopping or enjoy sports. The underside of the freeway bridge, cleared in order to connect two districts of the city, has been enhanced with a series of shops—a florist, a minimarket, a cycle repair shop—and amenities—a sports hall, a skate park, water features.
The issue around passages and their role in the city goes well beyond their "passing" function, generating urban practices that are founded in the relations between the passage and its immediate physical and social environment, using them where possible to create public spaces.

DIDIER REBOIS, architect, teacher and researcher at Ecole Nationale Supérieure d'Architecture Paris-La Villette, General Secretary of Europan Europe.

Le projet « Little happiness », mentionné à Shanghai, propose de distribuer une série d'interventions sur le site correspondant à différents types d'activités, et dont l'enchaînement aléatoire permet des parcours personnels, une accumulation d'ambiances urbaines et d'offres de passages à la carte. « Permettez que les passages correspondent à vos humeurs » est le slogan proposé par les architectes primés. Les usagers deviennent créateurs de leur propre expérience spatiale.

DES USAGES PLUS PÉRENNES FONT DES PASSAGES DES ESPACES PUBLICS

S'ils sont situés à des endroits stratégiques, les passages peuvent, à côté de leur rôle de traverse, devenir des entre-deux qui stabilisent des usages.
Ainsi, ils deviennent des lieux privilégiés pour installer de nouvelles fonctions pérennes : un équipement sportif, culturel, voire de l'habitat. Des pratiques plus sédentaires s'installent dans le passage et lui confèrent une identité forte en combinant logique de flux et logique d'appropriation urbaine.
À Xiashi en Chine, l'architecte Li Xiadong crée un pont et relie deux villages traditionnels séparés par une rivière. Il génère un « passage-place » dans lequel il insert une école communale qui rassemble les enfants venus des deux rives. S'articulent ainsi, dans un très bel espace, une passerelle et un lieu pédagogique.
Le passage devient alors, par addition de lieux liés à des pratiques adaptées au contexte urbain spécifique, un réel espace de destination, et pas seulement de transit.
Dans cette logique, à Zaanstad aux Pays-Bas, l'agence NL architects a transformé le passage sous l'autoroute A8 en un véritable lieu de destination. On va sous le pont pour se rencontrer au café, faire ses courses ou pratiquer une activité sportive. Le dessous du viaduc autoroutier, dégagé pour connecter deux quartiers de la ville, a été complété avec une série de commerces – un fleuriste, une supérette, un réparateur de vélos – et des équipements – une salle de sport, un parc pour les skaters, des bassins d'eau.
L'enjeu autour des passages et de leur rôle dans la ville dépasse largement celui de la seule fonction de « passer ». Ils génèrent des pratiques urbaines issues de leur relation à l'environnement physique et social immédiat, à partir desquelles se créent, quand c'est possible, des espaces publics.

DIDIER REBOIS, architecte, enseignant et chercheur à l'École Nationale Supérieure d'Architecture Paris-La Villette, secrétaire général d'Europan Europe.

A TOOL FOR RECLAIMING THE CITY IN LATIN AMERICA BY ANDRÉS BORTHAGARAY

UN OUTIL DE RECONQUÊTE URBAINE EN AMÉRIQUE LATINE PAR ANDRÉS BORTHAGARAY

From a Latin American perspective on the concept of the 21st-century passage, we propose to set out a number of principles that make it an effective tool of urban intervention.
Before asking if there is such a thing as a specifically Latin American passage, we first have to consider whether there is such a thing as the Latin American city. Regardless of the historical period, any investigation reveals great diversity. Nonetheless, on this subcontinent, the most urbanized of its kind relative to its level of development, characterized by dynamic urban expansion in both demographic and territorial terms, physical barriers combine with social divisions to produce even greater inequalities, to the point that in some cases neighborhoods are deliberately designed to be impassable. However, there is also a critical mass of countervailing efforts, which seek to connect, to unite, to repair and to remove these spatial and social divisions. The case studies conducted for the Passages program are evidence of these efforts.[/1]

PHYSICAL AND SOCIAL INTEGRATION OF A TERRITORY

The Casavalle district in Montevideo is one example. The municipality has launched a major program to reclaim this district, with work underway on sewage systems and rehousing the populations living in the flood zones. Small operations are also needed to improve conditions that are both spatially and socially precarious. The social differences are also visible in the topography: the formal, structured city has grown up on the most accessible land, whereas the informal, unplanned city—slums, favelas, and fragile habitat of various kinds—has

© Natalia Castaño

MÉTROCABLE, MEDELLÍN. Une action publique globale d'intégration.

A global public program of integration.

À partir d'une perspective latino-américaine du concept de passage pour la ville du 21e siècle, nous proposons ici de définir quelques principes qui en font un outil opératoire lors d'interventions urbaines.
Afin de savoir s'il existe un passage proprement latino-américain, il faut au préalable interroger l'existence d'une ville latino-américaine. Quelle que soit la période historique envisagée, l'examen révèle une grande hétérogénéité. Néanmoins, dans ce sous-continent, le plus urbanisé par rapport à son niveau de développement, avec une expansion urbaine dynamique, tant au plan démographique que territorial, les barrières physiques viennent s'ajouter aux ruptures sociales, ce qui conduit à des inégalités d'autant plus importantes; à tel point que dans certains cas, des quartiers sont conçus pour être délibérément infranchissables. Il existe cependant une masse critique d'efforts à contre-courant, qui visent à articuler, unir, réparer et s'affranchir de ces ruptures spatiales et sociales. Les études de cas réalisées dans le cadre du programme Passages en témoignent[/1].

INTÉGRATION PHYSIQUE ET SOCIALE D'UN TERRITOIRE

Le quartier Casavalle à Montevideo en est un exemple. La municipalité a lancé un vaste programme de récupération de ce quartier, avec des travaux d'assainissement et de relogement des populations installées sur sa partie inondable. De petites interventions sont également nécessaires, pour soulager une situation précaire, tant sur le plan spatial que social.
Les différences sociales se lisent également par la topographie : la ville formelle et structurée s'est développée sur les terrains les plus accessibles alors que la ville informelle, non planifiée – bidonville, favela et divers types

developed on the slopes or in the flood zones. Many cities have adopted the urban cable car systems (Metrocable) inspired by the example of Medellin. Few, however, have thought about this mode as a total concept, with its social dimension, its public cultural amenities, embedded in a global public program./2

The insertion of streets, the reconnection of housing areas characterized by winding, disconnected alleyways, are conditions in which the notion of the passage can play a key role. Indeed, in the informal city, opening streets means opening passages. In this context, the passage has a social dimension; it represents a transition between informality and formality.

REPAIRING FRACTURES

In the quest to mend fractures in the urban fabric, simply linking two points together does not form a passage, because—if no account is taken of the quality of the space, the management of the space or the diversity of its functions—such links are poor and dismal places./3 Yet poor and dismal is very often a good description of the connections made in the course of all kinds of large-scale operations, that claim to remove obstacles.

The passage should be seen as the process of transforming obstacles into spaces of integration. Interventions to overcome artificial fractures, because of their frequency, demand particular attention, with a variety of options. Examples one might quote include the intersection of the avenues Lugones-Cantilo in Buenos Aires,/4 or the work done in preparation for the increase in rail traffic in San Bernardo on the outskirts of Santiago;/5 in São Paulo, the connection of the major public transit networks in the center or their extension to the disadvantaged districts on the edge of the city; or else the demolition of the orbital road between the historic center and the seafront in Rio de Janeiro. In this way, the passage can be revealed either by its presence or its absence; by what it is or by what it is not, by the absurd.

PRE-EMPTING FRACTURES

Another instrumental role that the passage plays is anticipation, i.e. designing flexible infrastructures in which small-scale interventions can bring about gradual improvements to cross a barrier, without the need for total demolition. Apropos of this, a single project may adopt a variety of applications depending on resource levels in the district concerned. So a fault line may be opened up on one side, whereas a degree of harmony with the environment is maintained on the other side.

© Carla Laguzzi

PONT DE SESQUICENTENARIO, BUENOS AIRES. Continuité des cheminements doux

SESQUICENTENARIO BRIDGE, BUENOS AIRES. Continuous sequence of walking and cycling tracks.

© Andrés Borthagaray

RIO DE JANEIRO, BRÉSIL. La ville Olympique après la démolition du périphérique.

RIO DE JANEIRO, BRAZIL. The Olympic city after the demolition of the orbital road.

d'habitat précaires – s'est établie sur les pentes ou dans les zones inondables. De nombreuses villes ont adopté le mode de transport par téléphérique urbain (Métrocable) inspiré de l'exemple de Medellin. Mais peu d'entre elles l'ont pensé dans son acception complète, avec sa dimension sociale, ses équipements publics culturels dans le cadre d'une action publique globale/2.

Le percement des rues, la reconnexion de zones d'habitat aux tracés sinueux et déconnectés sont des contextes d'action dans lesquels la notion de passages peut jouer un rôle clé. En effet, dans la ville précaire, ouvrir des rues signifie ouvrir des passages. Le passage possède ici une dimension sociale, il est une transition entre le caractère informel et formel.

RÉPARATION D'UNE RUPTURE

Pour surmonter des fractures dans le territoire urbain, la simple union de deux points ne constitue pas un passage car elle se limite – parce que sans considération majeure pour la qualité de l'espace, sa gestion ou la diversité de ses fonctions – à des espaces pauvres et sordides./3 C'est pourtant très souvent à quoi se résument les articulations réalisées dans le cadre d'opérations d'envergures diverses sous prétexte de lever les obstacles.

Le passage doit être conçu comme la transformation d'obstacles en espaces d'intégration.

L'intervention face à une rupture artificielle, de par sa fréquence, requiert une attention particulière, avec une variété d'options. On pourra citer à titre d'exemples le croisement des avenues Lugones-Cantilo à Buenos Aires/4, l'anticipation de l'augmentation du trafic ferroviaire à San Bernardo en périphérie de Santiago/5; à São Paulo, l'articulation des réseaux de transport public lourd dans le centre ou leur arrivée dans les quartiers défavorisés en limite de la ville; ou bien encore la démolition du périphérique entre le centre historique et le front maritime de Rio de Janeiro. La définition du passage peut se révéler ainsi par sa présence ou son absence; pour ce qu'il est ou pour ce qu'il n'est pas, par l'absurde.

ANTICIPER LES RUPTURES

Un autre rôle du passage comme instrument est l'anticipation : il s'agit de concevoir les infrastructures flexibles autorisant des interventions plus légères qui permettent des améliorations progressives pour franchir une barrière, sans la nécessité d'une démolition totale.

BUENOS AIRES, DEUXIÈME PRIX EX AEQUO, CONCOURS IVM.
BUENOS AIRES, SECOND PRIZE EX AEQUO, IVM COMPETITION.
VOIR/SEE PAGE 223

Some designs dating back to the early 1960s adopted a functionalist approach while also maintaining a landscape dimension. Examples include El Aterro in Flamengo, which incorporated the landscape into the project, Sesquicentenario Bridge in Buenos Aires, a curved ramp that generates a continuous sequence of walking and cycling tracks, or old orbital roads, like Avenue General Paz, which were initially parkways of various kinds, but have become increasingly impenetrable freeway barriers.
Contemporary public transit infrastructures, like Avenue Jiménez in Bogotá, incorporate the idea of the passage right from the design stage.
What seems to be the determining factor in the impact a road has on its urban environment is the speed of traffic it is designed for.
Certain potential intervention strategies rely more on organization than on the resources employed. This was the case for the second prize in the Ciudad Universitaria competition of ideas in Buenos Aires, which simply proposes introducing a traffic light intersection in order to convert the existing expressway into an avenue. Viaducts and avenues do not need to be demolished, but can adjust their uses and functions to different times of day or different days of the week.
The other way to overcome an obstacle is simply to eliminate it. The demolition of the orbital road in Rio de Janeiro is a massive project, representing a drastic solution repeated in more than 70 places around the world, and one that arouses much debate./6 This may be seen as a turning point in the way road infrastructures are designed: what was designed for vehicles, and in the past celebrated with hope, now appears to be an almost irreparable fracture.
In Latin America, where capital resources are particularly lacking, and where poverty and inequality are greater than in Europe or North America, to think about passages is to look for an intelligent way of overcoming fractures. Ultimately, however, the aim should be to find ways to avoid them.

ANDRÉS BORTHAGARAY, architect, teacher (Buenos Aires, Palermo and Córdoba universities), director of IVM's Latin America program.

1/ cf. Revista R, www.ganarlacalle.org/passages

2/ Pérez Jaramillo, Jorge. «*Qué las ciudades sean lugares para la vida*» in Wainstein-Krazuck, Olga et Brandáriz, ediciones Concentra (2014).

3/ Molina y Vedia, La ciudad dulce, arquitecto Ernesto Vautier.

4/ cf. p. 222

5/ cf. IVM research hub p. 234-237 Passages, espacios de transición para el siglo XXI. Monográfico de la Revista R de la facultad de Arquitectura. Montevideo: Universidad de la República.

6/ Izaga, Fabiana: "*Los infortunios de la perimetral y las aspiraciones de las Vías Urbanas*". Passages, espacios de transición para el siglo XXI. Monográfico de la Revista R de la facultad de Arquitectura. Montevideo: Universidad de la República. pp. 104-108

À ce sujet, on constate, au cours d'un même projet, des variantes de traitement selon le niveau de ressources du quartier traversé. D'un côté une faille est ouverte, alors que de l'autre une certaine harmonie avec le contexte est respectée. Certains travaux du début des années 1960 adoptent une conception fonctionnaliste tout en respectant une dimension paysagère : El Aterro de Flamengo qui intégrait le paysage au projet, le pont de Sesquicentenario à Buenos Aires, rampe courbée assurant une continuité du cheminement doux, ou d'anciennes voiries périphériques, comme l'avenue du General Paz, initialement traitées sous diverses formes de parkway, qui sont aujourd'hui transformées en barrières autoroutières de plus en plus infranchissables.
Des infrastructures contemporaines de transport public, comme l'avenue Jiménez à Bogota, incluent l'idée de passage dès leur conception. Ce qui apparaît comme déterminant dans l'impact d'une voirie routière sur son contexte urbain est la vitesse de circulation pour laquelle elle est prévue. Certaines stratégies d'intervention possible s'appuient d'avantage sur l'organisation que sur les moyens mis en œuvre. C'est le cas du second prix pour le concours d'idées de la Ciudad Universitaria à Buenos Aires qui propose simplement la création de croisement à feux pour requalifier l'autoroute actuelle en avenue. L'usage et les fonctions des avenues et des viaducs peuvent, sans les démolir, changer selon les différentes heures ou les jours de la semaine.
L'autre manière de surmonter l'obstacle consiste en son élimination pure et simple. La démolition de la voie périphérique de Rio de Janeiro est un projet de grande envergure qui correspond à un type de solution drastique dont on peut trouver plus de 70 exemples à travers le monde, et qui font l'objet de débats./6 On peut y voir ici un point d'inflexion quant à la manière de concevoir les infrastructures routières : ce qui était conçu pour les véhicules, célébré avec espoir dans le passé apparaît aujourd'hui comme une fracture difficile à réparer.
En Amérique Latine, où tout particulièrement les ressources en capitaux sont moindres, où la pauvreté et l'inégalité sont supérieures au contexte européen ou nord américain, la réflexion sur le passage implique une manière intelligente de surmonter les ruptures. Mais il s'agit avant tout de considérer la manière de les éviter.

ANDRÉS BORTHAGARAY, architecte, enseignant (Universités de Buenos Aires, Palermo et Córdoba, Argentine), Directeur du programme IVM Amérique latine.

1/ cf. Revista R, www.ganarlacalle.org/passages

2/ Pérez Jaramillo, Jorge. «*Qué las ciudades sean lugares para la vida*» in Wainstein-Krazuck, Olga et Brandáriz, ediciones Concentra (2014).

3/ Molina y Vedia, La ciudad dulce, arquitecto Ernesto Vautier.

4/ cf. p. 222.

5/ p. 234-237. Monográfico de la Revista R de la facultad de Arquitectura. Montevideo: Universidad de la República.

6/ Izaga, Fabiana: *Los infortunios de la perimetral y las aspiraciones de las Vías Urbanas.* Passages, espacios de transición para el siglo XXI. Monográfico de la Revista R de la facultad de Arquitectura. Montevideo: Universidad de la República. pp. 104-108

© XI Wenlei, in *Shanghai Shikumen*

DÉMONSTR
IVM

IVM
DEMONSTR

ATEURS

ATORS

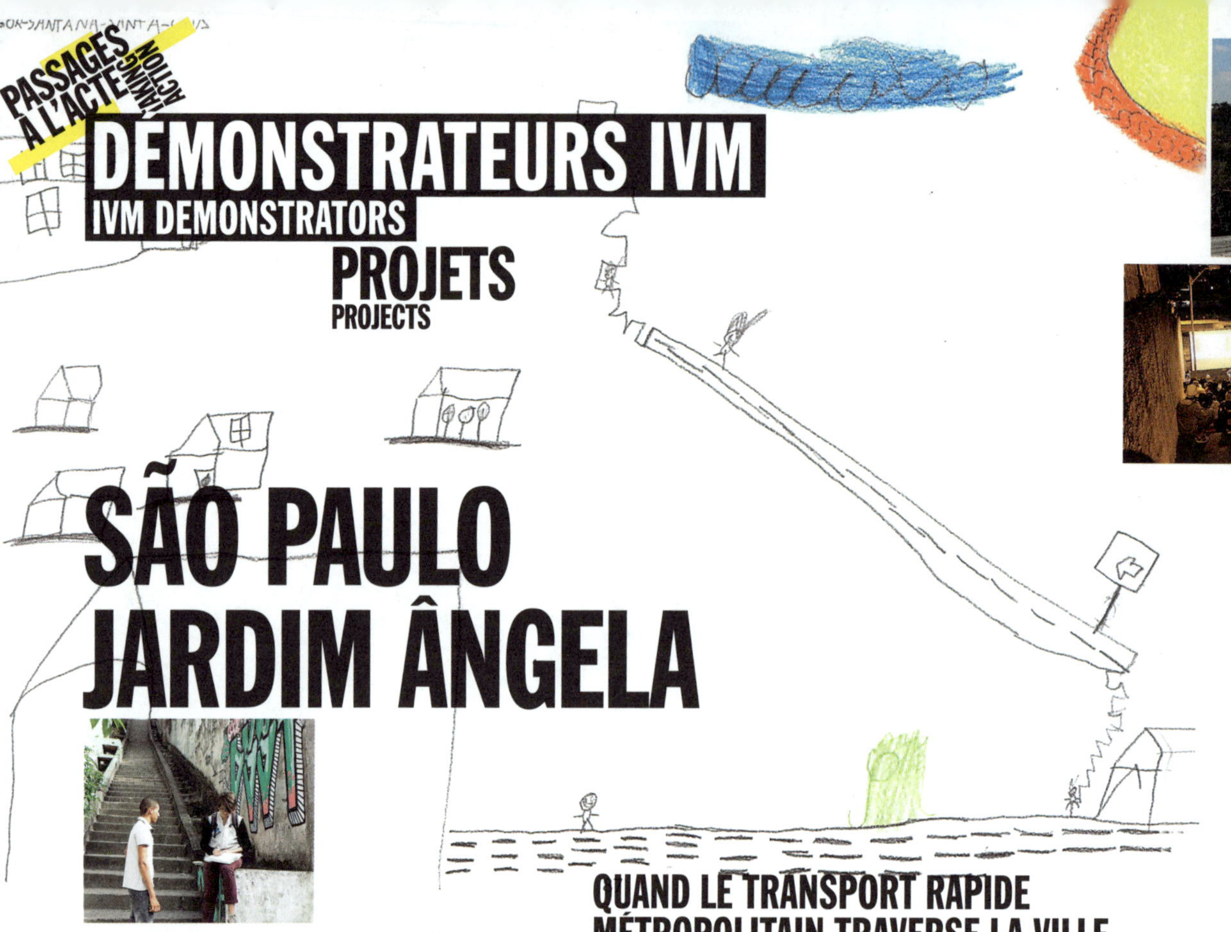

DÉMONSTRATEURS IVM
IVM DEMONSTRATORS

PROJETS
PROJECTS

SÃO PAULO JARDIM ÂNGELA

WHEN METROPOLITAN RAPID TRANSIT PASSES THROUGH THE OUTSKIRTS OF THE CITY

Located in the far south of the São Paulo conurbation, Jardim Ângela is typical of districts located on the outskirts of big cities, a place of multiple problems: a precarious population, excluded from the dynamics of employment, isolated from the big economic and cultural centers through lack of public transportation, with—until recently—record-breaking levels of violence.

The decision by São Paulo municipality to create a new network of dedicated Bus Rapid Transit (BRT) corridors along the district's main artery, with its own metropolitan terminal, promises to reconnect almost a million people to the city's transit network.

However, its implementation faces a twofold problem: overcoming the mismatch between the scale of the site and its environment, without turning this network into an additional local barrier; resolving topographical problems in an area characterized by hills and underground watercourses.

QUAND LE TRANSPORT RAPIDE MÉTROPOLITAIN TRAVERSE LA VILLE PÉRIPHÉRIQUE

Situé à l'extrême sud de l'agglomération de São Paulo, le quartier du Jardim Ângela, incarne l'archétype de la périphérie des grandes métropoles, concentrant bien des problèmes : une population aux conditions précaires, exclue des dynamiques d'emploi, isolée des grands pôles économiques et culturels car peu desservie en transport en commun, et une violence qui battait tous les records encore récemment.

La décision de la municipalité de São Paulo de créer un nouveau réseau de couloirs exclusifs de Bus Rapid Transit (BRT) le long de l'artère principale du quartier avec son terminal métropolitain, promet de reconnecter près d'un million de personnes au réseau de mobilité de la métropole. Mais sa mise en œuvre se heurte à une double problématique : dépasser l'inadéquation d'échelle du site avec son environnement sans faire de ce réseau une frontière locale supplémentaire ; résoudre les questions topographiques dans un territoire fait de collines et de cours d'eau souterrains.

ANOTHER WAY OF DOING PROJECTS

Since 2015, IVM Brazil has put together a research team consisting of mobility specialists, young urban design collectives, and local organizations, to inventory the passages within Jardim Ângela and their different uses. Drawing on numerous interviews with inhabitants and on workshops with children from different schools, the research showed the potential of passages as a means to enhance macro-accessibility and urban quality through the numerous functions they perform today: movements of people, goods transport, children's playgrounds, neighborhood social spaces, temporary music stages, etc. The studies conducted during the research produced the following outcomes:

■ Film production: portraits of typical inhabitants moving around the district, their daytime and nighttime journeys to access the rapid transit lines taking them to their jobs in São Paulo.

■ A detailed map of the stairways, passages, routes, and most dangerous locations, with a view to planning urban improvements: lighting, cleanup, resting time, control of water flows...

■ The presentation of this work at the Jardim Ângela Social Forum, a monthly event that brings together all the region's voluntary organizations.

■ The organization of collaborative workshops to renovate a staircase.

New projects are already in preparation:

■ A set of recommendations for São Paulo's public works department: passages, micro-accessibility, and new rapid transit lines.

■ Preparation for the interdisciplinary professional competition Passages Jardim Ângela, which will be launched in 2017, focusing on the revitalization of three existing passages within the district.

.../

UNE AUTRE MANIÈRE DE FAIRE PROJET

Depuis 2015, IVM Brésil a rassemblé une équipe de recherche composée de spécialistes de la mobilité, de jeunes collectifs en urbanisme et d'associations locales pour constituer l'état des lieux des passages du quartier du Jardim Ângela et de leurs différents usages. En s'appuyant sur de nombreuses interviews des habitants et des ateliers avec les enfants de différentes écoles, la recherche a mis en évidence le potentiel des passages comme vecteurs de macro-accessibilité et d'urbanité par les nombreuses fonctions qu'ils assument aujourd'hui : mobilité des personnes, transports des marchandises, espace de jeux des enfants, lieux de sociabilité du voisinage, scène musicale éphémère, etc.

Les études menées au cours de la recherche se sont traduites par :

■ La réalisation de films : portraits de figures d'habitants sur leurs mobilités et leurs parcours de nuit, de jour, à l'intérieur du quartier, pour rejoindre les transports publics rapides qui les conduisent à leur travail dans São Paulo.

■ La cartographie détaillée des escaliers, des passages, des parcours, des lieux les plus dangereux afin d'envisager des aménagements urbains : lumière, propreté, temps de pause, traitement d'écoulement des eaux...

■ La présentation de ces travaux dans le cadre du Forum Social de Jardim Ângela, un évènement mensuel qui rassemble toutes les associations de la région.

■ L'organisation d'ateliers collaboratifs pour la rénovation d'un escalier.

De nouveaux projets sont d'ores et déjà en cours d'élaboration :

■ Un cahier de recommandations pour le département des travaux public de la ville de São Paulo : passages, micro-accessibilité et nouvelles lignes de transport rapide.

■ La préparation du concours professionnel interdisciplinaire Passages Jardim Ângela qui sera lancé en 2017 et qui portera sur la revitalisation de trois passages existants du quartier.

.../

PROJETS
PROJECTS

.../JARDIM ÂNGELA

UN DES TROIS SITES DU CONCOURS, 2017
ONE OF THE THREE SITES OF THE COMPETITION, 2017

AN INTERDISCIPLINARY AND COLLABORATIVE READING TO HIGHLIGHT THE CONNECTORS OF MOBILITY

The research on Passages Jardim Ângela takes a new look at the informal networks of passages present in the southern part of São Paulo, as the access key to the most remote areas of this district located on the edge of the Brazilian megacity.
Unrecorded on official maps, infinite in their spatial variants, the passages—despite their precariousness—afford the opportunity to cross the barriers imposed by the area's fractured topography and to maintain the connection between the residential neighborhoods and the great arteries of metropolitan mobility.
The research, which involved residents' extensive participation and took account of their practices, revealed the existence of a dense web of shortcuts running through the urban fabric, infiltrating between the buildings, and forming the only access routes used by the population to make their way through the density of the informal neighborhoods.
In this sense, the passages embody the

UNE LECTURE INTERDISCIPLINAIRE ET COLLABORATIVE POUR METTRE EN LUMIÈRE LES ARTICULATEURS DE MOBILITÉ

La recherche Passages Jardim Ângela porte un regard neuf sur les réseaux informels des passages existants de la région sud de São Paulo, comme fondement de l'accès aux territoires les plus reculés de ce quartier en marge de la mégalopole brésilienne.
Oubliés des cartes officielles, aux déclinaisons spatiales infinies, les passages constituent, malgré leur précarité, l'opportunité de franchir des barrières imposées par la topographie accidentée du territoire et garantissent la connexion entre les quartiers d'habitation et les grands axes de mobilité métropolitaine.
Les travaux de la recherche, qui ont largement impliqué les habitants et tenu compte de leurs usages, ont révélé l'existence d'un maillage dense de raccourcis qui percent le tissu urbain,

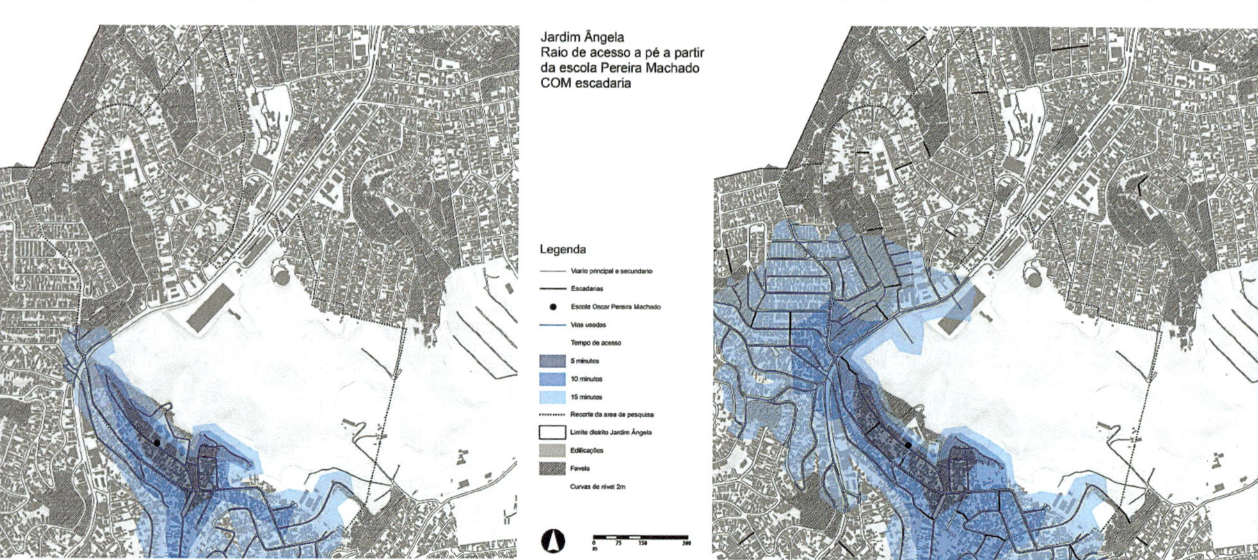

SIMULATIONS DE L'ACCÈS AU TERRITOIRE à partir d'une école de la région en 5, 10, et 15 min à pied, en empruntant les voies principales, sans, puis avec les passages.

SIMULATIONS OF ACCESS TO THE AREA from a school in the region in 5, 10, and 15 mins on foot, using the main roads, first without, then with the passages. ©IVM Brésil

spatial opportunity of public space, notably absent from an area where buildings spring up in the smallest interstices. Like a series of protected micro-spaces, they are open to other social and cultural functions at present sporadically exploited by the inhabitants, which IVM's research seeks to reinforce and preserve. The professional competition, to be launched in 2017, proposes to revitalize the multifunctional use of three key passages, in order to raise awareness of the importance of these instruments of micro-mobility. In so doing, it seeks to prepare the ground for a new instrument for fostering localized social practices, which can be applied in public development practices.

CAMILLE BIANCHI, architect, urbanist (Readymake), teacher at Escola da Cidade in São Paulo, project manager of Jardim Ângela.

s'infiltrent entre les constructions et tracent dans la densité des quartiers vernaculaires les seules voies d'accès empruntées par la population. Les passages incarnent ainsi l'opportunité spatiale d'un espace public, grand absent du territoire où les moindres interstices ont fait l'objet de nouvelles constructions. Comme autant de micro-espaces préservés, ils s'ouvrent à d'autres fonctions sociales et culturelles, aujourd'hui exploitées sporadiquement par les habitants, mais que la recherche de l'IVM cherche à renforcer et pérenniser. Le concours professionnel, lancé en 2017, propose de revitaliser l'usage multifonctionnel de trois passages clés pour engager une prise de conscience de l'importance de ces instruments de micro-mobilité et poser les jalons d'un nouvel outil de mise en valeur des pratiques sociales du territoire à disposition des politiques publiques d'aménagement.

CAMILLE BIANCHI, architecte, urbaniste (Readymake), enseignante à Escola da Cidade à São Paulo, chef du projet Jardim Ângela.

DÉMONSTRATEURS IVM
IVM DEMONSTRATORS
ÉTUDIANTS
STUDENTS

BUENOS AIRES

© IVM

ONE PASSAGE, ONE CITY THE SCALABRINI ORTIZ FOOTBRIDGE

A site divided by an urban freeway and a railway line with an underused station, a long way away and poorly connected to the destination amenities. The only crossing is an awkward footbridge with a dangerous exit.

THE CHALLENGES To convert the footbridge into a "passage" to facilitate connections between the city of Buenos Aires, Núñez University student residence, the Monumental football stadium, and the La Plata River.
A two phase competition of ideas open to architecture students from 20 Argentinian universities.
Organized by Sociedad Central de Arquitectos, the Amigos del Lago de Palermo Association, Buenos Aires University's Faculty of Architecture, Design and Urbanism, the ALVINA Foundation and the City's Department of Mobility.

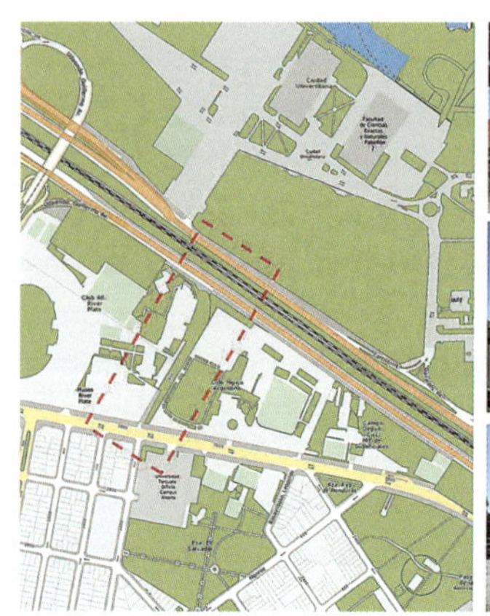

L'AUTOROUTE, une barrière entre la ville, le fleuve et la cité universitaire
THE FREEWAY, a barrier between city, river, and the ciudad universitaria

© IVM

UN PASSAGE, UNE VILLE LA PASSERELLE SCALABRINI ORTIZ

Un site divisé par une autoroute urbaine et une voie ferrée dont la gare, éloignée et mal connectée aux équipements desservis, est sous-utilisée. Le seul franchissement est une passerelle inconfortable dont la sortie est dangereuse.

LES DÉFIS Transformer la passerelle en « passage » pour faciliter les connexions entre la ville de Buenos Aires, la cité universitaire de Núñez, le stade de football Monumental et le fleuve de la Plata.
Concours d'idées en deux phases, présélection et workshop d'août à septembre 2014, ouvert aux étudiants en architecture de vingt universités en Argentine.
Organisé par la Sociedad Central de Arquitectos, l'association Amigos del Lago de Palermo, la Faculté d'Architecture, de design et d'urbanisme de l'Université de Buenos Aires, la Fondation ALVINA et le département de mobilité de la Ville.

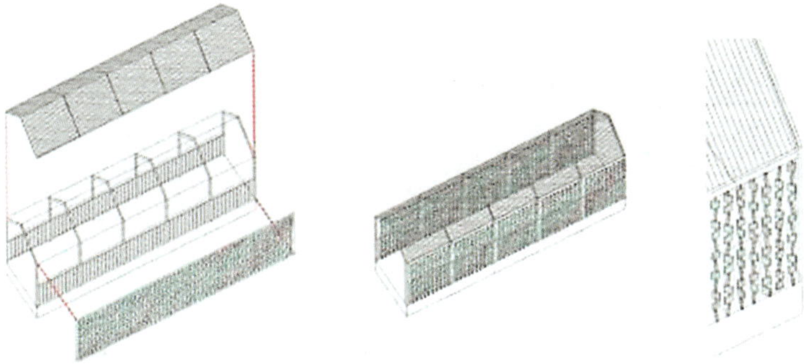

Plusieurs stratégies proposées par les équipes primées, de la requalifacion de la passerelle à la transformation de la voie expresse en boulevard urbain.

Several strategies proposed by the winning teams, from an upgrade of the footbridge to conversion of the expressway to an urban boulevard.

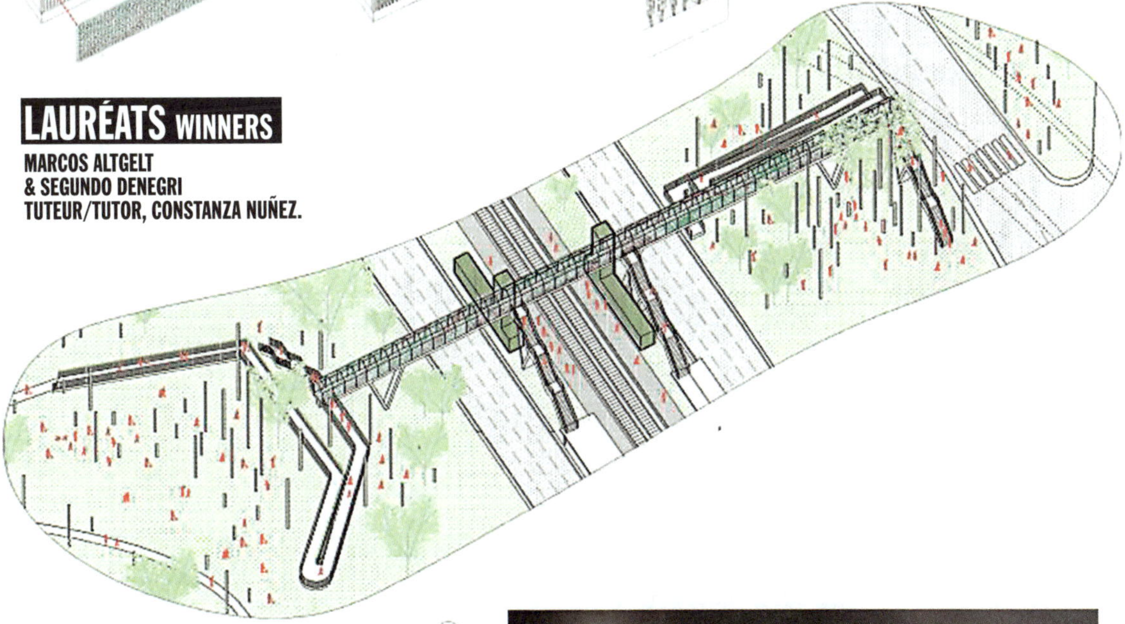

LAURÉATS WINNERS

MARCOS ALTGELT
& SEGUNDO DENEGRI
TUTEUR/TUTOR, CONSTANZA NUÑEZ.

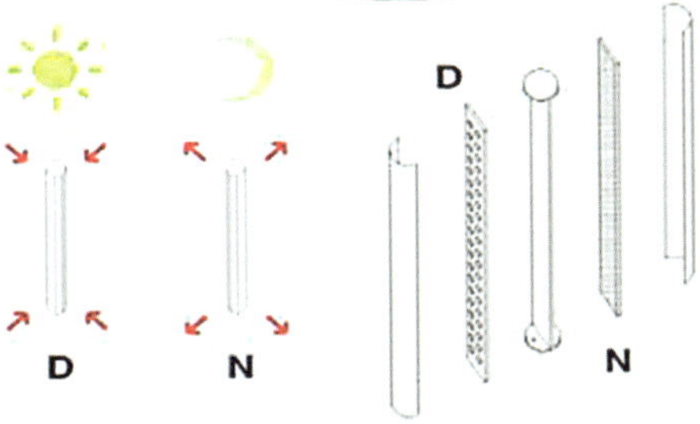

D N D N

SECONDS PRIX EX AEQUO
JOINT SECOND PRIZES

GABRIEL SAFRANCHIK, JAVIER DEYHERALDE, FABIÁN DEJTIAR Y SANTIAGO TRIVILINO. COLABORADORA, AILÉN ALJADEFF. TUTEUR/TUTOR, LUDMILA CRIPPA.

RODRIGO DI CESARE, IGNACIO DI GILIO, LAUTARO VOGEL Y EMIR ZUAIN. TUTEUR/TUTOR, JUAN CARLOS ETULAIN.

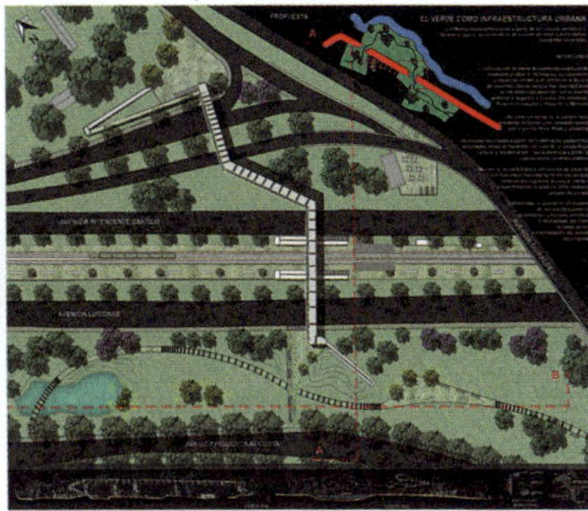

DÉMONSTRATEURS IVM
IVM DEMONSTRATORS

ÉTUDIANTS
STUDENTS

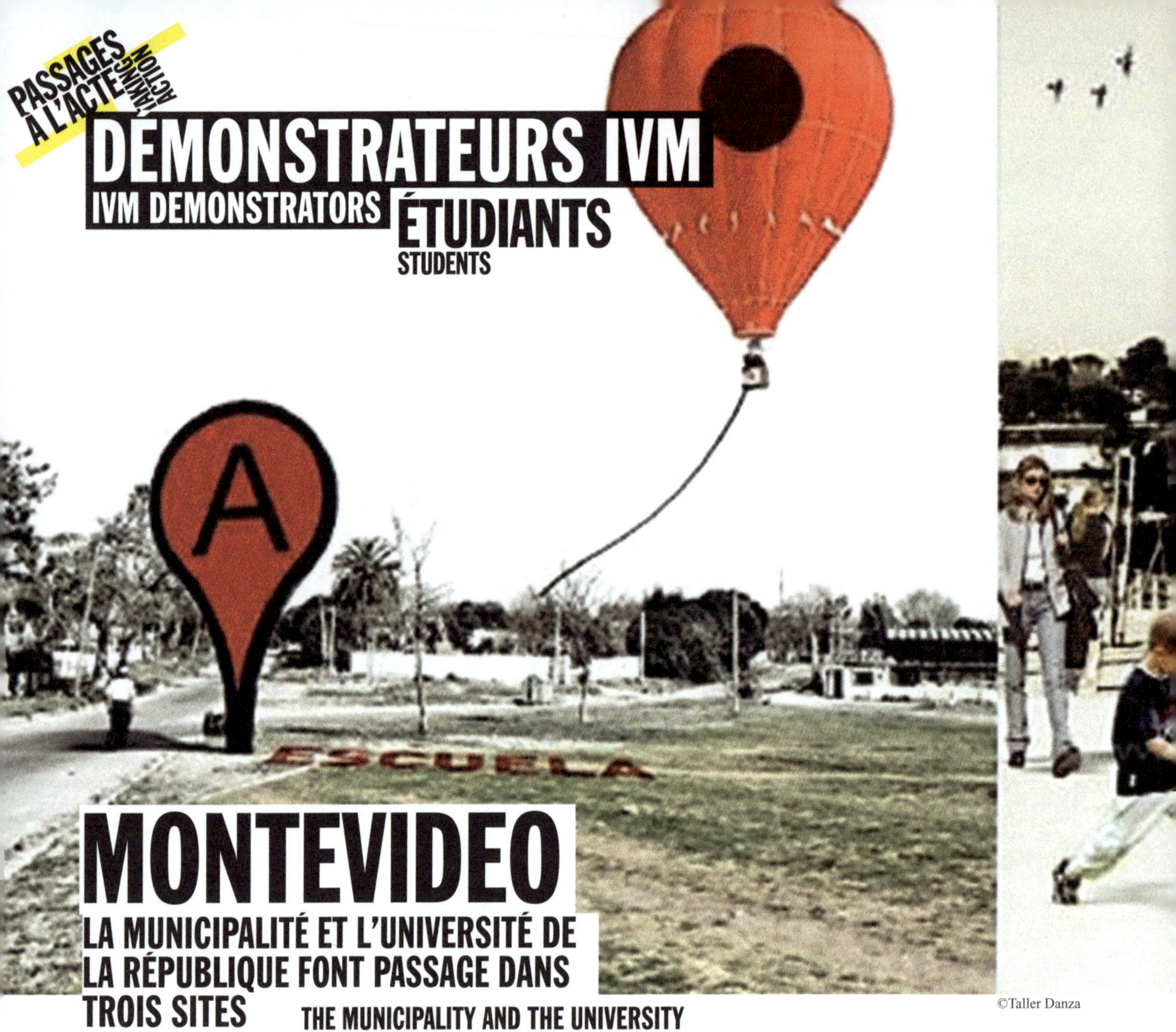

©Taller Danza

MONTEVIDEO

LA MUNICIPALITÉ ET L'UNIVERSITÉ DE LA RÉPUBLIQUE FONT PASSAGE DANS TROIS SITES

THE MUNICIPALITY AND THE UNIVERSITY OF THE REPUBLIC JOIN FORCES TO CREATE PASSAGES

SMVD + P SEMINAR
PASSAGES: AN INSTRUMENT FOR A NEW APPROACH TO URBAN PLANNING?

The MVD Seminar was a forum for debates and academic research around urban questions, based on a multidisciplinary approach. Nine project workshops with more than 200 students supported by teachers, developed new ideas in three districts of Montevideo. Since then, a student competition has been organized with the Municipality to implement a project on the Casavalle site.

In the three different sites, the small public spaces associated with resident mobility had been ignored, both in the 1950s under state planning and in the 1960s and 1970s when the construction of large

.../

SEMINARIO SMVD + P
PASSAGES : UN OUTIL POUR REPENSER LA PLANIFICATION URBAINE ?

Le Séminaire MVD propose des activités de rencontres et de recherche académiques autour de questions urbaines selon une approche multidisciplinaire. Neuf ateliers de projet de plus de 200 étudiants ont porté sur les passages dans trois quartiers de Montevideo. Depuis, un concours étudiants a été organisé avec la municipalité pour réaliser un projet sur le site de Casavalle.

Sur les trois sites, les petits espaces publics liés à la mobilité des citadins avaient été ignorés, aussi bien dans les années 50 par la planification publique, que dans les réalisations des an-

.../

©Andrea Sellanes

CASAVALLE

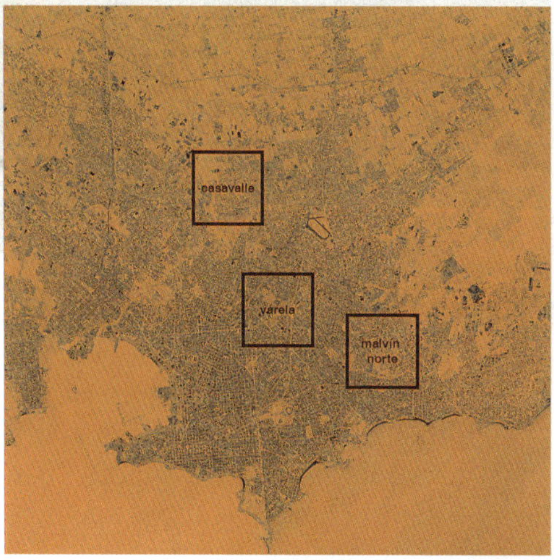

casavalle

varela

malvin norte

VARELA

MALVÍN NORTE

© Taller Betolaza

PASSAGES À L'ACTE

DÉMONSTRATEURS IVM
IVM DEMONSTRATORS
ÉTUDIANTS
STUDENTS

.../MONTEVIDEO

objects continued, introducing further fractures into the urban fabric. The absence of a planning authority from the mid-1970s exacerbated this "fragmentation". Infrastructures, monofunctional zones, dilapidated suburbs characterized by precarious housing neighborhoods, has today become a big challenge. The problem needs to be approached from a more complex perspective in order to resolve the parallel questions of transportation and access to urban amenities, and to draw on their ability to transform the landscape in order to produce public space. "Passages" constitute experimental tools for tackling the issue of accessibility, pedestrian access and the micro-scale.

NUMÉRO SPÉCIAL « PASSAGES », revue universitaire Revista R, sur le séminaire et les études de cas latino-américains.

SPECIAL "PASSAGES" ISSUE, academic journal Revista R, on the seminar and Latin American case studies.

nées 60 et 70, qui ont poursuivi cette réalisation de grandes pièces urbaines productrices de fractures. L'absence d'une autorité planificatrice à partir du milieu des années 70 a aggravé cette « désarticulation ». Infrastructures, zones monofonctionnelles et périphéries dégradées où se sont implantés des quartiers d'habitat précaire constituent aujourd'hui un grand défi. Il faut penser le problème dans une optique plus complexe : résoudre en même temps les questions de transport et d'accessibilité aux aménités urbaines, s'appuyer sur leur caractère transformateur du paysage pour produire de l'espace public. Les « Passages » constituent des outils expérimentaux pour traiter l'accessibilité, la circulation piétonne et la micro-échelle.

Le premier site, Casavalle, est une des zones les plus précarisées et stigmatisées, dans une aire

© Daniella Urrutia

The first site, Casavalle, which stands at the interface between city and country, is one of the most vulnerable and stigmatized zones. Over the years, it has been the target of multiple public interventions, becoming a vast laboratory for experiments in urban and housing policies, as well as interventions by private actors and NGOs. The year 2010 saw the establishment of the Consejo Casavalle, where the different actors have joined forces to devise action strategies together, to pool synergies and to optimize public resources. The context of the Cañada Pacheco district and its future transformation provided an opportunity to test the impact of this approach: Passages as an operational tactic in a degraded environment.

The second site, Malvín Norte, is an example of the big estate models of the 1960s, isolated from the rest of the city and lacking internal connections. In what way can the issue of passages become an instrument for action in conditions where networks of movement are entirely lacking within the district?

For its part, the José Pedro Valera district is located on a major axis of future urban development (Corridor Centenario) where a series of strategic operations come together with the construction of big transportation infrastructures, metropolitan scale amenities, and residential complexes. Metaphorically and spatially, it constitutes a great urban passage: from the coastal city to the interior city, between 20th-century urban culture and 21st-century projects.

DANIELLA URRUTIA, architect, teacher at the University of the Republic.

d'interface urbano-rurale. Au cours des années, elle a fait l'objet de multiples interventions publiques, devenant un vaste territoire d'expérimentation des politiques urbaines et d'habitat, et d'interventions privées ou d'ONG. Depuis 2010 s'est constitué le Consejo Casavalle, qui regroupe les différents acteurs pour définir ensemble des stratégies d'action, mutualiser les synergies et optimiser les ressources publiques. Le contexte du quartier Cañada Pacheco et de sa future transformation ont permis de tester la portée de cette approche Passages comme tactique opérationnelle dans un environnement dégradé.

Le second site Malvín Norte est représentatif du modèle des grands ensembles des années 60, isolé du reste de la ville et sans connexion interne. En quoi la question passages peut-elle être un instrument pour l'action, dans ce contexte d'absence absolue de réseaux de circulation interne?

Le quartier José Pedro Valera quant à lui, s'inscrit dans un axe majeur du développement de la ville (Corridor Centenario) qui condense un ensemble d'opérations stratégiques (grandes infrastructures de transport, équipements d'échelle métropolitaine, ensembles résidentiels). Il constitue métaphoriquement et spatialement un grand passage urbain, de la ville côtière à la ville intérieure, entre la culture urbaine du 20e siècle et les projets du 21e siècle.

DANIELLA URRUTIA, architecte, enseignante à l'université de la République.

LAURÉATS WINNERS

NICOLÁS ALONZO, TABARÉ EGAÑA ET FEDERICO REAL

CONCOURS ÉTUDIANT "CONNECTER CASAVALLE"

STUDENT COMPETITION "CONNECTING CASAVALLE"

Le projet propose un élément qui serait à la fois un pont et un square. Cette surface unique, plane et propice à un usage collectif, connecte ainsi les deux rives de la Cañada Mathilde Pacheco et crée un nouveau lieu de rassemblement qui met en valeur la qualité paysagère du site.

The winning project proposes an element that is simultaneously a bridge and a square. This single, flat surface, suitable for collective use, connects the two banks of the Cañada Mathilde Pacheco and creates a new meeting place that emphasizes the quality of the site's landscape.

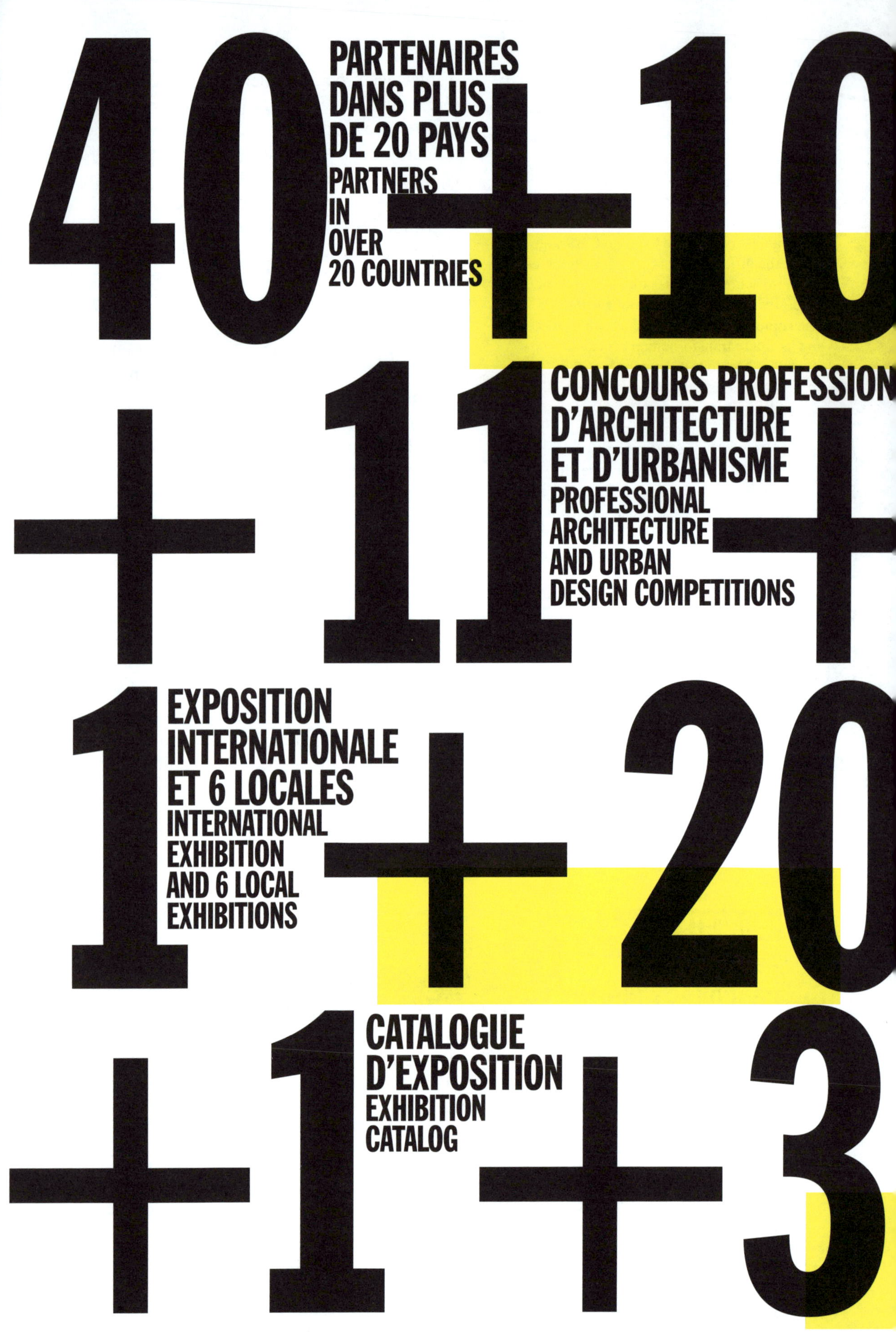
40
PARTENAIRES
DANS PLUS
DE 20 PAYS
PARTNERS
IN
OVER
20 COUNTRIES
+10
+11
CONCOURS PROFESSION
D'ARCHITECTURE
ET D'URBANISME
PROFESSIONAL
ARCHITECTURE
AND URBAN
DESIGN COMPETITIONS
+1
EXPOSITION
INTERNATIONALE
ET 6 LOCALES
INTERNATIONAL
EXHIBITION
AND 6 LOCAL
EXHIBITIONS
+20
+1
CATALOGUE
D'EXPOSITION
EXHIBITION
CATALOG
+3

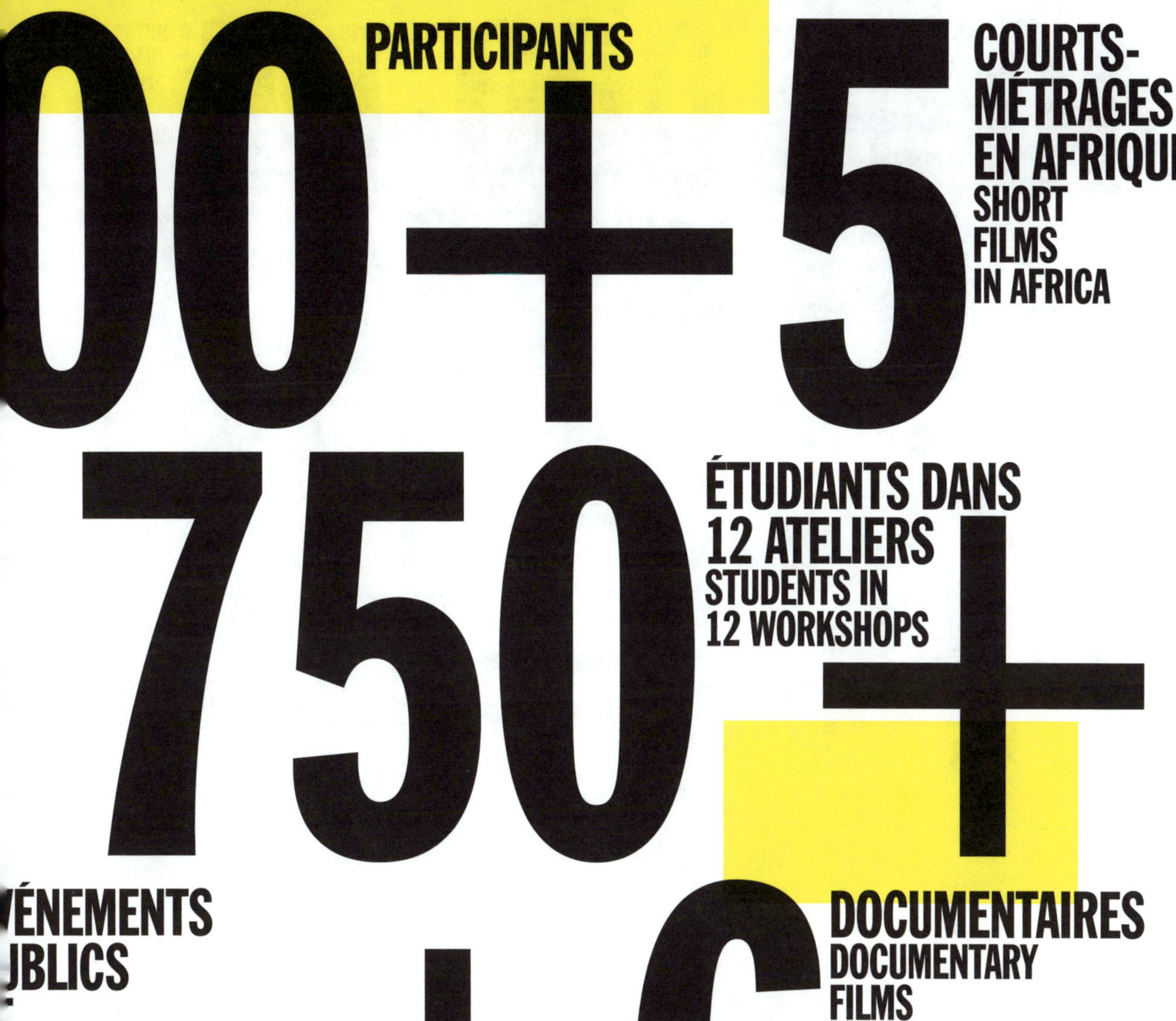

IVRES
OOKS

LE PROGRAMME INTERNATIONAL DE L'IVM

IVM'S INTERNATIONAL PROGRAM

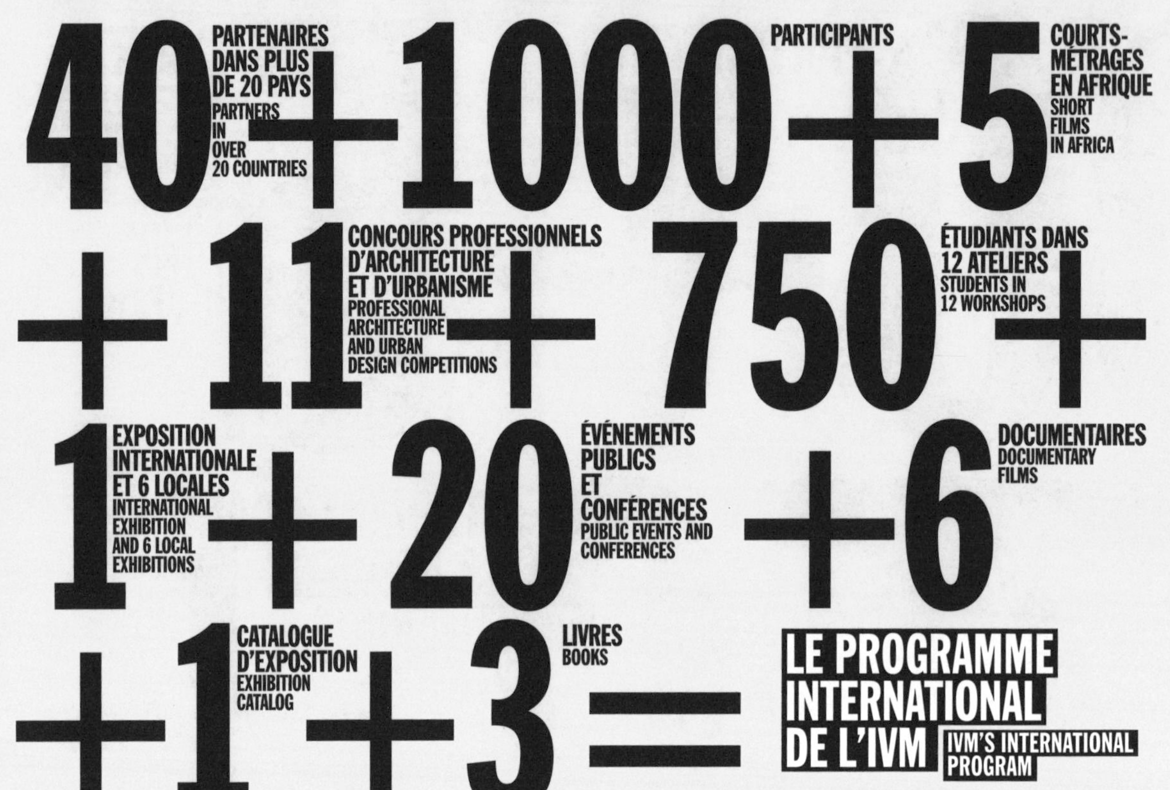
40
PARTENAIRES DANS PLUS DE 20 PAYS
PARTNERS IN OVER 20 COUNTRIES
+ 1000
PARTICIPANTS
+ 5
COURTS-MÉTRAGES EN AFRIQUE
SHORT FILMS IN AFRICA
+ 11
CONCOURS PROFESSIONNELS D'ARCHITECTURE ET D'URBANISME
PROFESSIONAL ARCHITECTURE AND URBAN DESIGN COMPETITIONS
+ 750
ÉTUDIANTS DANS 12 ATELIERS
STUDENTS IN 12 WORKSHOPS
+ 1
EXPOSITION INTERNATIONALE ET 6 LOCALES
INTERNATIONAL EXHIBITION AND 6 LOCAL EXHIBITIONS
+ 20
ÉVÉNEMENTS PUBLICS ET CONFÉRENCES
PUBLIC EVENTS AND CONFERENCES
+ 6
DOCUMENTAIRES
DOCUMENTARY FILMS
+ 1
CATALOGUE D'EXPOSITION
EXHIBITION CATALOG
+ 3
LIVRES
BOOKS
=
LE PROGRAMME INTERNATIONAL DE L'IVM
IVM'S INTERNATIONAL PROGRAM

40+1000+5
+11+750+
1+2
+1+

PARTOUT DANS LE MONDE

WORLD PASSAGES

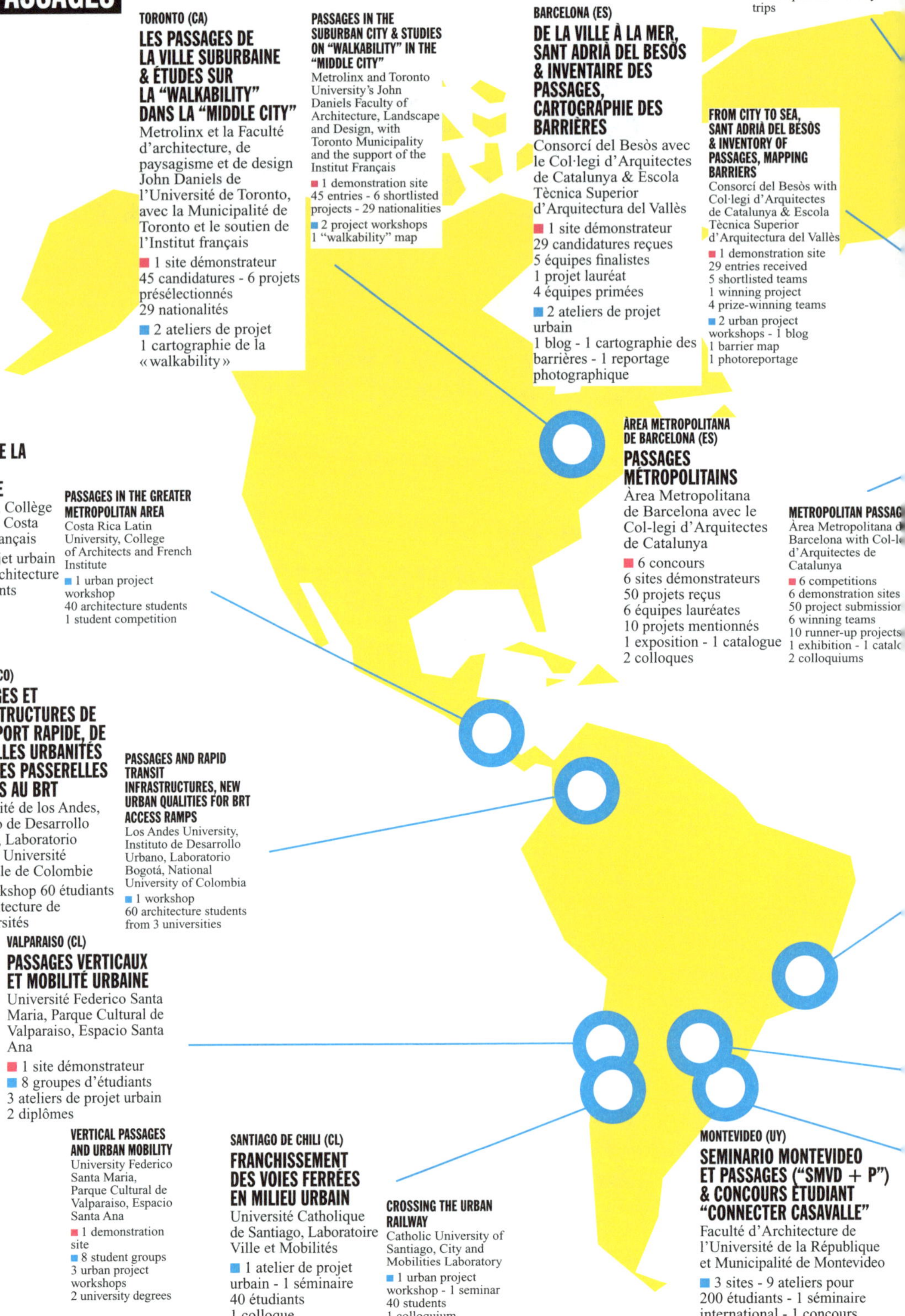

NANTES (FR)

"FAIRE PASSAGE, FAIRE SENS" ET "PASSAGES DE L'UTOPIE"

École Nationale Supérieure d'architecture de Nantes

■ 8 groupes d'étudiants en ateliers de projet urbain
2 colloques
2 voyages d'études

"MAKE-UP A PASSAGE, A SIGNIFICANT PLACE" AND "PASSAGES OF UTOPIA"

Nantes Higher National School of Architecture

■ 8 student groups in urban project workshops
2 colloquiums - 2 study trips

TORONTO (CA)

LES PASSAGES DE LA VILLE SUBURBAINE & ÉTUDES SUR LA "WALKABILITY" DANS LA "MIDDLE CITY"

Metrolinx et la Faculté d'architecture, de paysagisme et de design John Daniels de l'Université de Toronto, avec la Municipalité de Toronto et le soutien de l'Institut français

■ 1 site démonstrateur
45 candidatures - 6 projets présélectionnés
29 nationalités

■ 2 ateliers de projet
1 cartographie de la « walkability »

PASSAGES IN THE SUBURBAN CITY & STUDIES ON "WALKABILITY" IN THE "MIDDLE CITY"

Metrolinx and Toronto University's John Daniels Faculty of Architecture, Landscape and Design, with Toronto Municipality and the support of the Institut Français

■ 1 demonstration site
45 entries - 6 shortlisted projects - 29 nationalities

■ 2 project workshops
1 "walkability" map

BARCELONA (ES)

DE LA VILLE À LA MER, SANT ADRIÀ DEL BESÒS & INVENTAIRE DES PASSAGES, CARTOGRAPHIE DES BARRIÈRES

Consorcí del Besòs avec le Col·legi d'Arquitectes de Catalunya & Escola Tècnica Superior d'Arquitectura del Vallès

■ 1 site démonstrateur
29 candidatures reçues
5 équipes finalistes
1 projet lauréat
4 équipes primées

■ 2 ateliers de projet urbain
1 blog - 1 cartographie des barrières - 1 reportage photographique

FROM CITY TO SEA, SANT ADRIÀ DEL BESÒS & INVENTORY OF PASSAGES, MAPPING BARRIERS

Consorcí del Besòs with Col·legi d'Arquitectes de Catalunya & Escola Tècnica Superior d'Arquitectura del Vallès

■ 1 demonstration site
29 entries received
5 shortlisted teams
1 winning project
4 prize-winning teams

■ 2 urban project workshops - 1 blog
1 barrier map
1 photoreportage

ÀREA METROPOLITANA DE BARCELONA (ES)

PASSAGES MÉTROPOLITAINS

Àrea Metropolitana de Barcelona avec le Col-legi d'Arquitectes de Catalunya

■ 6 concours
6 sites démonstrateurs
50 projets reçus
6 équipes lauréates
10 projets mentionnés
1 exposition - 1 catalogue
2 colloques

METROPOLITAN PASSAG

Àrea Metropolitana d
Barcelona with Col-l
d'Arquitectes de Catalunya

■ 6 competitions
6 demonstration sites
50 project submission
6 winning teams
10 runner-up projects
1 exhibition - 1 catalo
2 colloquiums

SAN JOSÉ (CR)

LES PASSAGES DE LA GRANDE AIRE MÉTROPOLITAINE

Université Latine, Collège des architectes du Costa Rica et Institut Français

■ 1 atelier de projet urbain
40 étudiants en architecture
1 concours étudiants

PASSAGES IN THE GREATER METROPOLITAN AREA

Costa Rica Latin University, College of Architects and French Institute

■ 1 urban project workshop
40 architecture students
1 student competition

BOGOTÁ (CO)

PASSAGES ET INFRASTRUCTURES DE TRANSPORT RAPIDE, DE NOUVELLES URBANITÉS POUR LES PASSERELLES D'ACCÈS AU BRT

Université de los Andes, Instituto de Desarrollo Urbano, Laboratorio Bogotá, Université Nationale de Colombie

■ 1 workshop 60 étudiants en architecture de 3 universités

PASSAGES AND RAPID TRANSIT INFRASTRUCTURES, NEW URBAN QUALITIES FOR BRT ACCESS RAMPS

Los Andes University, Instituto de Desarrollo Urbano, Laboratorio Bogotá, National University of Colombia

■ 1 workshop
60 architecture students from 3 universities

VALPARAISO (CL)

PASSAGES VERTICAUX ET MOBILITÉ URBAINE

Université Federico Santa Maria, Parque Cultural de Valparaiso, Espacio Santa Ana

■ 1 site démonstrateur
■ 8 groupes d'étudiants
3 ateliers de projet urbain
2 diplômes

VERTICAL PASSAGES AND URBAN MOBILITY

University Federico Santa Maria, Parque Cultural de Valparaiso, Espacio Santa Ana

■ 1 demonstration site
■ 8 student groups
3 urban project workshops
2 university degrees

SANTIAGO DE CHILI (CL)

FRANCHISSEMENT DES VOIES FERRÉES EN MILIEU URBAIN

Université Catholique de Santiago, Laboratoire Ville et Mobilités

■ 1 atelier de projet urbain - 1 séminaire
40 étudiants
1 colloque

CROSSING THE URBAN RAILWAY

Catholic University of Santiago, City and Mobilities Laboratory

■ 1 urban project workshop - 1 seminar
40 students
1 colloquium

MONTEVIDEO (UY)

SEMINARIO MONTEVIDEO ET PASSAGES ("SMVD + P") & CONCOURS ÉTUDIANT "CONNECTER CASAVALLE"

Faculté d'Architecture de l'Université de la République et Municipalité de Montevideo

■ 3 sites - 9 ateliers pour 200 étudiants - 1 séminaire international - 1 concours étudiants - 1 publication (Revista R)

■ concours internationaux d'architecture et d'urbanisme
■ hub de recherche
■ 5 courts-métrages réalisés en Afrique

■ international architecture and urban design competitions
■ research hub
■ 5 short films made in Africa

(FR)
ER LES PASSAGES
ÉRIPHÉRIQUE
Nationale Supérieure
:hitecture de La
te
tude

DEVISING PASSAGES FOR THE *PÉRIPHÉRIQUE*
La Villette Higher National School of Architecture
■ 1 study

ANVERS (BE)
LES PASSAGES DE LA VILLE SUBURBAINE
Université d'Anvers
■ 1 voyage d'étude
1 étude préliminaire
30 étudiants

PASSAGES IN THE SUBURBAN CITY
Antwerp University
■ 1 study trip
1 preliminary study
30 students

SHANGHAI (CN)
CRÉER DE L'URBANITÉ PAR LES PASSAGES DANS LE SITE RÉAPPROPRIÉ DE L'EXPO 2010 & LES PASSAGES DE LA VILLE CHINOISE CONTEMPORAINE
Université de Tongji, Expo Shanghai Group, IVM Chine et le soutien d'Eastern China Architecture Design Institute et Shanghai Urban Planning Institute
■ 1 site démonstrateur
51 candidatures
21 nationalités
8 équipes pour un workshop - 1 projet lauréat
1 second prix - 1 second prix ex-aequo
■ 1 séminaire
1 workshop d'étudiants

TOURS & SAINT-PIERRE-DES-CORPS (FR)
ET SI L'AUTOROUTE A10 OUVRAIT LE(S) PASSAGE(S) URBAIN(S) ?
Communauté d'agglomération Tours(+), VINCI Autoroutes et piloté par l'Agence d'urbanisme ATU, avec la contribution de l'université de Tours
■ 1 site démonstrateur
50 candidatures
19 nationalités
1 workshop pour 7 équipes

WHAT IF THE A10 OPENED UP (AN) URBAN PASSAGE(S)?
Communauté d'agglomération Tours(+), VINCI Autoroutes, managed by the ATU Planning Agency, with the participation of the University of Tours
■ 1 demonstration site
50 entries
19 nationalities
1 workshop for 7 teams

VOLOS (GR)
NOUVEAUX PASSAGES À VOLOS
Université de Thessalie
■ 1 workshop
1 blog
30 étudiants

NEW PASSAGES IN VOLOS
University of Thessaly
■ 1 workshop
1 blog
30 students

MAKING URBANITY THROUGH PASSAGES IN THE REAPPROPRIATED EXPO SITE & PASSAGES IN THE CONTEMPORARY CHINESE CITY
Tongji University, Expo Shanghai Group, IVM China, with the support of the Eastern China Architecture Design Institute and Shanghai Urban Planning Institute
■ 1 demonstration site
51 entries
21 nationalities
8 teams for a workshop - 1 winning project - 2 second equal prizes
■ 1 seminar -1 student workshop

CONCOURS DE COURTS-MÉTRAGES
FILMER LES PASSAGES DANS LES VILLES AFRICAINES
Cinéma et Mémoire, Kaina Cinema, Intage Production, Merveilles Production, 16mm filmes et Toi & moi Films
■ 5 films réalisés en Algérie, Bénin, Burkina Faso, Mozambique et Tunisie - 30 projets rendus

SHORT FILM COMPETITION
FILMING PASSAGES IN AFRICAN CITIES
Cinéma et Mémoire, Kaina Cinema, Intage Production, Merveilles Production, 16mm filmes and Toi & moi Films
■ 5 films made in Algeria, Benin, Burkina Faso, Mozambique and Tunisia - 30 projects submitted

SÃO PAULO (BR)
LES PASSAGES DE JARDIM ÂNGELA & ACCESSIBILITÉ ET LIGNES DE BUS RAPIDE
IVM Brésil, Municipalité de São Paulo, Camino Escolar et Olhe Degrau/ Cidade Activa, Université MacKenzie, Laboratoire Mobilité de l'École polytechnique de l'Université São Paulo
■ 1 site : Jardim Ângela
1 concours pour habitants
3 enquêtes terrain -
1 forum social - 1 concours professionnel
■ 1 workshop étudiant
2 colloques

THE PASSAGES OF JARDIM ÂNGELA & ACCESSIBILITY AND RAPID BUS LINES
IVM Brazil, São Paulo Municipality, Camino Escolar, and Olhe Degrau/Cidade Activa, MacKenzie University, São Paulo University of Technology Mobility Lab
■ 1 site: Jardim Ângela
1 resident competition
3 field surveys -
1 social forum -
1 professional competition
■ 1 student workshop
2 colloquiums

BUENOS AIRES (AR)
UN PASSAGE, UNE VILLE – LA PASSERELLE SCALABRINI ORTIZ
Universités de Buenos Aires et de Torcuato di Tella, Argentine, la Sociedad Central de Arquitectos, l'association Amigos del Lago de Palermo, la Fondation ALVINA et le département de mobilité Buenos Aires
■ 1 Site démonstrateur
20 Universités en Argentine
3 projets primés

ONE PASSAGE, ONE CITY – THE SCALABRINI ORTIZ FOOTBRIDGE
University of Buenos Aires and Torcuato di Tella, Argentina, Sociedad Central de Arquitectos, the Amigos del Lago de Palermo Association, the ALVINA Foundation and the Buenos Aires Department of Mobility
■ 1 demonstration site
20 Argentinian universities
3 prize-winning projects

MINARIO MONTEVIDEO
D PASSAGES ("SMVD + P")
STUDENT COMPETITION
ONNECTING CASAVALLE"
:public University's Faculty
Architecture and
ontevideo Municipality
3 sites - 9 workshops for
0 students - 1 international
minar - 1 student
mpetition - 1 publication
:evista R)

HUB DE RECHERCHE
RESEARCH HUB

Concours pour les étudiants, séminaires, enquêtes, études, publications et ateliers de projets ont été animés par le réseau international universitaire de l'IVM, en interaction avec les professionnels, les autorités locales et les habitants.
L'enjeu de ces collaborations interdisciplinaires : anticiper les problèmes au-delà des situations déjà repérées, avoir un temps d'avance dans la gestion des mobilités, laisser place aussi à l'imaginaire de la jeune génération.
Plus encore, l'objectif est de former les étudiants, les futurs cadres et décideurs urbains à porter attention à ces « petits lieux qui changent tout », afin d'éviter de reproduire les erreurs du passé. 750 étudiants d'horizons et de nationalités diverses se sont ainsi mobilisés sur une multiplicité de sujets.

PASSAGES ET INFRASTRUCTURE DE TRANSPORT RAPIDE, DE NOUVELLES URBANITÉS POUR LES PASSERELLES D'ACCÈS AU BRT, Université de los Andes, Instituto de Desarrollo Urbano, Laboratorio Bogotá, Université Nationale de Colombie.

RAPID TRANSIT PASSAGES AND INFRASTRUCTURE, NEW URBAN QUALITIES FOR BRT ACCESS RAMPS, Los Andes University, Instituto de Desarrollo Urbano, Laboratorio Bogotá, National University of Colombia.

Student competitions, seminars, surveys, studies, publications, and project workshops were headed by IVM's international university network, in interaction with professionals, local authorities, and citizens.
The purpose of these interdisciplinary collaborations: to anticipate problems outside those already identified, to gain a head start in the management of mobility, to make room for the vision of the younger generation.
More, the goal is to educate students—the urban executives and decision-makers of the future—to think about these "small places that change everything," in order to avoid repeating the mistakes of the past. 750 students from different backgrounds and nationalities engaged with a wide range of topics.

LES PASSAGES DE LA VILLE CHINOISE CONTEMPORAINE, Université de Tongji, Shanghai, Chine.
PASSAGES IN THE CONTEMPORARY CHINESE CITY, Tongji University, Shanghai, China.

ATELIER sur le site de Xujiahui.
WORKSHOP on the Xujiahui site.

SHANGHAI

CONFÉRENCES et séminaires.
LECTURES and seminars.

LE SITE DE SAN BERNARDO, traverser la voie ferrée.
SAN BERNARDO STATION, crossing the railway.

SANTIAGO

ATELIER de projet urbain, projet « Sur le chemin de l'école ».
STUDENT WORKSHOP, "On the way to school" project.

FRANCHISSEMENT DES VOIES FERRÉES EN MILIEU URBAIN, Université Catholique de Santiago, Laboratoire Ville et Mobilités, Chili.

CROSSING RAILWAY LINES IN THE URBAN ENVIRONMENT, Catholic University of Santiago, City and Mobilities Laboratory, Chile.

PASSERELLE et BRT.
FOOTBRIDGE and BRT.

BOGOTÁ

ATELIER PROJET URBAIN, « Entre Tonos ».
STUDENT WORKSHOP, "Entre tonos".

LE SITE DU CONCOURS : la passerelle Scalabrini Ortiz.
COMPETITION SITE : the Scalabrini Ortiz Footbridge.

REMISE DES PRIX du concours étudiant.
PRIZE AWARDS of the student workshop.

BUENOS AIRES

UN PASSAGE, UNE VILLE – LA PASSERELLE SCALABRINI ORTIZ, Universités de Buenos Aires et de Torcuato di Tella, Argentine, la Sociedad Central de Arquitectos, l'association Amigos del Lago de Palermo, la Fondation ALVINA et le département de mobilité Buenos Aires

A PASSAGE, A CITY – THE SCALABRINI ORTIZ FOOTBRIDGE, Buenos Aires and Torcuato di Tella Universities, Argentina, Sociedad Central de Arquitectos, the Amigos del Lago de Palermo Association, the ALVINA Foundation and the Buenos Aires Department of Mobility.

ATELIERS de projet urbain.
STUDENT workshops.

BARCELONA

PASSAGES METROPOLITAINS, CARTOGRAPHIE DES BARRIERES
Escola Tècnica Superior d'Arquitectura del Vallès.
METROPOLITAN PASSAGES, MAPPING BARRIERS.

CARTOGRAPHIE des barrières.
MAPPING barriers.

INVENTAIRE des passages, cartographie des barrières.
INVENTORY of passages, mapping barriers.

VALPARAISO

SAN JOSÉ

ATELIER ET CONCOURS pour étudiants.
STUDENT WORKSHOP and competition.

LES PASSAGES DE LA GRANDE AIRE MÉTROPOLITAINE, Université Latine et Collège des architectes, San José, Costa Rica.

PASSAGES IN THE GREATER METROPOLITAN AREA, Latin University and College of Architects, San José, Costa Rica.

ATELIERS POUR ÉTUDIANTS et concours.
STUDENT WORKSHOP and competition.

PASSAGES VERTICAUX ET MOBILITÉ URBAINE, Université Federico Santa Maria, Valparaiso, Chili.
VERTICAL PASSAGES AND URBAN MOBILITY, Federico Santa Maria University, Valparaiso, Chile.

HUB DE RECHERCHE
RESEARCH HUB

PASSAGES DE SÃO PAULO, IVM Brésil, Université MacKenzie, Laboratoire Mobilité de l'Ecole polytechnique de l'Université São Paulo.
PASSAGES IN SÃO PAULO, IVM Brazil, MacKenzie University, Mobility Laboratory, São Paulo University of Technology.

ÉTUDE à Santo Amaro.
STUDY in Santo Amaro.

ÉTUDE de Paul Hess et Jane Farrow, documentée par Catherine Childs.
STUDY by Paul Hess and Jane Farrow, documented by Catherine Childs.

TORONTO

"WALKABILITY" ET PASSAGES DANS LA "MIDDLE CITY", Faculté d'architecture, de paysagisme et de design John Daniels de l'Université de Toronto, Canada.

"WALKABILITY" AND PASSAGES IN THE "MIDDLE CITY", John H. Daniels Faculty of Architecture, Landscape and Design, University of Toronto, Canada.

OBSERVATOIRE des passages.
PASSAGES observatory.

MONTE

SÃO PAULO

WORKSHOP Les dessous du Minhocão.
WORKSHOP The undersides of the Minhocão.

PARIS

DE CLIGNANCOURT à Saint-Ouen.
FROM CLIGNANCOURT to Saint-Ouen.

DES PORTES DE PARIS AUX PASSAGES DE LA MÉTROPOLE
Ecole Nationale Supérieure d'Architecture de La Villette.

FROM THE GATES OF PARIS TO THE PASSAGES OF THE METROPOLE
La Villette Higher National School of Architecture.

ANTWERPEN

LES PASSAGES DE LA VILLE SUBURBAINE
Université d'Anvers, Belgique.
PASSAGES IN THE SUBURBAN CITY
Antwerp University, Belgium.

PASSAGES, UNE NOTION TRANSVERSALE Ecole Nationale Supérieure d'Architecture de Nantes, France.
PASSAGES, A CROSSCUTTING CONCEPT Nantes Higher National School of Architecture, France.

VOYAGES D'ÉTUDE.
STUDY TRIPS.

INSTALLATIONS et performances.
INTALLATIONS and performances.

MOTIFS, effets et figures du passage.
MOTIVES, effects and tropes of the passage.

NANTES

SÉMINAIRE MONTEVIDEO ET PASSAGES ("SMVD + P") ET CONCOURS ÉTUDIANT "CONNECTER CASAVALLE", Faculté d'Architecture de l'Université de la République d'Uruguay et Municipalité de Montevideo.
MONTEVIDEO SEMINAR AND PASSAGES ("SMVD + P") AND STUDENT COMPETITION "CONNECTING CASAVALLE", University of the Uruguay Republic's Faculty of Architecture and Municipality of Montevideo.

RIO DE JANEIRO

ÉTUDE sur les aménagements après la destruction du Perimetral.
STUDY on developments after the demolition of the Perimetral.

OUVRIR LE PASSAGE PAR LA DESTRUCTION DE L'AUTOROUTE URBAINE Université Fédérale de Rio de Janeiro.
OPENING A PASSAGE BY THE DEMOLITION OF THE URBAN FREEWAY Federal University of Rio de Janeiro.

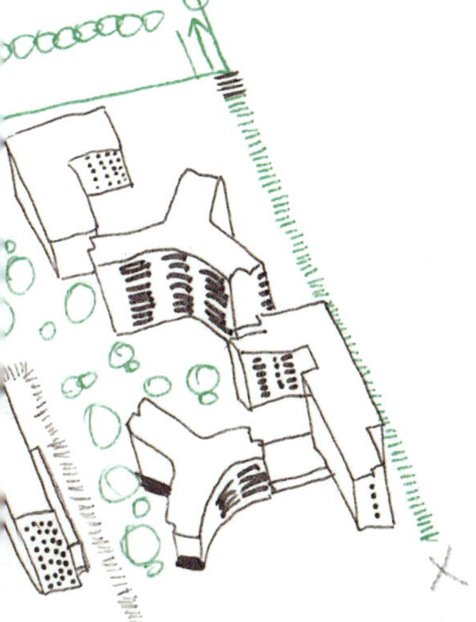

MÉMOIRE de master par Heleen Calcoen.
MASTERS THESIS by Heleen Calcoen.

TOURS

FILM documentaire.
DOCUMENTARY © Antoine Simon-Leca.

VIVRE À PROXIMITÉ DE L'AUTOROUTE A10, Université François Rabelais de Tours.
LIVING NEAR THE A10 FREEWAY Université François Rabelais, Tours.

VOLOS

NOUVEAU PASSAGE À VOLOS Université de Thessalie, Grèce.
NEW PASSAGES IN VOLOS University of Thessaly, Greece.

COURTS-MÉTRAGES
SHORT FILMS

EVELYNE AGLI : ENTRE DEUX RIVES (Cotonou, Benin)
Documentaire : A Gbodjè, hameau isolé par une rivière, les habitants ont construit un pont pour accéder à Cotonou en période de crue. Epiphane, prêtre dans la paroisse, recueille les témoignages des habitants.

Documentary: In Gbodjè, a village cut off by a river, the inhabitants have built a bridge so that they can get to Cotonou in high water periods. Epiphane, the parish priest, records the inhabitants' stories.

CINQ REGARDS SUR LES PASSAGES DES VILLES D'AFRIQUE

Ces cinq courts-métrages, réalisés en Algérie, Tunisie, Burkina Faso, Mozambique et Bénin, sélectionnés parmi 30 candidatures issues de 7 pays africains, résultent du concours de scénarios destiné aux jeunes réalisateurs africains, lancé en 2015 par l'IVM, en partenariat avec Cinéma et Mémoires, Kaïna Cinéma, Merveilles production, 16mm filmes, Intage Production et Toi & moi Films, et avec le soutien du Service Culturel de l'Ambassade de France en Algérie et du Fonds Arabe pour la Culture et les Arts.

Ces réalisations constituent autant de regards et d'approches, politique, symbolique, fantastique, comique, architecturale ou urbaine, sur les Passages dans les villes d'Afrique. Les réalisateurs retenus ont été accompagnés par des professionnels locaux et des experts de l'IVM dans l'écriture de leur scénario et l'organisation de la production de leur court-métrage. Les organismes partenaires ont mis à disposition le matériel technique nécessaire.

FIVE WAYS OF LOOKING AT PASSAGES IN AFRICA'S CITIES

These five short films, made in Algeria, Tunisia, Burkina Faso, Mozambique, and Benin, selected from 30 entries originating in 7 African countries, are the outcome of the film script competition for young African filmmakers launched in 2015 by IVM, in partnership with Kaïna Cinéma, Merveilles production, 16mm filmes, Intage Production and Toi & moi Films, with the backing of the Cultural Section of the French Embassy in Algeria and the Fonds Arabe pour la Culture et les Arts.

These films represent a range of visions and approaches—political, symbolic, fantastic, comical, architectural or urban—on Passages in Africa's cities. The chosen filmmakers were supported by local professionals and IVM's experts in writing their scripts and organizing the production of their films. The partner organizations provided the technical equipment needed.

SELIM GRIBAA : PASSICALME

(Tunis, Tunisie)
Fiction : traversée inquiétante d'Asma et Mourad dans la rue des Forgerons dans la Médina de Tunis, empruntée pour rejoindre Bab Jedid, la « Porte du Renouveau ». Réflexion sur le passage comme espace architectural, le concept de frontière et le cinéma comme passage de l'imaginaire au réel.

Fiction: Asma and Mourad make an uneasy journey along rue des Forgerons in the Médina in Tunis, on the way to Bab Jedid, the "Gate of Renewal". A reflection on the passage as an architectural space, the concept of the boundary, and film as the passage from imagination to reality.

NABALOUM BOUREIMA : COUP DE BALAI SUR LE PONT

(Ouagadougou, Burkina Faso)
Film d'animation : Les habitants d'un quartier pauvre séparé par le fleuve du reste de la ville, décident de se réunir pour construire un pont. Un leader s'impose à coup de promesses. Mais alors que le chantier avance, le leader grossit jusqu'à bloquer entièrement le passage. Une nouvelle lutte, contre la dictature, pour la démocratie, doit alors commencer.

Animated film: The inhabitants of a poor neighborhood separated by the river from the rest of the city, decide to work together to build a bridge. Promise after promise, a leader emerges. But as the work progresses, the leader grows fat, eventually blocking the entire passage. This is the signal for a new struggle to begin, against dictatorship and for democracy.

NESRINE DAHMOUN : ALGER DE BAS EN HAUT

(Alger, Algérie)
Fiction : le voyage d'Amina dans le métro puis dans le téléphérique algérien met en lumière la transformation du quotidien des usagers et leurs rapports à l'espace urbain par ces nouveaux moyens de transports qui constituent des espaces de transition du monde réel à l'univers imaginaire.

Fictional short film: Amina's journey on the Algerian subway and cable way highlights the transformation in the everyday lives of users and their relations to urban space, through these new transit modes that provide spaces of transition from the real world to the world of imagination.

ORLANDO MABASSO : CASA BRANCA – THE BRIDGE

(Maputo, Mozambique)
Docu-fiction : le quotidien et l'appropriation du passage par des vendeurs au-dessus et au-dessous d'un pont à Maputo.

Docu-fiction: everyday life and the adoption of the passage by street sellers above and below a bridge in Maputo.

CONFÉRENCES, ATELIERS, ENQUÊTES, PUBLICATIONS, EXPOSITIONS...

CONFERENCES, WORKSHOPS, SURVEYS, PUBLICATIONS, EXHIBITIONS...

Les différents partenaires du programme Passages ont identifié et cartographié les barrières dans leur diversité, choisi une ou plusieurs situations locales emblématiques, filmé les pratiques quotidiennes, interviewé les habitants, enquêté sur les mobilités, construit une méthode de dialogue et de description des problèmes... Ils ont élaboré des projets réalisables dans le cadre d'ateliers ou d'appels à projets. Localement, ils ont animé des rencontres multi-acteurs et contribué à l'écriture d'un manifeste commun des Passages.

The different partners in the Passages program identified and mapped barriers of different kinds, chose one or more standout local situations, filmed everyday practices, interviewed residents, conducted surveys on mobility, constructed a method for discussing and describing problems... They developed realizable projects in workshops or in response to calls for projects. Locally, they ran multi-actor events and helped to write the joint Passages manifesto.

INSTALLATION MUSEOMANIAC, EXPOSITION PARIS.
MUSEOMANIAC INSTALLATION, PARIS EXHIBITION. © IVM

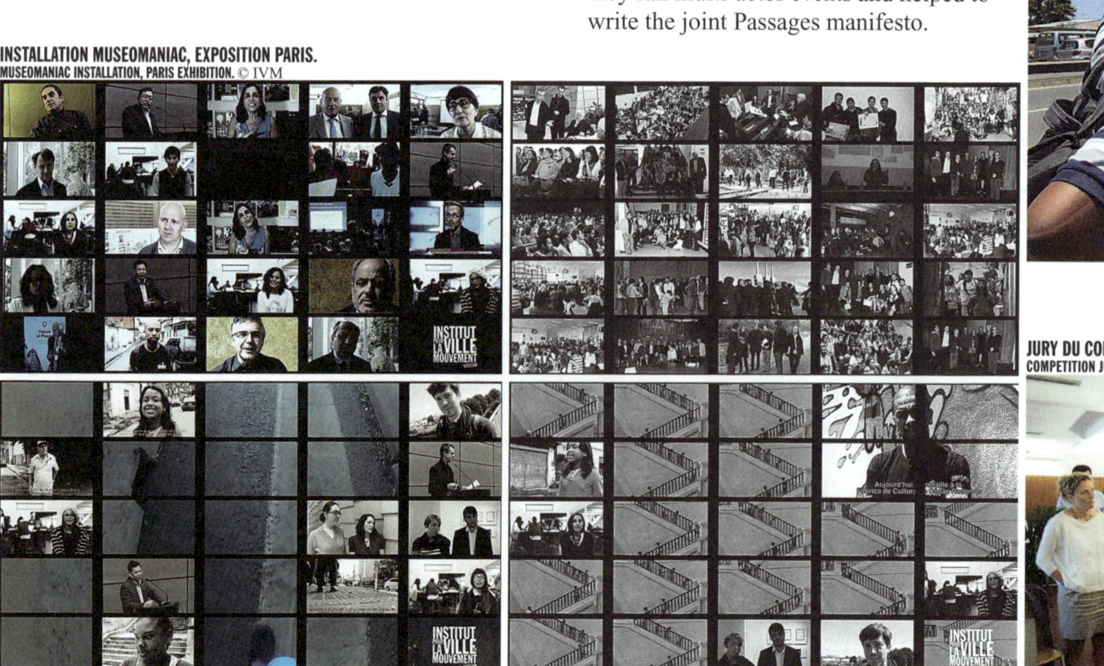

JURY DU CONCOURS À T
COMPETITION JURY IN TOURS

MITÉ DE SUIVI, PARIS. STEERING COMMITTEE, IS. © IVM

WORKSHOP À TOURS. WORKSHOP À TOURS. © IVM

SÉMINAIRE MONTEVIDEO, VISITE DE SITE. MONTEVIDEO SEMINAR, SITE VISIT. © IVM

INTERVIEW DES ÉQUIPES, SHANGHAI. TEAM INTERVIEW, SHANGHAI.

TOURNAGE « CASA BRANCA », MAPUTO. FILMING OF "CASA BRANCA", MAPUTO. © 16mm Filmes

EXPOSITION, BUENOS AIRES. EXHIBITION, BUENOS AIRES. © IVM

ERRE-DES-CORPS. CORPS. © ATU

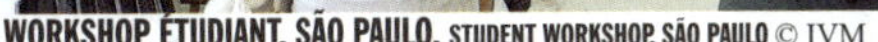

WORKSHOP ÉTUDIANT, SÃO PAULO. STUDENT WORKSHOP, SÃO PAULO © IVM

ÉQUIPES FINALISTES ET JURY, CONCOURS SHANGHAI. FINALIST TEAMS AND JURY, SHANGHAI COMPETITION. © IVM

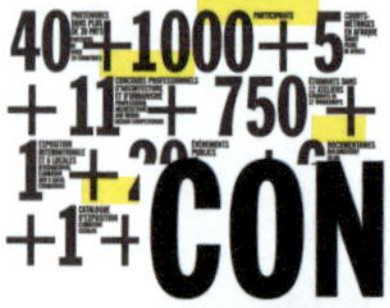

40 + 1000 + 5 + 11 + 750 + 1 + … + 1 +

LA PETITE ÉCHELLE — QUI CHANGE (PRESQUE) — TOUT ET VITE ! —

CONFÉRENCES, ATELIERS, ENQUÊTES, PUBLICATIONS, EXPOSITIONS...

CONFERENCES, WORKSHOPS, SURVEYS, PUBLICATIONS, EXHIBITIONS...

JURY DU CONCOURS À SHANGHAI.
SHANGHAI COMPETITION JURY. © IVM

LES PUBLICATIONS. PUBLICATIONS. © IVM

PASSAGES DU CINÉMA, GRENOBLE.
CINEMA PASSAGES, GRENOBLE. © IVM

JURY ET ÉQUIPES DU CONCOURS À TORONTO.
THE TORONTO COMPETITION JURY AND TEAMS. © IVM

EXPOSITION PASSAGES MÉTROPOLITAINS, UPC, BARCELONE.
METROPOLITAN PASSAGES EXHIBITION, UPC, BARCELONA. © AMB

ENQUETE TERRAIN, JARDIM ANGELA. FIELD SURVEY, JARDIM ANGELA. © IVM

SÉMINAIRE DE CLOTURE, PARIS.
FINAL SEMINAR, PARIS. © IVM

DOCUMENTAIRE, SITE CONCOURS BESÒS.
DOCUMENTARY FILM, BESÒS COMPETITION SITE. © Adrià Goula

TOURNAGE "ALGER DE BAS EN HAUT", ALGER.
FILMING OF "ALGER DE BAS EN HAUT", ALGIERS. © Nesrine Dahmoun

JULLYA, PARCOURS COMMENTÉS, JARDIM ÂNGELA.
JULLYA, INHABITANTS PORTRAITS, JARDIM ÂNGELA. © Thais Scabio

SÉMINAIRE DE CLÔTURE, PARIS.
FINAL SEMINAR, PARIS. © IVM

MONTAGE DE L'EXPOSITION, PARIS.
MOUNTING THE EXHIBITION, PARIS. © IVM

40+1000+5
+11+750+
1+20 ...
+1+

EXPOSITION INTERNATIONALE

INTERNATIONAL EXHIBITION

Présentée à Paris en 2016, l'exposition itinérante présente la synthèse du programme de l'IVM, parcourt les villes du monde, leurs barrières et leurs passages, incite au plaisir de l'expérience du passant et propose des solutions. À chaque étape, elle s'appuie sur des exemples locaux, est l'occasion de rencontres, de nouveaux chantiers et de débats sur la pédagogie, le cinéma, les politiques publiques, les mobilités et les objets connectés...
+ d'info sur www.passages-ivm.com

First staged in Paris in 2016, the touring exhibition presents a synthesis of the IVM program, travels through the cities of the world, showing their barriers and their passages, encourages the visitor to experience the pleasure of the passage, and proposes solutions.
At each stage, it draws on local examples, provides opportunities for meetings, new projects, and debates on education, film, public policies, mobilities, and connected objects...
More information at www.passages-ivm.com

Le premier registre immerge le visiteur au sein des mille et une barrières de la ville contemporaine.

The first section immerses the visitor in the one thousand and one barriers of the modern city.

Trois nuages d'images illustrent chacun une des trois qualités du passage.

Three image clouds each illustrate one of the three qualities of the passage.

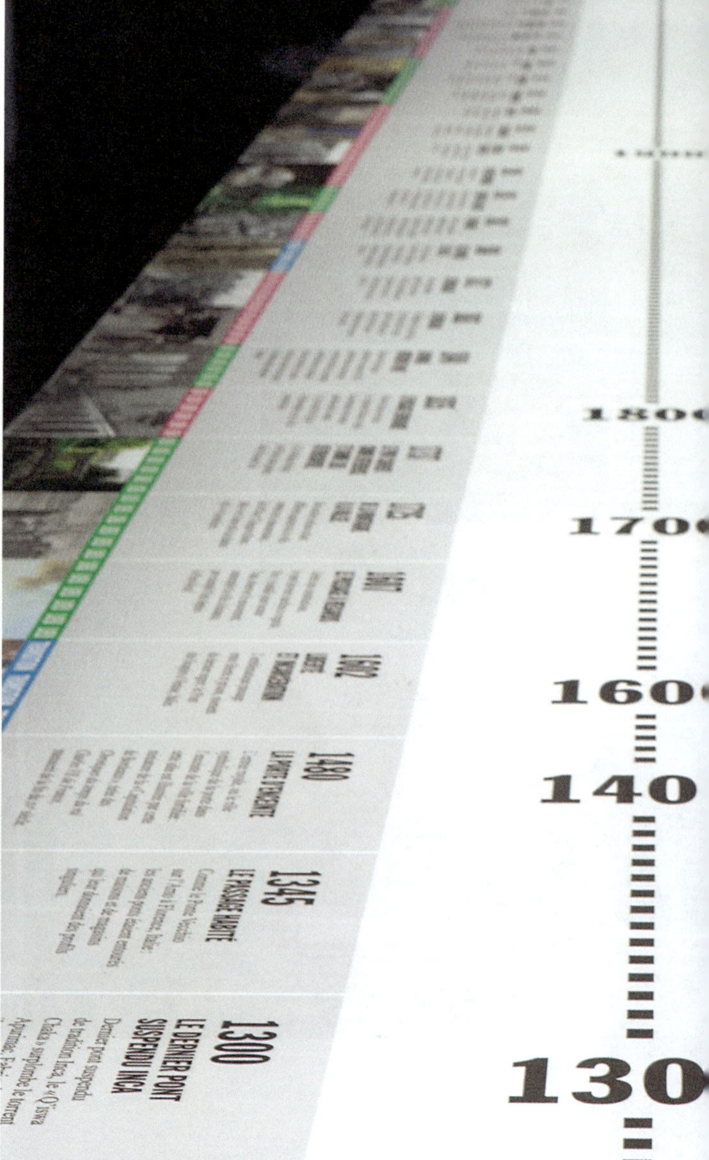

Un dispositif interactif Kinect permet au visiteur d'expérimenter à travers trois itinéraires la mobilité dans des environnements urbains du monde.

An interactive Kinect system with three itineraries gives visitors the experience of mobility in urban environments around the world.

Lutrin métallique et diaporamas présentent sous forme thématique les résultats des concours IVM et des références internationales.

A tilted metal lectern and a slideshow provide a thematic overview of the results of the IVM competitions and international examples.

Une variété de supports s'appuie sur l'expérience du visiteur : films, enquêtes, dispositif Kinect, interviews des commissaires, écrans interactifs et plus de 200 photos et dessins.

A variety of media draw on the visitor's experience: films, surveys, Kinect system, interviews with the curators, interactive screens and more than 200 photographs and drawings.

Cinq bornes tactiles « pour aller plus loin ».

Five touch terminals "to go further."

Débats et rencontres.

Debates and meetings.

Une frise chronologique explore la définition du passage à travers les âges.

A time frieze explores definitions of the passage through the ages.

EXPOSITION INTERNATIONALE

INTERNATIONAL EXHIBITION

Un espace « forum » pour lire, faire une halte, échanger, débattre...

A "forum" space where visitors can read, take a break, chat, discuss...

Le « bouquet satellite » de l'IVM : un film sonorisé de 3 minutes diffusé en boucle sur grand écran raconte le making-of du programme passages.

"Multiscreen display": a three-minute film and soundtrack running in a loop on large screen, telling the story of the making of the passages program.

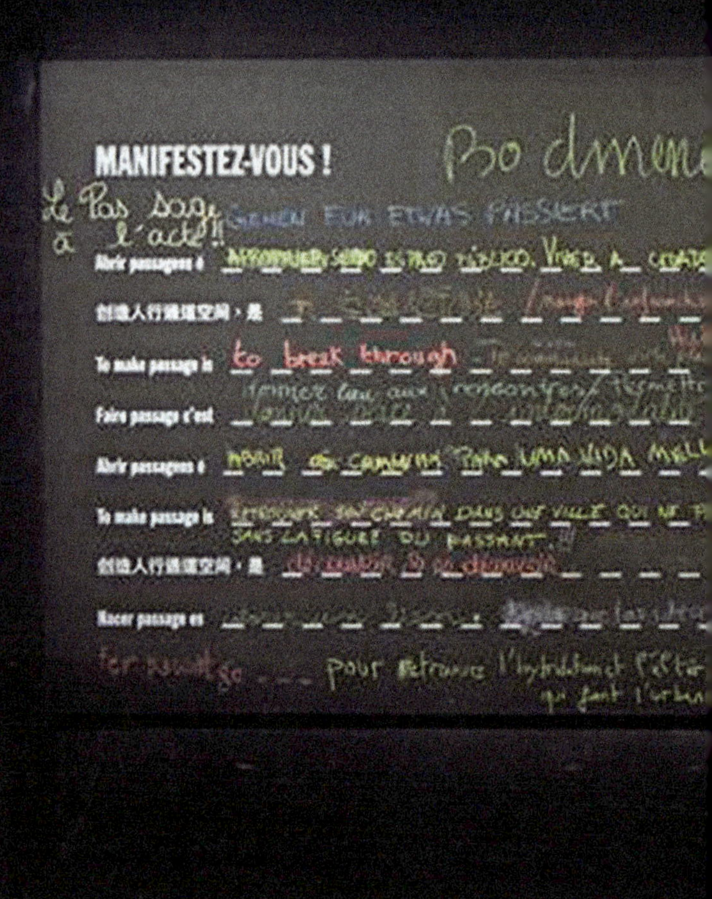

Une exposition qui vise à rassembler un public large, professionnels de l'architecture et de l'urbanisme, politiques, associations, citoyens éclairés.

An exhibition that seeks to attract a wide public – architecture and urban design professionals, politicians, civil society organizations, informed citizens.

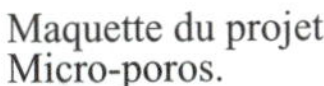

Maquette du projet Micro-poros.

Model of the Micro-poros project.

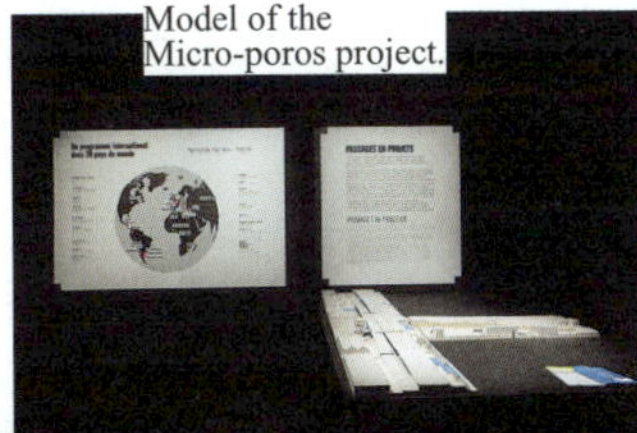

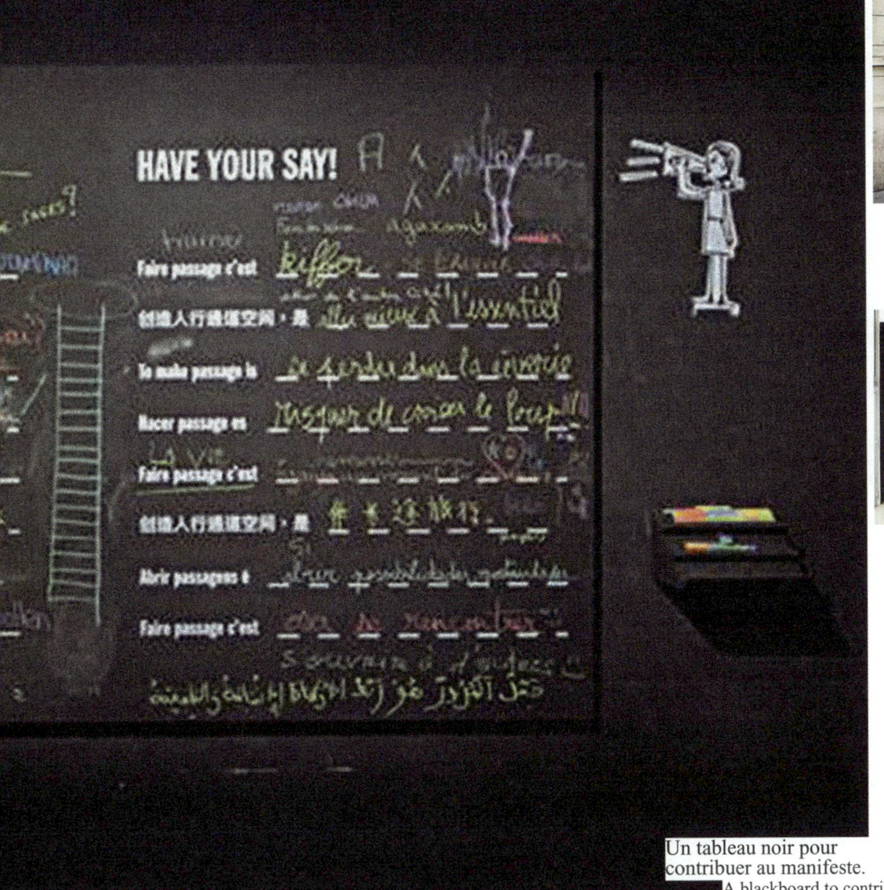

Un tableau noir pour contribuer au manifeste.

A blackboard to contribute to the manifesto.

MANIFESTO FOR THE PASSAGE

TO OPEN PASSAGES IS TO REINFORCE THE RIGHT TO THE CITY,

BECAUSE THE CONSTRUCTION OF HIGH-SPEED INFRASTRUCTURES AND LARGE DEVELOPMENT PROJECTS HAS FRAGMENTED THE CITY AND ISOLATED NEIGHBORHOODS;

BECAUSE A FRAGMENTED CITY IS A CITY THAT OFFERS LESS QUALITY AND LESS SECURITY FOR THE MOST VULNERABLE;

BECAUSE CITIZENS DEMAND ATTENTION FOR THEIR DAY-TO-DAY MOBILITY, EVEN FOR WHAT MAY SEEM AN ORDINARY JOURNEY;

BECAUSE — FOR REASONS OF EFFICIENCY, COHESION, PUBLIC HEALTH AND FRUGALITY — THE CITY NEEDS TO BECOME MORE INTERMODAL.

TO PROVIDE PASSAGE IS...

MA

NIFESTE
U PASSAGE

OUVRIR DES PASSAGES, C'EST AUGMENTER LE DROIT À LA VILLE,

PARCE QUE LES INFRASTRUCTURES RAPIDES ET LES GRANDES OPÉRATIONS URBAINES ONT FRAGMENTÉ LA VILLE ET ENCLAVÉ DES QUARTIERS;

PARCE QU'UNE VILLE QUI SE MORCELLE EST UNE VILLE QUI PERD EN QUALITÉ ET EN SÉCURITÉ POUR LES PLUS FRAGILES;

PARCE QUE LES CITOYENS SONT EN DEMANDE D'ATTENTION À LEURS MOBILITÉS QUOTIDIENNES, MÊME LES PLUS BANALES EN APPARENCE;

PARCE QUE LA VILLE DOIT SE PRÉPARER, POUR DES RAISONS D'EFFICACITÉ, DE COHÉSION, DE SANTÉ PUBLIQUE ET DE FRUGALITÉ À ÊTRE PLUS INTERMODALE.

FAIRE PASSAGE C'EST...

1.

FAIRE PASSAGE, C'EST AFFIRMER

le droit du passant, condition de l'urbanité contemporaine.

TO PROVIDE PASSAGE IS TO ASSERT

the rights of the citizen, a condition of contemporary urban vitality.

2.

FAIRE PASSAGE, C'EST METTRE EN PLACE

des politiques de prévention contre l'émergence de barrières insidieuses, afin de garantir l'accessibilité des lieux de petite échelle (mobilier urbain, signalétique ou panneaux d'affichage, stationnement de vélos, trottinettes).

TO PROVIDE PASSAGE IS TO IMPLEMENT

policies that prevent the insidious emergence of new barriers, even small-scale (street furniture, road signs and display panels, bicycle and scooter parking).

3.

FAIRE PASSAGE, C'EST AJOUTER

de l'information, des services et des aménités – physiques ou numériques –; c'est façonner le hub des mobilités légères; c'est susciter le désir de passer. À la fonctionnalité du lien il faut mêler l'urbanité du lieu.

TO PROVIDE PASSAGE IS TO ADD

information, services and amenities – whether physical or digital; green transport hubs arouse the desire to experience the places around them. The functionality of the link should combine with the vitality of the place.

4.

FAIRE PASSAGE, C'EST ADAPTER

ces espaces à la topographie et aux pratiques locales des lieux qu'ils relient, mais c'est aussi inspirer de nouveaux usages. À lieu unique, lien unique.

TO PROVIDE PASSAGE IS TO ADAPT

theses places to the local topography and practices of the places they link, but also to inspire new uses. For each single place, one single link.

5. TO PROVIDE PASSAGE IS TO CONNECT

the fragments of the city, a condition of open neighborhoods.

FAIRE PASSAGE, C'EST CONNECTER

les fragments de la ville ; c'est une condition du désenclavement.

6. FAIRE PASSAGE, C'EST IDENTIFIER

les barrières d'hier et anticiper les obstacles de demain ; c'est établir, rétablir et entretenir des lieux pour franchir des lignes de transport de grande échelle.

TO PROVIDE PASSAGE IS TO IDENTIFY

yesterday's barriers and to anticipate tomorrow's obstacles, to establish, re-establish and maintain places where large-scale transit routes can be crossed.

7. TO PROVIDE PASSAGE IS TO SUPPORT

growing diversity in individual travel modes (walking, rolling, sliding), in access to amenities (car sharing, bike sharing...) and in the design of roads and infrastructures.

FAIRE PASSAGE, C'EST ACCOMPAGNER

la diversification grandissante des modes de déplacements individuels (la marche, le roulement, la glisse) et des accès aux services (autopartage, vélopartage..) dans la conception des réseaux et des voiries.

8.

FAIRE PASSAGE, C'EST PENSER

les effets visuels, sonores, dynamiques et proprioceptifs.
À l'urbanité du lieu il faut mêler la sensation de passage, de paysage, et la perception de la transition vers d'autres lieux.

TO PROVIDE PASSAGE IS TO CONSIDER

visual, acoustic, dynamic, and proprioceptive effects. The vitality of the place should combine with the sensation of movement, of landscape, and the perception of transition to other places.

9.

TO PROVIDE PASSAGE IS TO CREATE

a transitional space which adapts to the characteristics and changes of metropolitan ways of life; it is to create a milieu of resources for the augmented pedestrian, enhancing sensory experience, whether ordinary or new. For each single link, a specific transition.

FAIRE PASSAGE, C'EST CRÉER

un espace de transition qui contribue à la mutation des modes de vie métropolitains ; c'est fabriquer les lieux de ressources pour le piéton augmenté, enrichir l'expérience sensorielle, ordinaire ou inédite.
À lien unique, transition spécifique.

10.

FAIRE PASSAGE, C'EST INVENTORIER,

cartographier et mettre en réseau les liens pour traverser des territoires enclavés d'échelle intermédiaire : le ghetto riche ou pauvre, la zone d'activité, le grand commerce, les condominiums, le secteur de l'hôpital.

TO PROVIDE PASSAGE IS TO MAP

and create linking networks across medium-scale isolated areas: ghettos of the rich or poor, business zones, hypermarkets, condominiums, hospital complexes.

11. TO PROVIDE PASSAGE IS TO COUNTERACT

the breakdown between different modes and paces of travel, by means of connecting spaces; it is a condition of multimodality for all in the city.

FAIRE PASSAGE, C'EST SURMONTER

la rupture entre les modes et les rythmes de déplacement grâce aux espaces de connexion ; c'est une condition de la multimodalité de chacun dans la ville.

12. FAIRE PASSAGE, C'EST FACILITER

dans l'espace métropolitain, les raccourcis, les dynamiques du corps en mouvement, les déplacements du petit véhicule interconnecté, les performances d'une intermodalité généralisée afin d'éviter les détours et les délais.

TO PROVIDE PASSAGE IS TO FACILITATE

shortcuts through the urban environment, the dynamics of the body in motion, the movements of small interconnected vehicles, the efficiencies of generalized intermodality to avoid detours and delays.

13. TO PROVIDE PASSAGE IS TO TAKE SERIOUSLY

the small scale that changes everything in a multiplicity of aspects and actors; it is to devise methods of joint financing, to care for existing qualities in establishing the ecosystem of interconnected mobilities. From each single passage, a network of passages...

FAIRE PASSAGE, C'EST PRENDRE AU SÉRIEUX

la petite échelle qui change tout dans une multiplicité d'acteurs et d'enjeux ; c'est inventer des modalités de co-financement, prendre soin de l'existant pour constituer l'écosystème des mobilités interconnectées. À passage unique, réseau de passages...

PROGRAMME PASSAGES ET EXPOSITION

PASSAGES PROGRAM AND EXHIBITION

Coordination générale
/ Overall Coordination
Mireille Apel-Muller,

Chef de projet
/ Project Manager
Yuna Conan,

Comité scientifique et commissariat de l'exposition
/ Scientific Committee and Exhibition Curators

Marcel Smets,
directeur scientifique
/ Scientific Director

Avec / With

Pascal Amphoux,
Mireille Apel-Muller,
Carles Llop,
Jean-Pierre Orfeuil,
Didier Rebois,
Maarten Van Acker

Et / And

En Chine, Amérique Latine et Brésil
/ In China, Latin America and Brazil
Pan Haixiao,
Andrés Borthagaray,
Luiza de Andrada,

Direction artistique du programme
/ Program Art Direction
Shannon / Design dept.,

Communication et presse
/ Press and Communication
Julien Barbier,

Scénographie de l'exposition, production audiovisuelle et direction artistique
/ Exhibition Design, Audiovisual Production and Artistic Direction
Clémence Farrell /
Agence Clémence Farrell
MuseoManiac,

Scénographe, chef de projet
/ Designer, Project Manager
Mélinée Kambilo,

Rédactionnel / Editorial Content
Lucette Valentino,

Graphistes / Graphic Design
Soukvilay Cordier-Bounnhoseng,
Aline Schneider,

Producteur et responsable audiovisuel / Audiovisual Production and Management
Yvonnick Le Fustec,

Conception et réalisation des installations audiovisuelles et lumière / Design and Production of Audiovisual and Lighting Installations
France Dubois,

Agencement et travaux d'impression
/ Arrangement and Printing
Förma / 72-78 / Hiéroglyphe,

Éclairage et matériel audiovisuel
/ Lighting and Audiovisual Equipment
Big bang,

Réalisation des audiovisuels et sound design / Audiovisual Production and Sound Design
MuseoManiac,

Moyens techniques tournage et montage
/ Shooting and Editing Resources
Commune Image,

Montage vidéo / Video editing
Cyrille Langevin,

Cameraman / Interviews
Guillaume Elwart,

Développement des applications interactives
/ Interactive Applications Development
Bonjour Interactive Lab,

Motion design
Digiteyes,

Traduction / Translation
John Crisp, Linc Languages,

Iconographie / Iconography
XYZèbre,

Assistant / Assistant
Baptiste Chatenet.

PARTENAIRES

PARTNERS

Agence d'urbanisme de Tours (FR),
Àrea Metropolitana de Barcelona (ES),
Bejaïa Doc (DZ),
BETC (FR),
Camino Escolar (BR),
Centre de Cultura Contemporània de Barcelona (ES),
Cinémathèque de Grenoble (FR),
Colegio de Arquitectos de Costa Rica (CR),
Col·legi d'Arquitectes de Catalunya (ES),
Consorcí del Besòs (ES),
Des Mots & des Arts (FR),
Deuxième groupe d'intervention (FR),
Eastern China Architecture Design Institute (CN),
École Nationale Supérieure d'architecture de Nantes (FR),
École Nationale Supérieure d'architecture de La Villette (FR),
Escola Tècnica Superior d'Arquitectura del Vallès de Barcelona (ES),
Espacio Santa Ana (CL),
Expo Shanghai Group (CN),
Fundación Avina (AR),
Fonds Arabe pour la culture et les arts (DZ),
Institut Français d'Algérie (DZ),
Institut Français du Chili (CL),
Institut Français de Toronto (CA),
Intage Production (TU),
Kaïna Cinéma (DZ),
Le Voyage Métropolitain (FR),
Médiathèque Françoise Sagan (FR),
Metrolinx (CA),
Merveilles production (BJ),

Municipalité de / Municipality of Montevideo (UY),
Municipalité de / Municipality of São Paulo (BR),
Municipalité de / Municipality of Toronto (CA),
Municipalité de / Municipality of Valparaíso (CL),
Olhe Degrau/Cidade Activa (BR),
Parque Cultural de Valparaíso (CL),
PSA Peugeot Citroën (FR),
Revue Urbanisme (FR),
Service culturel de l'Ambassade de France en Algérie (DZ),
Shanghai Urban Planning Institute (CN)
Toi & moi Films (BF),
Tours(s)plus (FR),
Universiteit Antwerpen (BE)
Universidad de Buenos Aires (AR),
Pontificia Universidad Católica de Chile (CL),
Universidade Federal do Rio de Janeiro (BR),
Universidad Latina de Costa Rica (CR),
Universidad Técnica Federico Santa María de Valparaíso (CL),
Universidad de los Andes de Bogotá (CO),
Universidade Presbiteriana Mackenzie (BR),
Universidad de la Republica (UY),
Universidade de São Paulo (BR),
University of Thessaly (GR),
Tongji University (CN),
Universidad Torcuato Di Tella (AR),
University of Toronto (CA),
VINCI Autoroutes (FR),
16mm filmes (MZ).

REMERCIEMENTS

THANKS

Jens Aerts,
Naïm Aït Sidhoum,
Antoni Alarcón,
Angelica Alvim,
Sebastian Anapolsky,
Sylvain Angiboust,
Aleix Armengol,
Isabel Arteaga,
Frédéric Augis,
Serge Babary,
Georges Baird,
Jérôme Baratier,
Roberto Barria,
Macarena Barrientos,
Enric Batlle,
Marie-France Beaufils,
Rafaela Basile,
Laure Benacin,
Frédéric Bonnet,
Jonathan Bouillot,
Marc Bouron,
Floriane Bouveret-Letellier,
David Bravo,
Laurent Bresson,
Joaquim Calafí,
Valter Caldana,
Andrea Caparrós,
Jaume Carné,
Josep Maria Carreras,
Natalia Castano Cardenas,
Afonso Castro,
Eva Chaudier,
Inadelso Cossa,
Claude-Jean Courderc,
Margareth da Silva Pereira,
Aglaée Degros,
Jens Denissen,
Thinhinane Derdar,
Juan Carlos Dextre,
Habiba Djahnine,
Ema Drouin,
Liu En Fang,
Vincent Fanguet,
Pascal Feillard,
Franc Fernández,
Cristhian Figueroa,
Yann Flandrin,
Rosanna Forray,
Benjamin Frayssinet,
Carme Garau,
Noemí Garcia Martinez,
Catherine Gonçalves,
Faissol Gnonlonfin,
Adrià Goula,
Ana Grettel Molina,
Julien Grimaldi,
Li Guangyi,
Yu Hai,
Emmanuel Hédouin,
Loles Herrero Canela,
Rocío Hidalgo,
Fabiana Itzaga,
Wu Jiang,
Zhuo Jian,
Marie Jouanny,
Tatiana Kachoutina,
Beth Kapusta,
Thierry Kandjee,
Kristian Koreman,
Daniel Kozak,
Carlos Laborda,
Carla Laguzzi,
Antoine Loubière,
Stanley Lung,
Verónica Luque,
Harold Madi,
Sylvain Marchand,
Claudia Mejía,
Guillaume Meigneux,
Jens Metz,
Xiomara Mojica,
Thomas Morris,
Cui Ning,
Clara Nubiola,
Ana Olivera,
Morgane Pfligersdorffer,
Nathalie Pinson,
Guillaume Poulet,
Zhang Qi,
Mauricio Quirós,
Irene Quintáns,
Germán Ramírez,
Núria Ricart,
Laetitia Rossi,
Frédéric Rousseau,
Manuel Ruisánchez,
Rosa Rull,
Camilo Salazar,
Catalina Salva,
Amadeu Santacana,
Helena Sanz,
Thaís Scabio,
Olivier Schampion,
Gustavo Scheps,
Xavier Segura,
Marta Serra,
Oriol Serra,
Zheng Shilin,
Antoine Simon-Leca,
Richard Sommer,
Mathilde Soulages,
Nicolas Souliman,
Céline Tangay,
Nicolas Tixier,
Ramon M.Torra i Xicoy,
Pierre-Alain Trévelo,
Jon Tugores,
Tatiana Urrea,
Juan Pedro Urruzola,
Pol Viladoms,
Bernd Vlay,
Leslie Woo,
Lin Xiaorong,
Lu Ximing,
Zhang Yina,
Xu Yisong,
Mirko Zardini,
Viviane Zhang.

AINSI QUE / AND TOUTE L'ÉQUIPE DE L'INSTITUT VEDECOM / THE VEDECOM TEAM

ET LES 1750 PARTICIPANTS AUX CONCOURS ET AU HUB DE RECHERCHE / AND THE 1750 PARTICIPANTS IN THE COMPETITIONS AND RESEARCH HUB

CATALOGUE
CATALOG

Publié par
/ Published by
Actar Publishers,
New York, Barcelona
www.actar.com

Produit par
/ Produced by
Institut pour la ville en mouvement /
Institut VEDECOM
ville-en-mouvement.com
/ www.city-on-the-move.com
vedecom.fr

Direction éditoriale
/ Project Editor
Mireille Apel-Muller

Coordination éditoriale
/ Editorial Coordination
Yuna Conan

Contributeurs
/ Contributors
Mireille Apel-Muller
Pascal Amphoux
Luiza Andrada
Camille Bianchi
Andrés Borthagaray
Yuna Conan
Carles Llop
Jean-Pierre Orfeuil
Didier Rebois
Marcel Smets
Daniela Urrutia
Maarten Van Acker

Direction artistique et conception graphique
/ Art Direction and Graphic Design
Shannon + Emma Hadjedj / design dept.

Chef d'édition / Producer
Sylvie Barrière

Traduction et relecture
/ Translation and Proofreading
John Crisp, Linc Languages

Iconographie / Iconography
XYZèbre

Photogravure / Photoengraving
Open graphic media

Impression
/ Printing
Crown Quarto, Barcelona

Distribution
/ Distribution
Actar D, Inc.

New York
440 Park Avenue,
17th Floor
New York, NY 10016
Phone +1 2129662207
salesnewyork@actar-d.com

Barcelona
Roca i Batlle 2-4
08023 Barcelona, SP
T +34 933 282 183
eurosales@actar-d.com

Indexation
/ Indexing
ISBN: 978-1-945150-46-3
PCN: Library of Congress Control Number: 2017932765

Ce catalogue est indexé à la Library of Congress, Washington, D.C., USA.

A CIP catalogue record for this book is available from Library of Congress, Washington, D.C., USA.

Imprimé en Espagne, avril 2017
/ Printed in Spain, April 2017